U0928303

全国高等职业教育规划教材

传感器技术及实训

陈东群　主　编
周冀馨　张　洋　参　编

机械工业出版社

本书综述了传感器技术的基本理论，详细介绍了各类传感器的工作原理、基本结构、相应的测量电路，并给出了应用实例，结合高职机电、电子类各专业的教学特点，在第10章增加了典型综合应用实例，列举了传感器在家用电器、机器人中的应用。本书重点强调了技能训练，全书共分11章，除了前8章中每章后面的综合技能实训外，最后一章还介绍了成套通用传感器实训系统的构造特点、配置，精选了12个实训指导。

本书可作为高职高专院校电气自动化、机电一体化、数控技术、应用电子、电子信息等专业的教材，也可供其他相关专业学生使用，同时还可作为广大工程、维修技术人员学习、参考用书。

本书配套授课电子教案，需要的教师可登录www.cmpedu.com免费注册、审核通过后下载，或联系编辑索取（QQ：1239258369，电话：010-88379739）。

图书在版编目（CIP）数据

传感器技术及实训/陈东群主编．—北京：机械工业出版社，2012.2（2014.7重印）
全国高等职业教育规划教材
ISBN 978-7-111-36247-0

Ⅰ.①传…　Ⅱ.①陈…　Ⅲ.①传感器—高等职业教育—教材　Ⅳ.①TP212

中国版本图书馆CIP数据核字（2011）第218033号

机械工业出版社（北京市百万庄大街22号　邮政编码100037）
责任编辑：王　颖　版式设计：张世琴
责任校对：张晓蓉　责任印制：李　洋
三河市宏达印刷有限公司印刷
2014年7月第1版第2次印刷
184mm×260mm·13.5印张·329千字
3001—4800册
标准书号：ISBN 978-7-111-36247-0
定价：28.00元

凡购本书，如有缺页、倒页、脱页，由本社发行部调换

电话服务
社服务中心:(010)88361066
销售一部:(010)68326294
销售二部:(010)88379649
读者购书热线:(010)88379203

网络服务
门户网:http://www.cmpbook.com
教材网:http://www.cmpedu.com
封面无防伪标均为盗版

全国高等职业教育规划教材
电子类专业编委会成员名单

出版说明

根据《教育部关于以就业为导向深化高等职业教育改革的若干意见》中提出的高等职业院校必须把培养学生动手能力、实践能力和可持续发展能力放在突出的地位，促进学生技能的培养，以及教材内容要紧密结合生产实际，并注意及时跟踪先进技术的发展等指导精神，机械工业出版社组织全国近60所高等职业院校的骨干教师对在2001年出版的“面向21世纪高职高专系列教材”进行了全面的修订和增补，并更名为“全国高等职业教育规划教材”。

本系列教材是由高职高专计算机专业、电子技术专业和机电专业教材编委会分别会同各高职高专院校的一线骨干教师，针对相关专业的课程设置，融合教学中的实践经验，同时吸收高等职业教育改革的成果而编写完成的，具有“定位准确、注重能力、内容创新、结构合理和叙述通俗”的编写特色。在几年的教学实践中，本系列教材获得了较高的评价，并有多个品种被评为普通高等教育“十一五”国家级规划教材。在修订和增补过程中，除了保持原有特色外，针对课程的不同性质采取了不同的优化措施。其中，核心基础课的教材在保持扎实的理论基础的同时，增加实训和习题；实践性较强的课程强调理论与实训紧密结合；涉及实用技术的课程则在教材中引入了最新的知识、技术、工艺和方法。同时，根据实际教学的需要对部分课程进行了整合。

归纳起来，本系列教材具有以下特点：

1）围绕培养学生的职业技能这条主线来设计教材的结构、内容和形式。

2）合理安排基础知识和实践知识的比例。基础知识以“必需、够用”为度，强调专业技术应用能力的训练，适当增加实训环节。

3）符合高职学生的学习特点和认知规律。对基本理论和方法的论述要容易理解、清晰简洁，多用图表来表达信息；增加相关技术在生产中的应用实例，引导学生主动学习。

4）教材内容紧随技术和经济的发展而更新，及时将新知识、新技术、新工艺和新案例等引入教材。同时注意吸收最新的教学理念，并积极支持新专业的教材建设。

5）注重立体化教材建设。通过主教材、电子教案、配套素材光盘、实训指导和习题及解答等教学资源的有机结合，提高教学服务水平，为高素质技能型人才的培养创造良好的条件。

由于我国高等职业教育改革和发展的速度很快，加之我们的水平和经验有限，因此在教材的编写和出版过程中难免出现问题和错误。我们恳请使用这套教材的师生及时向我们反馈质量信息，以利于我们今后不断提高教材的出版质量，为广大师生提供更多、更适用的教材。

机械工业出版社

前　言

传感器技术作为信息科学的一个重要分支与计算机技术、自动控制技术和通信技术等一起构成了信息技术的完整科学。在人类进入信息时代的今天，人们的一切社会活动都是以信息获取与信息转换为中心，传感器作为信息获取与信息转换的重要手段，是实现信息化的基础技术之一。以传感器为核心的检测系统就像神经和感官一样，源源不断地向人类提供宏观与微观世界的种种信息，成为人们认识自然、改造自然的有力工具，广泛地应用于工业、农业、国防和人们日常生活等领域。

本书在编写中有以下特点：

1. 注重实用性

本书精选教学内容，内容的选取基本上从我国当前工业生产应用的实际出发，以淡化理论、注重实用为尺度，在教材的编写中结合多年在教学改革及教材建设所积累的经验，做到重点突出，应用性强。

2. 注重系统性

本书在前9章中，结合电气自动化专业、机电一体化专业和电子信息专业的学习，配有相应的应用举例，在第10章中还增加了典型综合应用实例，列举了传感器在家用电器、机器人中的应用，加强了专业课之间学习的系统性，以满足不同专业、不同学生学习和发展的需要。

3. 注重实践性

本着“培养技能、重在运用”的指导思想，针对各学校实训条件不同，书中除了前8章后面的综合技能实训外，在全书的最后一章还增加了目前通用的成套综合实训设备的使用，介绍了传感器实训系统的构造性能、配置，并精选了12个实训指导，用于提高学生的动手能力。

4. 注重适用性

考虑到高职高专教育对象的实际基础水平，为了帮助提高学生自学能力，并针对一些工程技术人员及自学人员的学习，在每一章开始都配有学习要点，每一章结束有小结，各章附有习题。

本书可作为高职高专电气自动化、机电一体化和电子信息等专业的专业课教材，也可作为其他相关专业的参考教材，教学时数建议为70学时。

本书由珠海城市职业技术学院陈东群担任主编，并编写了第3、8、9、10、11章，由天津电子信息职业技术学院周冀馨编写了第4、5、6章，由福建信息职业技术学院张洋编写了第1、2、7章。在本书编写过程中，得到了许多同志热情关心与帮助，并提出了许多宝贵意见，在此一并表示衷心感谢。

由于编者水平有限，再加上传感器技术日新月异的发展，本书在内容上难免有疏漏之处，恳请业内专家和广大读者批评指正。

编　者

目　　录

第1章　传感器技术概论

学习要点

① 理解传感器的概念。
② 掌握传感器的组成、主要特性。
③ 了解传感器的标定方法及选择原则。

1.1　传感器概述

传感器是新技术革命和信息社会的重要技术基础，是当今世界极其重要的高科技，一切现代化仪器、设备几乎都离不开传感器。

信息处理技术取得的进展以及微处理器和计算机技术的高速发展，都需要在传感器的开发方面有相应的进展。微处理器现在已经在测量和控制系统中得到了广泛的应用。随着这些系统能力的增强，作为信息采集系统的前端单元，传感器的作用越来越重要。传感器已成为自动化系统和机器人技术中的关键部件，作为系统中的一个结构组成，其重要性变得越来越明显。

1.1.1　传感器的定义与组成

传感器是接收信号或刺激并反应的器件，以测量为目的，以一定精度把被测量转换为与之有确定关系的、易于处理的电量信号输出的装置。如果传感器进一步对此输出信号进行处理，转换成标准统一信号（例如：4～20mA 或1～5V；0～10mA 或0～5V 等）时，此时的传感器一般称为变送器。

国家标准是这样定义传感器的：能感受规定的被测量并按照一定的规律转换成可用输出信号的器件或装置。通常由敏感元器件和转换元器件组成。

传感器一般由敏感元器件、转换元器件、转换电路3 部分组成，如图1-1 所示。

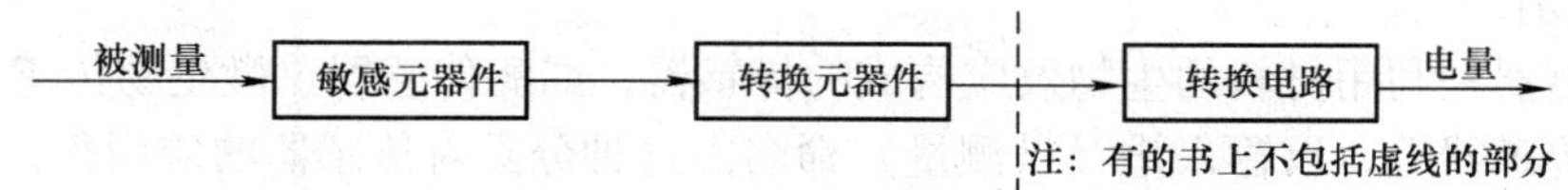

图1-1　传感器的组成框图

1）敏感元器件：直接感受被测量，并输出与被测量成确定关系的某一物理量的元器件。

2）转换元器件：以敏感元器件的输出为输入，把输入转换成电路参数。

3）转换电路：上述电路参数接入转换电路，便可转换成电量输出。

实际上，有些传感器很简单，仅由一个敏感元器件（兼作转换元器件）组成，它感受被测量时直接输出电量，如热电偶。

有些传感器由敏感元器件和转换元器件组成，没有转换电路；有些传感器，转换元器件不止一个，要经过若干次转换。

1.1.2 传感器分类

传感器的种类繁多，原理各异，检测对象几乎涉及各种参数，通常一种传感器可以检测多种参数，一种参数又可以用多种传感器测量，所以传感器的分类方法至今尚无统一规定，主要按工作原理、输入信息和应用范围来分类。

1. 按工作原理分类

根据传感器工作原理，可分为物理传感器、化学传感器和生物传感器3大类。

（1）物理传感器

物理传感器是利用某些变换元器件的物理性质以及某些功能材料的特殊物理性能制成的传感器，它又可以分为物性型传感器和结构型传感器。

物性型传感器是利用某些功能材料本身所具有的内在特性及效应将被测量直接转换为电量的传感器。例如，热电偶制成的温度传感器，就是利用金属导体材料的温差电动势效应和不同金属导体间的接触电动势效应实现对温度的测量；而利用压电晶体制成的压力传感器则是利用压电材料本身所具有的正压电效应而实现对压力的测量。这类传感器的“敏感体”就是材料本身，无所谓“结构变化”，因而，通常具有响应速度快的特点，而且易于实现小型化、集成化和智能化。

结构型传感器是以结构（如形状、尺寸等）为基础，在待测量作用下，其结构发生变化，利用某些物理规律，获得比例于待测非电量的电信号输出的传感器。例如石油天然气地震勘探中的检波器，属于磁电式传感器。当地面存在地震波机械振动时，线圈相对于磁铁运动而切割磁力线，根据电磁感应定律，线圈中产生感应电动势，且感应电动势的大小与线圈和磁铁间相对运动速度成比例，线圈输出的电信号与地面机械振动的速度变化规律是一致的。这类传感器性能与其结构材料关系不大，仅与其“结构变化”有关。

（2）化学传感器

化学传感器是利用敏感材料与物质间的电化学反应原理，把无机和有机化学成分、浓度等转换成电信号的传感器，如气体传感器、湿度传感器等。

（3）生物传感器

生物传感器是利用材料的生物效应构成的传感器，如酶传感器、微生物传感器、组织传感器、免疫传感器等，以输入量（被测量）命名。这种分类对传感器的应用很方便。

2. 按输入信息分类

传感器按输入量分类有位移传感器、速度传感器、加速度传感器、温度传感器、压力传感器、力传感器、色传感器、磁传感器等。

3. 按应用范围分类

根据传感器应用范围不同，通常可分为工业用、农业用、民用、科研用、医用、军用、环保用和家用电器用传感器等。若按具体使用场合，还可以分为汽车用、舰艇用、飞机用、宇宙飞船用、防灾用传感器等。如果根据使用目的的不同，又可分为计测用、监视用、检查用、诊断用、控制用和分析用传感器等。

1.1.3 传感器技术的发展趋势

随着科学技术的发展，传感器技术发展的趋势将是开发新材料与传感器智能化发展相结合。

1. 新材料开发

传感器材料是传感器技术的重要基础，是传感器技术升级的重要支撑。随着材料科学的进步，传感器技术日臻成熟，其种类越来越多，除了早期使用的半导体材料、陶瓷材料以外，光导纤维以及超导材料的开发，为传感器的发展提供了物质基础。

2. 智能化发展

20 世纪 80 年代发展起来的智能化传感器是微电子技术、微型电子计算机技术与检测技术相结合的产物，具有测量、存储、通信、控制等特点。

智能化传感器一般主要由主传感器、辅助传感器及微型计算机硬件系统 3 大部分构成，也就是说，智能化传感器是一种带有微处理器的传感器，它兼有检测判断和信息处理功能。

几十年来，智能化传感器有了很大的发展。近年来，智能化传感器开始同人工智能相结合，创造出各种基于模糊推理、人工神经网络、专家系统等人工智能技术的高度智能传感器，称为软传感器技术。它已经在家用电器方面得到应用，相信未来将会更加成熟。智能化传感器是传感器技术未来发展的主要方向。

1.2 传感器的一般特性

传感器的特性是指传感器的输入量和输出量之间的对应关系。通常把传感器的特性分为两种：静态特性和动态特性。

1.2.1 传感器的静态特性

静态特性是指输入不随时间而变化的特性，它表示传感器在被测量各个值处于稳定状态下输入输出的关系。因为传感器本身存在着迟滞、蠕变、摩擦等各种因素，以及受外界条件的各种影响，输入输出不会完全符合用户的要求。传感器静态特性的主要指标有以下几种。

1. 灵敏度

灵敏度是指仪表、传感器等装置或系统的输出量增量与输入量增量之比。

$$S=\frac{\mathrm{d}y}{\mathrm{d}x}\approx\frac{\Delta y}{\Delta x} \tag{1-1}$$

对线性传感器而言，灵敏度为一常数；对非线性传感器而言，灵敏度随输入量的变化而变化。

怎样从输出曲线看灵敏度：曲线越陡，灵敏度越高。可以通过作该曲线的切线的方法

（作图法）来求得曲线上任一点的灵敏度，用作图法求取传感器的灵敏度如图 1-2 所示。由切线的斜率可以看出，x_2 点的灵敏度比 x_1 点高。

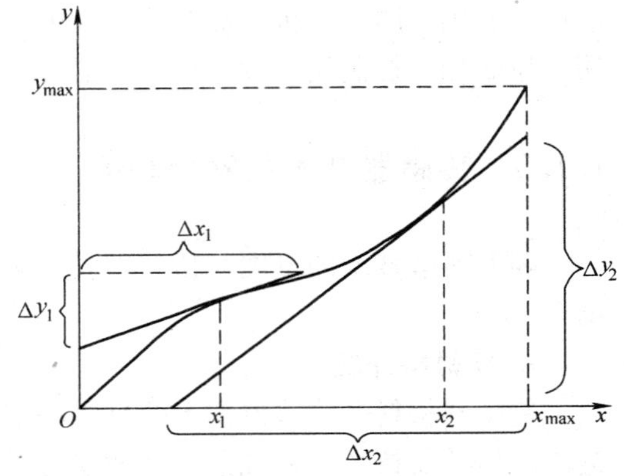

图 1-2 用作图法求取传感器的灵敏度

2. 分辨力

分辨力是指传感器能检出被测信号的最小变化量，是有量纲的数。当被测量的变化小于分辨力时，传感器对输入量的变化无任何反应。

对数字仪表而言，如果没有其他附加说明，一般可以认为该表的最后一位所表示的数值就是它的分辨力。一般情况下，不能把仪表的分辨力当做仪表的最大绝对误差。

例如，数字式温度计的分辨力为 0.1℃，若该仪表的准确度为 1.0 级，则最大绝对误差将达到 ±2.0℃，比分辨力大得多。

仪表或传感器中，还经常用到“分辨率”的概念。将分辨力除以仪表的满量程就是仪表的分辨率，分辨率常以百分比或几分之一表示，是量纲为 1 的数。

3. 线性度

人们总是希望传感器的输入与输出的关系成正比，即线性关系。这样可使显示仪表的刻度均匀，在整个测量范围内具有相同的灵敏度，并且不必采用线性化措施。但大多数传感器的输入输出特性总是具有不同程度的非线性，可以用下列多项式代数方程表示：

$$y = a_0 + a_1 x + a_2 x^2 + a_3 x^3 + \cdots + a_n x^n \tag{1-2}$$

式中 y——输出量；

x——输入量；

a_0——零点输出；

a_1——理论灵敏度；

a_2、a_3、…、a_n——非线性项系数，各项系数决定了传感器的线性度的大小，如果 $a_2 = a_3 = \cdots = a_n = 0$，则该系统为线性系统。

线性度又称非线性误差，是指传感器实际特性曲线与拟合直线（有时也称理论直线）之间的最大偏差与传感器满量程范围内的输出之百分比，如图 1-3 所示，它可用下式表示，且多取其正值：

$$\gamma_L = \frac{\Delta L_{max}}{y_{max} - y_{min}} \times 100\% \tag{1-3}$$

4. 迟滞

迟滞是指传感器正向特性和反向特性的不一致程度，如图 1-4 所示，可用下式表示：

$$\gamma_H = \frac{1}{2} \times \frac{\Delta H_{max}}{y_{max}} \times 100\% \tag{1-4}$$

5. 稳定性

稳定性包含稳定度和环境影响量两个方面。稳定度是指仪表在所有条件都恒定不变的情况下，在规定的时间内能维持其示值不变的能力。稳定度一般以仪表的示值变化量和时间的长短之比来表示。

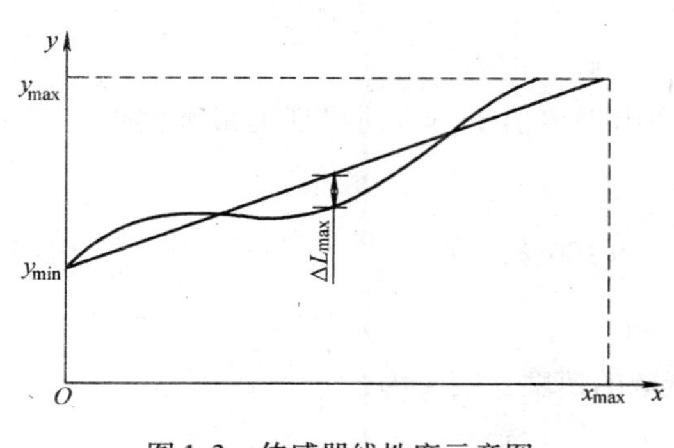

图 1-3　传感器线性度示意图

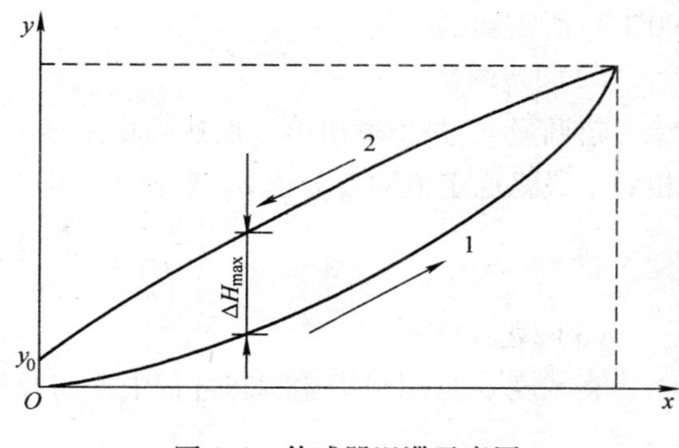

图 1-4　传感器迟滞示意图

例如，某仪表输出电压值在 8h 内的最大变化量为 1.2mV，则稳定度表示为 1.2mV/(8h)。

环境影响量是指由于外界环境变化而引起的示值变化量。示值变化由两个因素组成：零点漂移和灵敏度漂移。零点漂移是指在受外界环境影响后，已调零的仪表的输出不再为零，而有一定漂移的现象，这在测量前是可以发现的，应重新调零，但在不间断测量过程中，零点漂移是附加在读数上的，因而很难发现。带微型计算机的智能化仪表可以定时地自动暂时切断输入信号，测出此时的零点漂移值，恢复测量后从测量值中减去漂移值，相当于重新调零。灵敏度漂移使仪表的输入输出的特性曲线斜率发生变化。造成环境影响量变化的因素很多，要予以重视，使传感器对外界各种干扰有抵抗能力。

1.2.2　传感器的动态特性

动态特性是指输入随时间而变化的特性，它表示传感器对随时间变化的输入量的响应特性。动态特性是传感器性能的一个重要方面，它取决于传感器本身，另一方面也与被测量的形式有关。

虽然传感器的种类和形式很多，但它们一般可以简化为一阶或二阶系统（高阶可以分解成若干个低阶环节），因此一阶和二阶传感器是最基本的。传感器的输入量随时间变化的规律是各种各样的，在对传感器动态特性进行分析时，为了便于比较和评价，通常采用最典型、最简单、易实现的正弦信号和阶跃信号作为标准输入信号。对于正弦输入信号，传感器的响应称为频率响应或稳态响应；对于阶跃输入信号，则称为传感器的阶跃响应或瞬态响应。

在采用阶跃输入信号研究传感器时域动态特性时，用其输出信号 $y(t)$ 的变化曲线来表示，如图 1-5所示。根据此图可得出阶跃响应时，表征动态特性的主要参数有上升时间 t_τ，响应时间 t_s，超调量 y_m(或 σ_P)，衰减度 ψ 等。

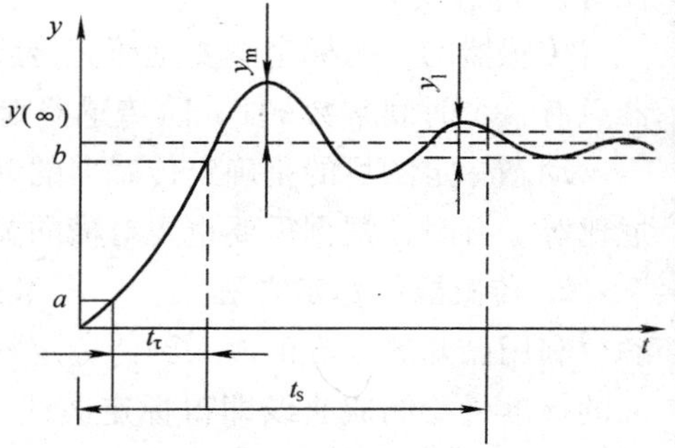

图 1-5　阶跃响应特性

(1) 上升时间 t_τ

上升时间 t_τ 是指传感器输出示值从最终稳定值的5%（或 10%）变化到最终稳定值的 95%（或

90%）所需要的时间。

（2）超调量 y_m

超调量 y_m 是指输出第一次达到稳定值后又超出稳定值 $y(\infty)$ 而出现的最大偏差，常用相对于最终稳定值的百分比 σ_P 来表示，即：

$$\sigma_P = \frac{y_m - y(\infty)}{y(\infty)} \times 100\% \tag{1-5}$$

（3）衰减度 ψ

衰减度 ψ 是用来描述瞬态过程中振荡幅值衰减的速度，定义为：

$$\psi = \frac{y_m - y_1}{y_m} \tag{1-6}$$

式中，y_1 为出现 y_m 一个周期后的 $y(t)$ 值。如果 $y_1 \ll y_m$，则 $\psi \approx 1$，表示衰减很快，该系统很稳定，振荡很快停止。

在采用正弦输入信号研究传感器频域动态特性时，常用幅频特性和相频特性来描述传感器的动态特性，其重要指标是频带宽度，简称带宽。带宽是指增益变化不超过某一规定分贝值的频率范围。

1.3 传感器的标定和选择原则

1.3.1 传感器的标定

与传感器特性有关的是传感器系统性能的综合评价与标定。传感器的标定就是通过试验确定传感器的输入与输出量之间的关系和不同使用条件下的误差关系。

1. 传感器的标定种类

传感器的标定分为静态标定和动态标定两种。

所谓静态标定是指没有加速度、振动、冲击（除非这些参数本身就是被测物理量）及环境温度一般为室温（20 ± 5℃）、相对湿度不大于85%，大气压力为标准大气压的情况。静态标定的目的是确定传感器静态特性指标，如线性度、灵敏度、滞后和稳定性等。

传感器的动态标定主要是研究传感器的动态响应。而与动态响应有关的参数，一阶传感器只有一个时间常数 τ、二阶传感器则有固有频率 ω_n 和阻尼比 ζ 两个参数。

动态标定的目的是确定传感器的动态特性参数，如频率响应、时间常数、固有频率和阻尼比等。有时，根据需要也要对横向灵敏度、温度响应、环境影响等进行标定。

2. 传感器的标定方法

利用已知的标准值输入到待标定的传感器中，传感器得到相应的输出量，将输出量与输入的标准量绘制成曲线即得标定曲线。按传感器的种类和使用情况不同，其标定方法也不同。荷重、应力、压力传感器等的静标定方法是利用压力试验机进行标定，它们更精确的标定则是在压力试验机上用专门的荷载标定器标定；位移传感器的标定则是采用标准量块或位移标定器。

3. 传感器的标定要求

1）标定应该在与其使用条件相似的状态下进行。

2）增加重复标定的次数，以提高测试精度。

3）传感器需定期标定，一般以一年为期。

4）对重要的试验，需在试验前后标定误差，使误差在允许的范围内。

1.3.2 传感器的选择原则

现代传感器在原理与结构上千差万别，如何根据具体的测量目的、测量对象以及测量环境合理地选用传感器，是在进行某个量的测量时首先要解决的问题。当传感器确定之后，与之相配套的测量方法和测量设备也就可以确定了。测量结果的准确度，在很大程度上取决于传感器的选用是否合理。

1. 普通传感器的选择

（1）传感器的类型选择

传感器的类型选择是根据具体测量工作决定的，这需要针对多方面的因素进行分析后才能给出明确的答案。传感器测量的对象对传感器本身设计原理的选择具有一定的决定作用，此外量程的大小、测量的方式、信号的引出方法及传感器本身的质量和价格，也需要综合考虑。

（2）灵敏度的选择

通常，在传感器的线性范围内，希望传感器的灵敏度越高越好。因为只有灵敏度高时，与被测量变化对应的输出信号的值才比较大，有利于信号处理。但要注意的是，传感器的灵敏度高，与被测量无关的外界噪声也容易混入，也会被放大系统放大，影响测量精度。因此，要求传感器本身应具有较高的信噪比，尽量减少从外界引入的干扰信号。传感器的灵敏度是有方向性的，当被测量是单向量，而且对其方向性要求较高，则应选择其他方向灵敏度小的传感器；如果被测量是多维向量，则要求传感器的交叉灵敏度越小越好。

（3）根据测量对象与测量环境确定传感器的类型

要进行一个具体的测量工作，首先要考虑采用何种原理的传感器，这需要分析多方面的因素之后才能确定。因为，即使是测量同一物理量，也有多种原理的传感器可供选用，哪一种原理的传感器更为合适，则需要根据被测量的特点和传感器的使用条件考虑以下具体问题：量程的大小；被测位置对传感器体积的要求；测量方式为接触式还是非接触式；信号的引出方法，有线或是非接触测量；传感器的来源，国产还是进口，价格能否承受，还是自行研制。在考虑上述问题之后就能确定选用何种类型的传感器，然后再考虑传感器的具体性能指标。

（4）频率响应特性的选择

传感器的频率响应特性决定了被测量的频率范围，必须在允许频率范围内保持不失真的测量条件，实际上传感器的响应总有一定延迟，希望延迟时间越短越好。

一般来讲，利用光电效应的光电型传感器响应较快，工作频率范围宽。而结构型传感器，如电感传感器、电容传感器、磁电式传感器等，往往由于结构中的机械系统惯性的限制，其固有频率低，工作频率也较低。

在动态测量中，传感器的响应特性对测试结果有直接影响，在选用时，应充分考虑到被测物理量的变化特点（如稳态、瞬变、随机等）。

（5）线性范围的选择

传感器的线性范围是指输出与输入成正比的范围。理论上讲，在此范围内，灵敏度保持定值。传感器的线性范围越宽，则其量程越大，并且能保证一定的测量精度。在选择传感器时，当传感器的种类确定以后首先要看其量程是否满足要求。但实际上，任何传感器都不能保证绝对的线性，其线性度也是相对的。当所要求测量精度比较低时，在一定的范围内，可将非线性误差较小的传感器近似看作线性的，这会给测量带来极大的方便。

（6）稳定性的选择

传感器使用一段时间后，其性能保持不变化的能力称为稳定性。影响传感器长期稳定性的因素除传感器本身结构外，主要是传感器的使用环境。因此，要使传感器具有良好的稳定性，传感器必须要有较强的环境适应能力。在选择传感器之前，应对其使用环境进行调查，并根据具体的使用环境选择合适的传感器，或采取适当的措施，减小环境的影响。传感器的稳定性有定量指标，在超过使用期后，在使用前应重新进行标定，以确定传感器的性能是否发生变化。在某些要求传感器能长期使用而又不能轻易更换或标定的场合，所选用的传感器稳定性要求更严格，要能够经受长时间的考验。

（7）精度的选择

精度是传感器的一个重要性能指标，它是关系到整个测量系统测量精度的一个重要环节。传感器的精度越高，其价格越昂贵，因此，传感器的精度只要满足整个测量系统的精度要求就可以，不必选得过高。这样就可以在满足同一测量目的的诸多传感器中选择比较便宜和简单的传感器。如果测量目的是定性分析的，选用重复精度高的传感器即可，不宜选用绝对量值精度高的；如果是为了定量分析，必须获得精确的测量值，就需选用精度等级能满足要求的传感器。对某些特殊使用场合，无法选到合适的传感器，则需自行设计制造传感器。自制传感器的性能应满足使用要求。

在实际应用中选择传感器要把握住：

1）根据实际需要，保证主要的参数。

2）不必盲目追求单项指标的全面优异，主要关心其稳定性和变化规律性。

2. 工业传感器的选择

（1）测量范围的选择

测量范围的选择要根据被测变量的大小和变化范围，留有充分的余地。测量稳定变量，最大测量值不应超过量程的2/3；测量脉动变量，最大测量值不应超过量程的1/2；一般被测变量最小值不应低于传感器量程的1/3。

1）根据被测变量的最大、最小值，求出传感器测量范围。

2）在国家规定的标准系列中选取适合的测量范围。

所选的测量上限应大于（最接近）或至少等于计算求得的上限值，且满足最小测量值的规定要求。

(2) 准确度等级的选择

在工业测量中，为了便于表示仪表的质量，通常用准确度等级来表示仪表的准确程度。准确度等级就是最大引用误差去掉正、负号及百分号。准确度等级是衡量仪表质量优劣的重要指标之一。我国工业仪表等级分为0.1、0.2、0.5、1.0、1.5、2.5、5.0七个等级，并标志在仪表刻度标尺或铭牌上。仪表准确度习惯上称为精度，准确度等级习惯上称为精度等级。

根据测量要求限定的最大绝对误差和选定的量程，计算传感器限定的最大引用误差q_{max}，在国家规定的准确度等级中选择确定准确度。准确度等级加上“%”、“±”后应小于或至少等于测量要求限定的传感器最大引用误差q_{max}。

例如：某温度传感器测量范围为0～1000℃，据工艺要求，测量误差不允许超过±7℃，应如何选择其准确度才能满足要求?

仪表允许的最大引用误差应为：

$$q_{max}=\frac{\pm 7}{1000-0}\times 100\% = \pm 0.7\% \tag{1-7}$$

去掉“±”与“%”号，数值介于0.5、1.0级之间，若选择1.0级，其允许误差为±1.0%，超过工艺允许的最大误差。仪表允许的最大引用误差应为选择0.5级准确度才能满足要求。

(3) 类型的选择

根据被测介质性质是否需信号远传或报警等特殊要求及现场环境条件等对传感器类型进行选择。

1.4 综合技能实训

1.4.1 实训1 数字万用表测量电阻、二极管、电容实训

1. 实训目的

1) 理解对数字万用表的正确使用，为今后正确测量电路或元器件特性打下良好基础。

2) 正确理解量程的选择及读数。

2. 实训设备

(1) 数字万用表

(2) 电阻若干

(3) IN4007硅二极管一个

(4) 电容若干

3. 量程的选择与读数

1) 使用数字万用表前，应先估计一下被测值的大小范围，尽可能选用接近满刻度的量程，以便提高测量精度。例如：

测一节1.5V的干电池，分别置于2V、20V、200V、1000V档上，显示的数分别是：

量程　　2V　　20V　　200V　　1000V

显示值　1.492V　1.49V　1.5V　2V

由此可见，用2V档测量的精度最高。

2）数字万用表在测量时，显示屏的数值会有跳动现象，这是正常的，应当待显示数值比较稳定后（约1～2s）才能读数。此外，被测处表笔接触不良或有氧化物、污物等，也会使显示屏产生长时间的跳数现象，应当先清除污物，使表笔接触良好后再测量。

3）数字万用表的量程转换开关档位多（DT－890有30多个测量档位），相邻两档之间的位距很小，使用中手感不如模拟式万用表明显，很容易造成跳档或拨错档位，使用时换档不可用力过猛、过快。

4. 实训步骤

（1）电阻的测量

与模拟万用表比较，其最大特点是测量前不必进行欧姆“调零”，因为数字万用表内部有自动调零功能。测量电阻时，如图1-6a所示，先将红、黑表笔分别插入V/Ω和COM插孔，量程开关拨向适当的档位，电源开关打向ON位置，显示屏显示“1”（开路）。然后将两表笔与被测电阻接触，读数稳定后，便是测量结果。一般电阻允许测量误差为±5%。

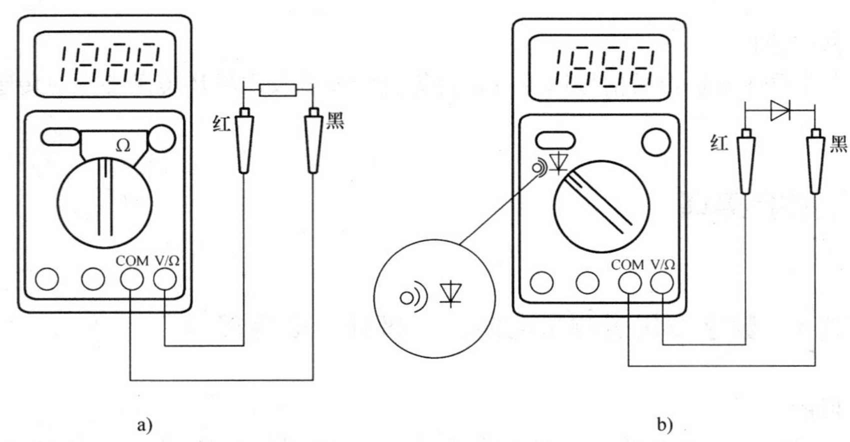

图1-6　数字万用表测电阻和二极管示意图

a）测量电阻　b）测量二极管

已知一只25kΩ、1/8W的电阻，请开路检测其好坏，并将检测过程按表1-1中要求填写好。

表1-1　检测一只25kΩ电阻记录分析表

使用万用表档位	万用表显示读数	分析测量结果得出结论	使用万用表档位	万用表显示读数	分析测量结果得出结论
200Ω			200kΩ		
2kΩ			2MΩ		
20kΩ			20MΩ		

（2）二极管的测量

如图1-6b所示，转换开关指向画有圆圈（蜂鸣器）和二极管符号的档位上，红、黑两表笔分别接触二极管的两个引脚。若为反向，万用表显示“1”（开路）；若为正向，万用表显示其正向压降。例如：

IN4007硅二极管测量时显示出627，实际应理解为0.627V。

若正向显示“1”，则表明该二极管已开路。

若正反向都显示“000”或其他小的数值，则说明该二极管已击穿短路。

用数字万用表的这一档检测发光二极管好坏尤为方便。由于表内电池为9V，故在显示正向压降的同时，若发光二极管能点亮发出微光，表明它是好的。

（3）电容检测

已知一只0.56μF、63V的电容，请开路检测其好坏，并将检测过程按表1-2中要求填写好。

表1-2　检测一只0.56μF、63V的电容记录分析表

使用万用表档位	万用表显示读数	分析测量结果得出结论
0.0002μF		
2μF		
20μF		

5. 实训报告

1）写出用数字万用表检测电阻的过程，如果在数字万用表“20kΩ”、“200kΩ”、“2MΩ”、“20MΩ”档测量时，拿表笔的两手碰触到被测电阻的两引脚上时，观察万用表显示读数变化情况，根据变化的情况说明其原因，由此得出什么结论？

2）写出用数字万用表检测电容的过程，如在万用表“2μF”和“20μF”档测量时，拿表笔的两手碰触到被测电容的两引脚上时，观察万用表显示读数变化情况，根据变化情况，说明其原因，由此得出什么结论？

1.4.2　实训2　数字万用表判断电源相线和断芯位置实训

1. 实训目的

1）熟悉用数字万用表交流电压档检测电路的方法。

2）学会搭接简单的交流电路。

3）了解三相用电常识。

2. 实训设备

（1）数字万用表

（2）220V交流电源

（3）插头、电源线、断芯绝缘导线

（4）开关1个

（5）220V（40～60W）白炽灯1个

3. 判断方法及步骤

由于数字万用表交流电压档的灵敏度很高，即使微弱的电压信号，也能在显示屏上反映出来。故可以用其来判断电源的相线和断芯的位置。具体方法及步骤如下：

（1）判断电源相线的方法及步骤

将数字万用表拨至20V（或200V）交流电压档，不接黑表笔，用手握住红表笔的绝缘杆、用笔尖依次碰触电源插座的两个孔（或两根电源线的裸露处），其中显示数值较大的一次碰触的是相线，显示数值较小的为零线。

如果用红表笔分别触及两个电源插孔，两次显示值接近且读数较大，说明零线对地开路，因零线紧靠相线，故也感应出交流电压。

用数字万用表检查相线还有不必损伤绝缘外皮即可准确无误地判断的优点。只要用万用表红表笔一次接触两线的外皮，其中读数较大的一根线便是相线，由于笔尖并未碰到内部的导线，感应电压比较微弱，选择2V交流电压档效果较好。

实际测量时，先制作一副带插头的电源线，然后搭接供白炽灯用电的交流电路，如图1-7所示，将带插头的电源线插入220V交流电源插座中，先将SA_1开关置于断开状态，按上述方法测试电源线，观察万用表显示情况；然后将SA_1开关置于接通状态，按同样的方法测试电源线并观察万用表的显示情况。

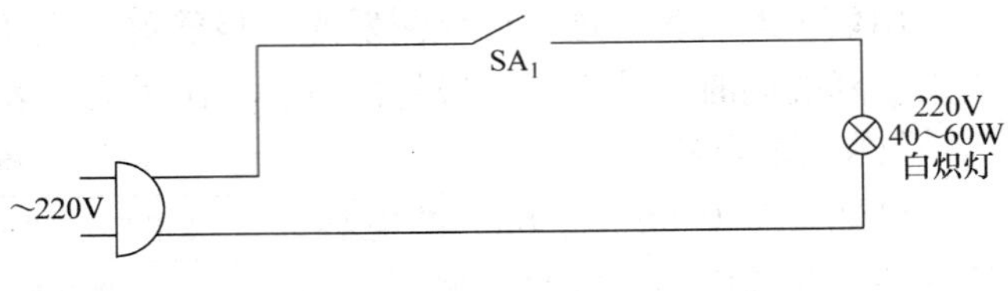

图1-7 供白炽灯用电的交流电路

（2）确定电线断芯位置的方法及步骤

用数字万用表还能准确地找到电线断芯位置，以便修复。具体的方法步骤如下：

把断芯的绝缘导线一端接220V交流电源相线，另一端悬空，数字万用表拨至2V交流电压档，从接相线端开始，将红表笔沿导线的绝缘皮移动，显示出的电压值应为零点几伏。若红表笔移到某处时电压降到零点零几伏，说明此处芯线已断。

此方法还适用于检测电熨斗、电热毯等家用电器内部电热丝的断线位置。

4. 实训报告

1）记录上述两种测试过程以及观察到的现象。

2）对观察到的现象进行解释和总结。

1.5 小结

1）国家标准“传感器”的定义：能感受规定的被测量并按照一定的规律转换成可用输出信号的器件或装置。通常由敏感元器件和转换元器件组成。

2）传感器组成：一般由敏感元器件、转换元器件、转换电路3部分组成。

3）传感器分类：根据输入物理量分；根据输出信号的性质分；根据能量转换原理分等。

4）传感器的特性：是指传感器的输入量和输出量之间的对应关系。通常把传感器的特性分为两种：静态特性和动态特性。静态特性是指输入不随时间而变化的特性，它表示传感器在被测量各个值处于稳定状态下输入输出的关系。动态特性是指输入随时间而变化的特性，它表示传感器对随时间变化的输入量的响应特性。

5）传感器的标定：就是通过试验确定传感器的输入与输出量之间的关系和不同使用条件下的误差关系。它的标定有静态标定和动态标定两种。

1.6 习题

1. 什么是传感器？(传感器定义)
2. 传感器由哪几个部分组成？分别起什么作用？
3. 传感器特性在检测系统中起什么作用？
4. 传感器的性能参数反映了传感器的什么关系？
5. 静态参数有哪些？各种参数代表什么意义？
6. 动态参数有哪些？应如何选择？

第2章 电阻、电感、电容传感技术

学习要点

① 理解电阻、电感、电容传感器的概念。

② 掌握电阻、电感、电容传感器主要参数及基本电路。

③ 了解电阻、电感、电容传感器工程应用，通过实训了解使用方法。

电阻、电感、电容是电子技术的3大类无源元件，利用它们的原理，将非电量转化成电阻值、电感量、电容量，进而实现非电量到电量转化的器件或装置称为电阻式、电感式、电容式传感器。

2.1 电阻式传感器

把位移、力、压力、加速度、扭矩等非电物理量转换为电阻值变化的传感器。它主要包括电阻应变式传感器、电位器式传感器等。

2.1.1 电位器式传感器

利用电位器作为传感元器件可制成各种电位器式传感器，除可以测量线位移或角位移外，还可以测量一切可以转换为位移的其他物理量参数，如压力、加速度等。

1. 电位器式传感器的结构及分类

由电阻元件及电刷（活动触点）两个基本部分组成。电刷相对于电阻元件的运动可以是直线运动、转动和螺旋运动，因而可以将直线位移或角位移转换为与其成一定函数关系的电阻或电压输出。其电位器结构如图2-1所示。

按其结构形式不同，可分为线绕式、薄膜式、光电式等，在线绕电位器中又有单圈式和多圈式两种；按其特性曲线不同，则可分为线性电位器和非线性（函数）电位器。

2. 电位器式传感器的原理

如图2-2所示，当电阻丝直径与材质一定时，电阻R随导线长度l而变化。由分压原理可知：

$$U_o = \frac{U_i}{l}x \tag{2-1}$$

即当被测物体有位移x变化时，会使输出电压成比例变化。

如图2-3所示，当被测位移变化时，触点B沿电位器移动。如果移至B点与A点之间的距离为x处，则B点与A点之间的电阻为

$$R = K_1 x \tag{2-2}$$

式中 K_1——单位长度的电阻，当导线材质分布均匀时是一常数。

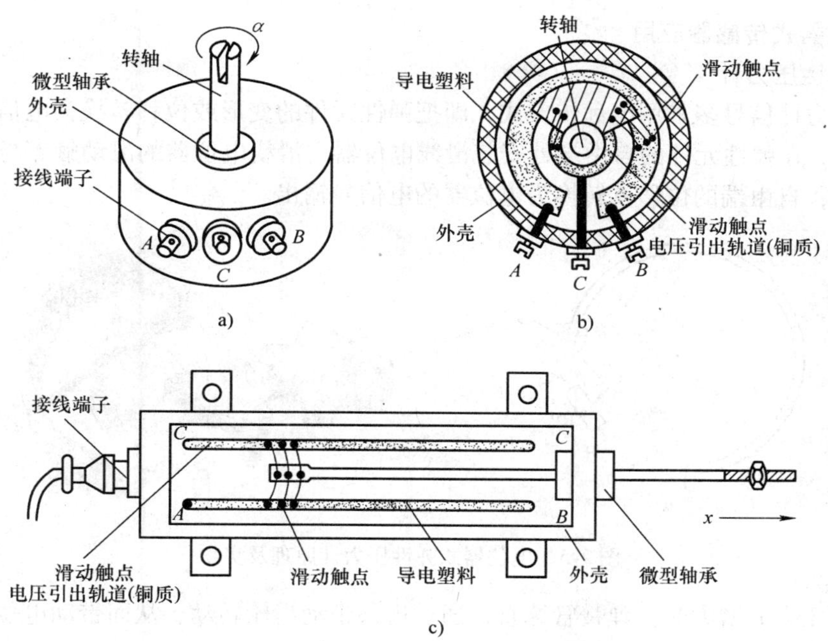

图 2-1　电位器结构图

a）圆盘式电位器外形　b）圆盘式电位器内部结构　c）直线式电位器结构

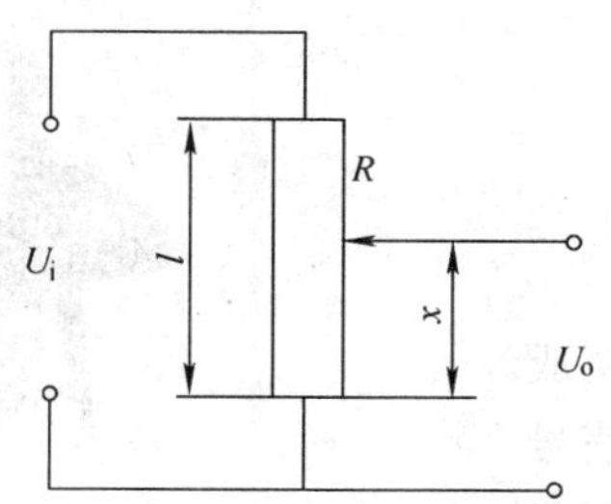

图 2-2　电位器的电压转换原理

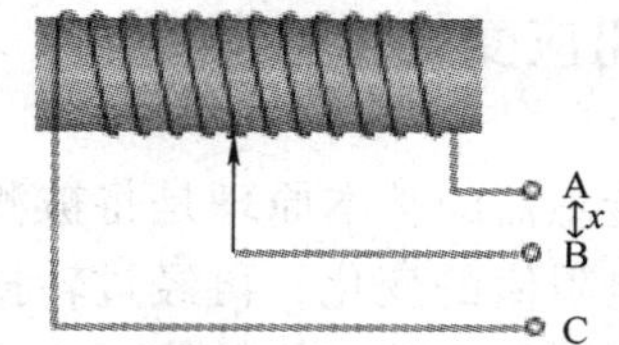

图 2-3　直线位移型电位器式传感器

这种传感器的输出（电阻）与输入（位移）呈线性关系。

传感器的灵敏度为：

$$S=\frac{\mathrm{d}R}{\mathrm{d}x}=K_1=\text{常数} \tag{2-3}$$

图 2-4 角位移型电位器式传感器，它的工作原理是其电阻值随转角而变化，故称为角位移型。

传感器的灵敏度为

$$S=\frac{\mathrm{d}R}{\mathrm{d}\alpha}=K_\alpha \tag{2-4}$$

式中　K_α——单位弧度对应的电阻值，当导线材质分布均匀时，K_α = 常数；

α——转角（rad）。

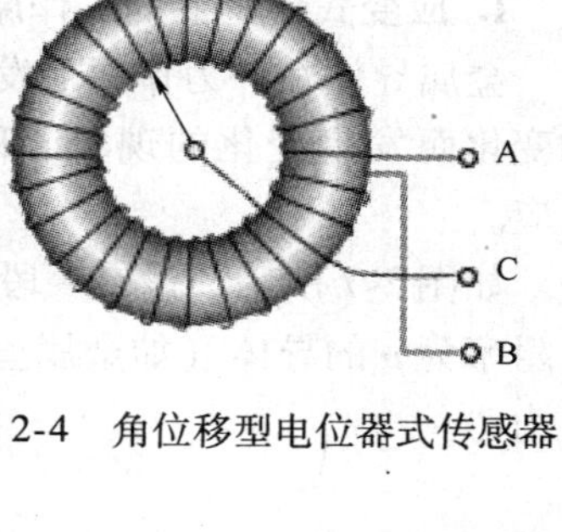

A
C
B

图 2-4　角位移型电位器式传感器

3. 电位器式传感器应用

（1）弹性压力计

弹性压力计信号多采用电远传方式，即把弹性元件的变形或位移转换为电信号输出。如图 2-5 所示，在弹性元件的自由端处安装滑线电位器，滑线电位器的滑动触点与自由端连接并随之移动，自由端的位移就转换为电位器的电信号输出。

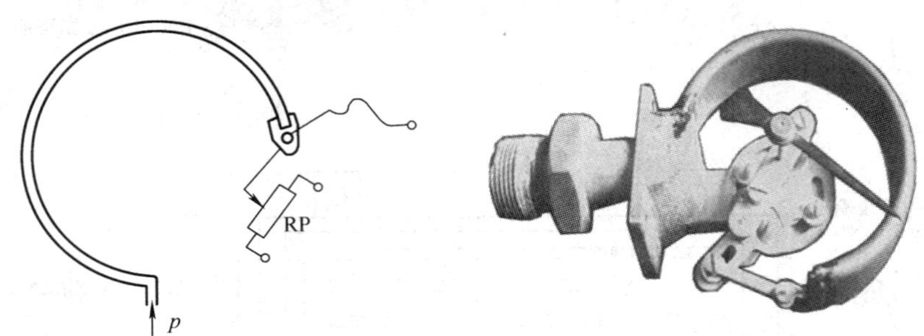

图 2-5　电位器式弹性压力计原理及实物

当被测压力 p 增大时，弹簧管撑直，通过齿条带动齿轮转动，从而带动电位器的电刷产生角位移。

（2）摩托车汽油油位传感器

如图 2-6 所示为摩托车汽油油位传感器，它由随液位升降的浮球经过曲杆带动电刷位移，将液位变成电阻变化。

2.1.2　电阻应变式传感器

电阻式传感器的基本原理是将被测量的变化转换成传感器元件电阻值的变化，再经过转换电路变成电信号输出。可用于测量位移、加速度、力、力矩、压力等各种参数。

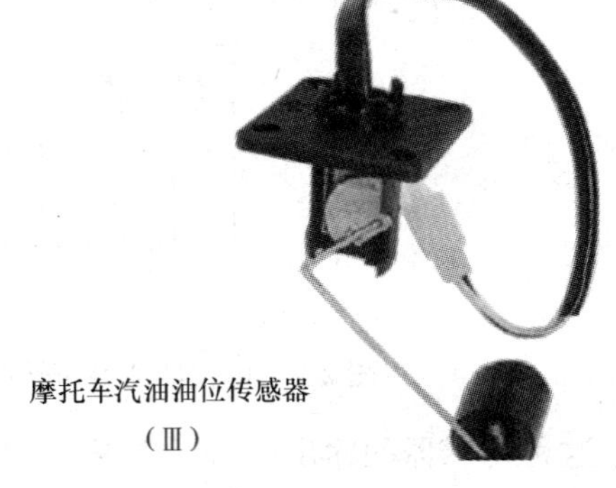

图 2-6　摩托车汽油油位传感器

应变式传感器是基于测量物体受力变形所产生应变的一种传感器，最常用的传感元件为电阻应变片。电阻应变片主要有金属和半导体两类，金属应变片有金属丝式、箔式、薄膜式之分。半导体应变片具有灵敏度高（通常是丝式、箔式的几十倍）、横向效应小等优点。

1. 应变式传感器的工作原理

金属导体在外力作用下发生机械变形时，其电阻值随着它所受机械变形（伸长或缩短）的变化而发生变化的现象，称为金属电阻的应变效应。

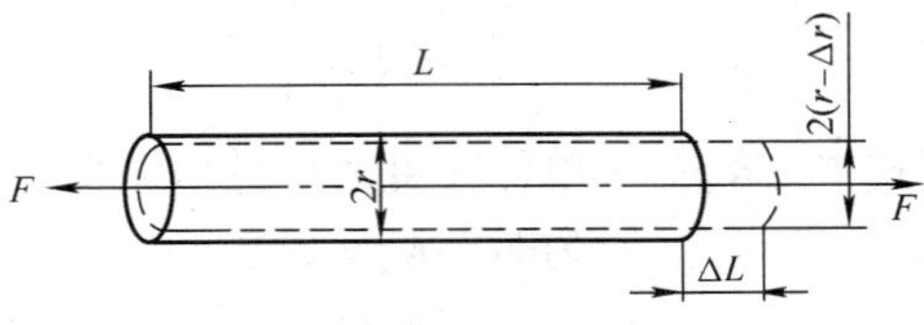

图 2-7　应变效应

如图 2-7 所示，设有一段长为 L，截面积为 A，电阻率为 ρ 的导体（如金属丝），它具有的原始电阻为：

$$R = \frac{\rho L}{A} \tag{2-5}$$

式中　ρ——电阻丝的电阻率；

L——电阻丝的长度；

A——电阻丝的截面积。

当电阻丝受到拉力 F 作用时，将伸长 ΔL，横截面积相应减小 ΔA，电阻率因材料晶格发生变形等因素影响而改变了 $\Delta\rho$，将式 2-5 取对数再取微分，从而引起电阻值变化量。

$$\frac{\mathrm{d}R}{R} = \frac{\mathrm{d}\rho}{\rho} + \frac{\mathrm{d}L}{L} - \frac{\mathrm{d}A}{A} \tag{2-6}$$

材料力学中，在弹性范围内，金属丝受拉力时，沿轴向伸长，沿径向缩短，轴向应变和径向应变的关系可表示为：

$$\frac{\mathrm{d}r}{r} = -\mu\frac{\mathrm{d}L}{L} = -\mu\varepsilon \tag{2-7}$$

μ 为电阻丝材料的泊松比，负号表示应变方向相反。

定义电阻丝的灵敏系数（物理意义）为单位应变所引起的电阻相对变化量。其表达式为：

$$K = \frac{\Delta R}{R}\Big/\varepsilon = 1 + 2\mu + \frac{\Delta\rho}{\rho\varepsilon} \tag{2-8}$$

大量实验证明，在电阻丝拉伸极限内，电阻的相对变化与应变成正比，即 K 为常数。

2. 电阻应变片的结构

如图 2-8 所示，电阻应变片主要有金属和半导体两类，金属应变片有金属丝式、箔式、薄膜式之分。半导体应变片具有灵敏度高（通常是丝式、箔式的几十倍）、横向效应小等优点。

电阻应变片的结构如图 2-8 所示，其结构包括：

（1）基底

为保持敏感栅固定的形状、尺寸和位置，通常用粘结剂将它固结在纸质或胶质的基底上，一般为 0.02 ~ 0.04mm。

（2）敏感栅

应变计中实现应变-电阻转换的敏感元件，其电阻值一般在 100Ω 以上。

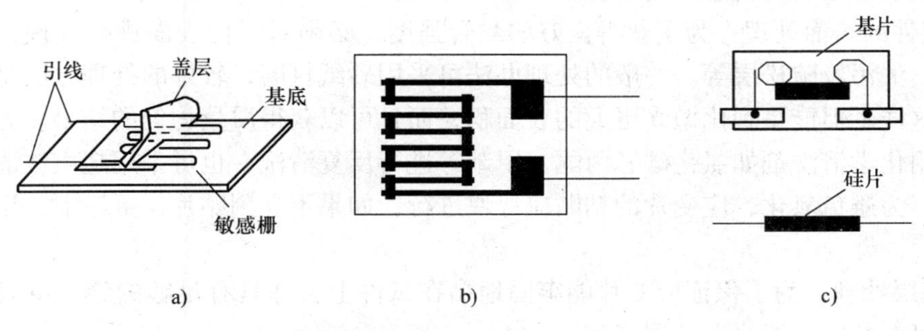

图 2-8　电阻应变片

a）丝式　b）箔式　c）半导体

(3) 盖层

盖层是用纸、胶作成覆盖在敏感栅上的保护层，起着防潮、防蚀、防损等作用。

(4) 引线

它起着敏感栅与测量电路之间的过渡连接和引导作用。

目前箔式应变片应用较多。金属丝式应变片使用最早，有纸基、胶基之分。由于金属丝式应变片蠕变较大，金属丝易脱胶，有逐渐被箔式所取代的趋势，但其价格便宜，多用于应变、应力的大批量、一次性试验。

箔式应变片中的箔栅是金属箔通过光刻、腐蚀等工艺制成的。箔的材料多为电阻率高、热稳定性好的铜镍合金。箔式应变片与片基的接触面积大得多，散热条件较好，在长时间测量时的蠕变较小，一致性较好，适合于大批量生产。还可以对金属箔式应变片进行适当的热处理，使其线膨胀系数、电阻温度系数以及被粘贴的试件的线膨胀系数三者相互抵消，从而将温度影响减小到最小的程度，目前广泛用于各种应变式传感器中。

3. 应变片的常用材料及粘贴技术

(1) 常用材料

1) 4YC3：4YC3 是 Fe - Cr - Al 系 550℃高应变电阻合金，其电阻率高，电阻温度系数低，热稳定性好，主要用于工作温度≤550℃的电阻应变计。

2) 4YC4：4YC4 是 Fe - Cr - Al 系 750℃高温应变电阻合金，其电阻率高、电阻温度系数低，尤其是在 600℃以上有较好的热输入特性。合金主要用作工作温度≤750℃的电阻应变计，用于大型汽轮机、航空、原子反应堆等领域中静态和准静态测量。

3) 4YC8：4YC8 铜镍锰钴合金精密箔材，专用于高精度箔式电阻应变计，其温度自补偿性能及其他技术指标符合《电阻应变计》标准规定的 A 级产品质量要求。用它制成箔式应变计，可以在钛合金、普通钢、不锈钢、铝合金、镁合金等多种材料制成的试件上达到良好的温度自补偿效果，优于国外同类合金箔材，技术性能达到国外先进水平。

4) 4YC9：4YC9 是 Ni - Mo 系 500℃自补偿应变电阻合金，它的 ρ 值高，电阻温度系数小，热输出、热稳定性好，适用于制作在≤500℃工作的自补偿电阻应变计。

(2) 应变片的粘贴工艺步骤

1) 应变片的检查与选择：首先要对采用的应变片进行外观检查，观察应变片的敏感栅是否整齐、均匀，是否有锈斑以及短路和折弯等现象。其次要对选用的应变片的阻值进行测量，阻值选取合适将对传感器的平衡调整带来方便。

2) 试件的表面处理：为了获得良好的黏合强度，必须对试件表面进行处理，清除试件表面杂质、油污及疏松层等。一般的处理办法可采用砂纸打磨，较好的处理方法是采用无油喷砂法，这样不但能得到比抛光更大的表面积，而且可以获得质量均匀的结果。为了表面的清洁，可用化学清洗剂如氯化碳、丙酮、甲苯等进行反复清洗，也可采用超声波清洗。需要注意的是，为避免氧化，应变片的粘贴应尽快进行，如果不立刻贴片，可涂上一层凡士林暂作保护。

3) 底层处理：为了保证应变片能牢固地贴在试件上，并具有足够的绝缘电阻，改善胶接性能，可在粘贴位置涂上一层底胶。

4) 贴片：将应变片底面用清洁剂清洗干净，然后在试件表面和应变片底面各涂上一层薄而均匀的黏合剂。待稍干后，将应变片对准画线位置迅速贴上，然后盖一层玻璃纸，用手指或胶棍加压，挤出气泡及多余的胶水，保证胶层尽可能薄而均匀。

5）固化：黏合剂的固化是否完全，直接影响到胶的物理机械性能。关键是要掌握好温度、时间和循环周期。无论是自然干燥还是加热固化都要严格按照工艺规范进行。为了防止强度降低、绝缘破坏以及电化腐蚀，在固化后的应变片上应涂上防潮保护层，防潮层一般可采用稀释的粘合胶。

6）粘贴质量检查：首先是从外观上检查粘贴位置是否正确，粘合层是否有气泡、漏粘、破损等。然后是测量应变片敏感栅是否有断路或短路现象以及测量敏感栅的绝缘电阻。

7）引线焊接与组桥连线：检查合格后既可焊接引出导线，引线应适当加以固定。应变片之间通过粗细合适的漆包线连接组成桥路，连接长度应尽量一致，且不宜过多。

4. 测量转换电路

电阻应变片把机械应变信号转换成 $\Delta R/R$ 后，由于应变量及其应变电阻变化一般都很微小，既难以直接精确测量，又不便直接处理。因此，必须采用转换电路或仪器，把应变片的 $\Delta R/R$ 变化转换成电压或电流变化。通常采用电桥电路实现这种转换。根据电源的不同，电桥分直流电桥和交流电桥。

（1）直流电桥

直流电桥是由电阻组成的电桥，如图 2-9 所示。当电桥输出端接有放大器时，由于放大器的输入阻抗很高，所以，可以认为电桥的负载电阻为无穷大，这时电桥以电压的形式输出。输出电压即为电桥输出端的开路电压，其表达式为：

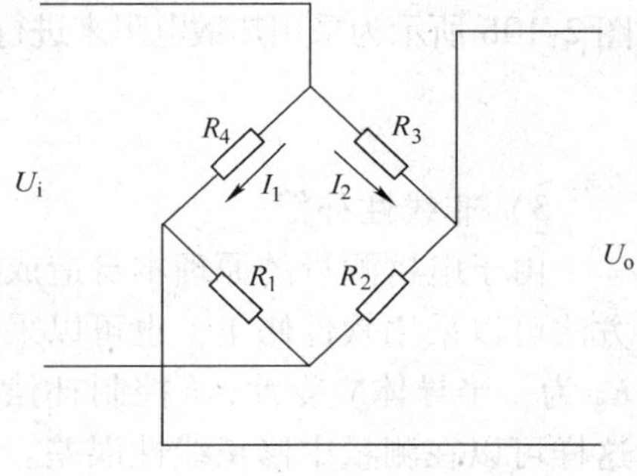

图 2-9　直流电桥

$$U_o = \frac{R_2R_4 - R_1R_3}{(R_1+R_4)(R_2+R_3)}U_i \tag{2-9}$$

输入电阻为

$$R_i = \frac{(R_1+R_4)(R_2+R_3)}{R_1+R_2+R_3+R_4} \tag{2-10}$$

输出电阻为

$$R_o = \frac{R_1R_4}{R_1+R_4} + \frac{R_2R_3}{R_2+R_3} \tag{2-11}$$

电桥的平衡条件为：

$$R_2R_4 = R_1R_3 \tag{2-12}$$

当电桥平衡时，输出电压为零。

当电桥 4 个臂的电阻发生改变而产生增量 ΔR_1、ΔR_2、ΔR_3、ΔR_4，且每个桥臂电阻变化值 $\Delta R_i \ll R_i$ 时，打破电桥的平衡，输出电压为：

$$U_o = \frac{R_1R_4U_i}{(R_1+R_4)^2}\left(\frac{\Delta R_4}{R_4} - \frac{\Delta R_3}{R_3} + \frac{\Delta R_2}{R_2} - \frac{\Delta R_1}{R_1}\right) \tag{2-13}$$

若取 $n = \frac{R_4}{R_1} = \frac{R_3}{R_2}$时

$$U_o = \frac{nU_i}{(1+n)^2}\left(\frac{\Delta R_4}{R_4} - \frac{\Delta R_3}{R_3} + \frac{\Delta R_2}{R_2} - \frac{\Delta R_1}{R_1}\right) \tag{2-14}$$

可以证明，当 $n=1$ 时，输出灵敏度最大，此时有：

$$U_o = \frac{U_i}{4}\left(\frac{\Delta R_4}{R_4} - \frac{\Delta R_3}{R_3} + \frac{\Delta R_2}{R_2} - \frac{\Delta R_1}{R_1}\right) \tag{2-15}$$

如果 $R_1=R_2=R_3=R_4=R$，称为 4 等臂电桥，此时输出灵敏度最高而非线性误差最小，因此在实际应用中多采用 4 等臂电桥。

在电桥应用中，有许多补偿方法，包括零点补偿、温度补偿、弹性模量补偿等。

1）零点补偿

电桥的电阻应变片虽经挑选，但要求四个应变片阻值绝对相等是不可能的。即使原来阻值相等，经过贴片后将产生变化，这样就使电桥不能满足初始平衡条件，即电桥有一个零位输出（$U_o \neq 0$）。

为了解决这一问题，可以在一对桥臂电阻乘积较小的任一桥臂中串联一个滑动变阻器 RP 进行补偿，如图 2-10a 所示。

例如当 $R_1R_3 < R_2R_4$ 时，初始不平衡输出电压 U_o 为负，这时调节 RP 使电桥输出达到平衡。

2）温度补偿

环境温度的变化也会引起电桥的零点漂移。电桥的温度补偿一般采用并联电阻的方式，图 2-10b 所示为采用热敏电阻来进行温度补偿，R_t 为热敏电阻，r_1、r_2 受温度影响较小的电阻。

$$r_2=\frac{r_1R_t}{r_1+R_t} \tag{2-16}$$

3）非线性补偿

由于电桥测量的原理本身造成测量的非线性，在电桥测量中要进行非线性补偿。补偿的方法可以采用软件修正，也可以采用硬件电路。图 2-10c 是以应变电阻进行线性补偿。图中 R_S 为一半导体应变片，r 控制补偿作用的大小，利用 R_S 的非线性抵消测压电桥的非线性，这样可以在测量中修正线性误差。

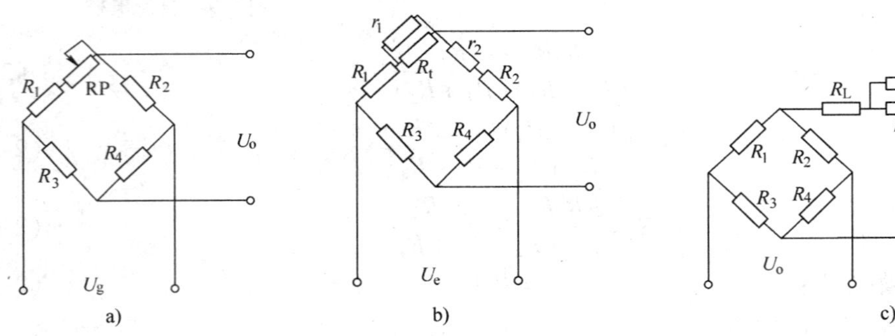

图 2-10　直流电桥的补偿

a）零点补偿电路　b）温度补偿电路　c）非线性补偿

（2）交流电桥

由于应变电桥输出电压很小，一般都要加放大器，而直流放大器易于产生零漂，因此应变电桥多采用交流电桥。

由于供桥电源为交流电源，引线分布电容使得二桥臂应变片呈现复阻抗特性，即相当于两只应变片各并联了一个电容。

交流电桥的激励源为交流电源，其 4 个臂由 4 个阻抗元件 Z_1、Z_2、Z_3、Z_4 组成，图 2-11所示为一交流电桥，如果用复数表示各参数，则有：

$$\dot{U}_o=\frac{Z_2Z_4-Z_1Z_3}{(Z_1+Z_4)(Z_2+Z_3)}\dot{U}_i \tag{2-17}$$

由此可得电桥的平衡条件为：

$$Z_1Z_3 = Z_2Z_4 \tag{2-18}$$

将各复阻抗用指数形式表示，则式 2-18 可写成

$$|Z_1||Z_3|e^{j(\varphi_1+\varphi_3)} = |Z_2||Z_4|e^{j(\varphi_2+\varphi_4)} \tag{2-19}$$

根据复数相等条件，要使上面等式相等，则有：

$$|Z_1||Z_3| = |Z_2||Z_4| \tag{2-20}$$

$$\varphi_1+\varphi_3 = +\varphi_2+\varphi_4 \tag{2-21}$$

其中，$|Z_1|$、$|Z_2|$、$|Z_3|$、$|Z_4|$ 分别为各阻抗的模，φ_1、φ_2、φ_3、φ_4 为阻抗角。

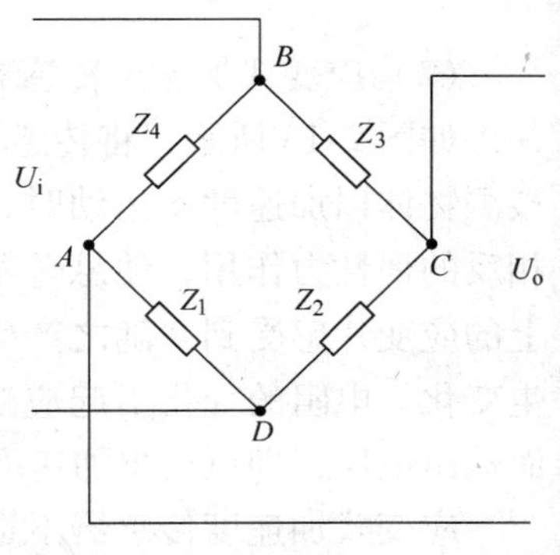

图 2-11　交流电桥的基本电路

由式 2-19 可知，交流电桥的平衡条件是相对桥臂阻抗模乘积相等，相对桥臂阻抗角之和相等。由于交流电桥的平衡条件有两个，因此任意配置桥臂的参数就不一定能使电桥平衡。交流电桥基本上可以分为电容电桥和电感电桥两大类。

5. 电阻应变式传感器的应用举例

将应变片粘贴于被测构件上，直接用来测定构件的应力或应变。例如，为了研究或验证机械、桥梁、建筑等某些构件在工作状态下的受力、变形情况，可利用形状不同的应变片，粘贴在构件的预测部位，可测得构件的拉、压应力、扭矩或弯矩等。

（1）应变式力传感器

应变式力传感器主要用作为各种电子秤与材料试验机的测力元件、发动机的推力测试、水坝坝体承载状况监测等。

如图 2-12a 所示圆柱（筒）式力传感器，应变片粘贴于弹性元件上，与弹性元件一起构成应变式传感器。在这种情况下，弹性元件将得到与被测量成正比的应变，再通过应变片转换成电阻的变化后输出。

轴向布置一个或几个应变片，在圆周方向布置同样数目的应变片，后者取符号相反的应变，以构成差动对。弹性元件上应变片的粘贴和电桥连接，应尽可能消除偏心和弯矩的影响，一般将应变片对称地贴在应力均匀的圆柱表面中部，构成差动对，且处于对臂位置，如图 2-12b 和图 2-12c 所示，以减小弯矩的影响。横向粘贴的应变片具有温度补偿作用。

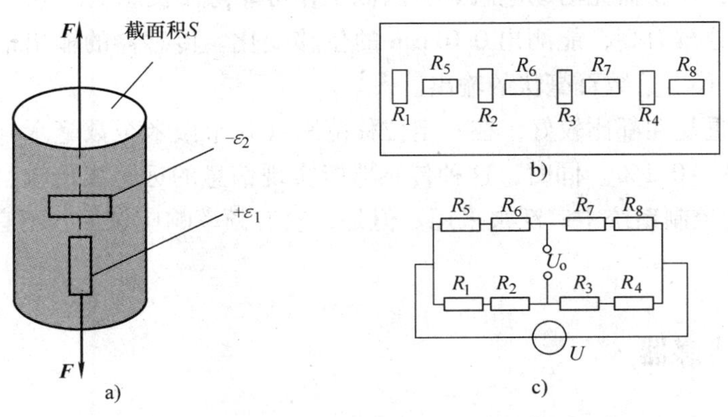

图 2-12　圆柱式力传感器

a）柱式　b）圆柱面展开图　c）桥路连线图

(2) 应变式加速度传感器

如图 2-13 所示，将传感器壳体与被测对象刚性连接，当被测物体以加速度 a 运动时，质量块受到一个与加速度方向相反的惯性力作用，使悬臂梁变形，该变形被粘贴在悬臂梁上的应变片感受到并随之产生应变，从而使应变片的电阻发生变化。电阻的变化引起应变片组成的桥路出现不平衡，从而输出电压，即可得出加速度 a 值的大小。

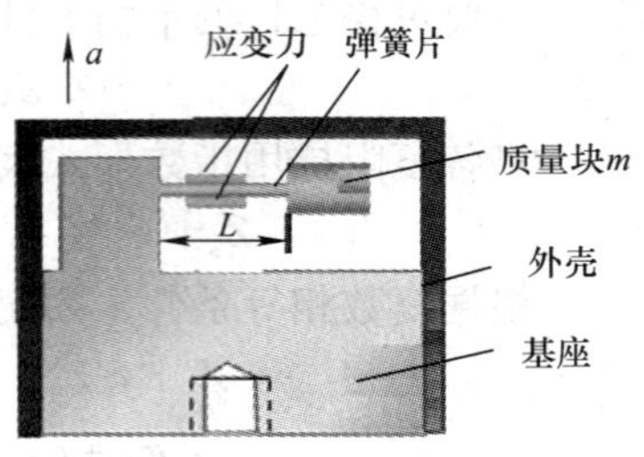

图 2-13　电阻应变式加速度传感器示意图

应变式加速度传感器不适用于频率较高的振动和冲击场合，一般适用于频率为 10 ~ 60Hz 范围。

2.2　电感式传感器

电感式传感器是利用电磁感应把被测的物理量如位移，压力，流量，振动等转换成线圈的自感系数和互感系数的变化，再由电路转换为电压或电流的变化量输出，实现非电量到电量的转换，如图 2-14 所示。

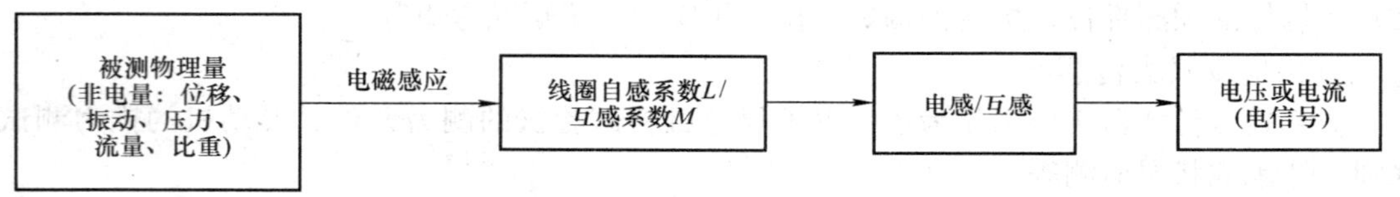

图 2-14　电感式传感检测方框图

电感式传感器的工作基础是电磁感应，利用线圈电感或互感的改变来实现非电量测量。

电感式传感器种类很多，常见的有自感式，互感式和涡流式 3 种。电感式传感器具有以下特点：

1）结构简单，传感器无活动电触点，因此工作可靠寿命长。

2）灵敏度和分辨力高，能测出 0.01μm 的位移变化。传感器的输出信号强，电压灵敏度一般每毫米的位移可达数百毫伏的输出。

3）线性度和重复性都比较好，在一定位移范围（几十微米至数毫米）内，传感器非线性误差可达 0.05% ~ 0.1%。同时，这种传感器能实现信息的远距离传输、记录、显示和控制，它在工业自动控制系统中广泛被采用。但是，它有频率响应较低，不宜快速动态测控等缺点。

2.2.1　自感式传感器

自感式传感器主要用于位移测量和可以转换成位移变化的机械量的测量。常用电感式传感器有变间隙型、变面积型和螺管插铁型。在实际应用中，这 3 种传感器多制成差动式，以便提高线性度和减小电磁吸力所造成的附加误差。

1. 自感式传感器原理

自感式传感器由线圈、铁心和衔铁 3 部分组成，如图 2-15 所示。铁心和衔铁由导磁材料制成。

在铁心和衔铁之间有气隙，传感器的运动部分与衔铁相连。当衔铁移动时，气隙厚度 δ 发生改变，引起磁路中磁阻变化，从而导致电感线圈的电感值变化，因此只要能测出这种电感量的变化，就能确定衔铁位移量的大小和方向。

线圈中电感量可由下式确定：

$$L=\frac{N^2\mu_0A_0}{2\delta} \tag{2-22}$$

式中 N——线圈的匝数；

μ_0——真空磁导率（常数）；

A_0——气隙有效截面积；

δ——气隙厚度。

式 2-22 表明，当线圈匝数为常数时，改变 δ 或 A_0 均可导致电感变化，因此变磁阻式传感器又可分为变气隙厚度 δ 的传感器（变间隙型传感器）和变气隙面积 A_0 的传感器。目前使用最广泛的是变间隙型电感传感器。

（1）变间隙型电感传感器

在线圈匝数 N 确定后，若保持气隙截面积 A_0 为常数，则电感 L 仅随气隙 δ 而改变，故称这种传感器为变间隙型电感传感器，如图 2-16 所示。输入输出为非线性关系，灵敏度 S_1 为

$$S_1=\frac{\mathrm{d}L}{\mathrm{d}\delta}\approx-\frac{N^2\mu_0A_0}{2\delta^2} \tag{2-23}$$

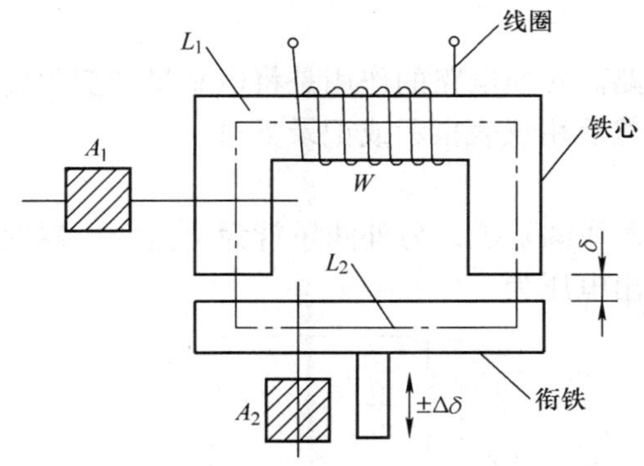

图 2-15　自感式传感器结构

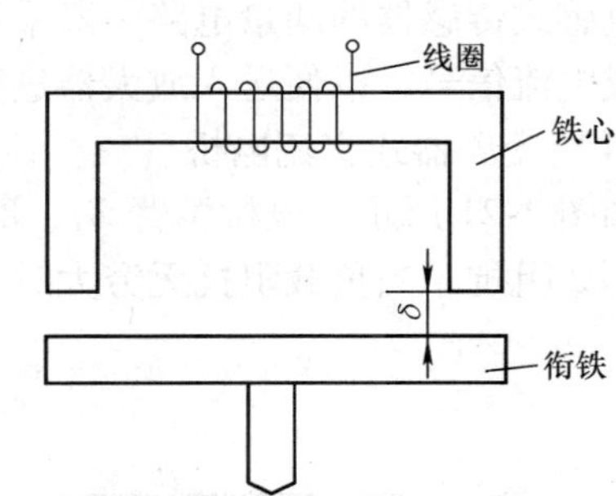

图 2-16　变间隙式电感传感器

L 与 δ 之间是非线性关系，输出特性曲线如图 2-19 所示。无论上移或下移，非线性都将增大。变间隙式电感传感器的测量范围与灵敏度及线性度相矛盾，因此变隙式电感式传感器适用于测量微小位移的场合。

为了减小非线性误差，实际测量中广泛采用差动变隙式电感传感器，如图 2-17 所示。

比较单线圈式和差动式的结构特点，其差动式变间隙电感传感器的灵敏度是单线圈式的两倍，同时差动式的线性度能得到明显的改善。

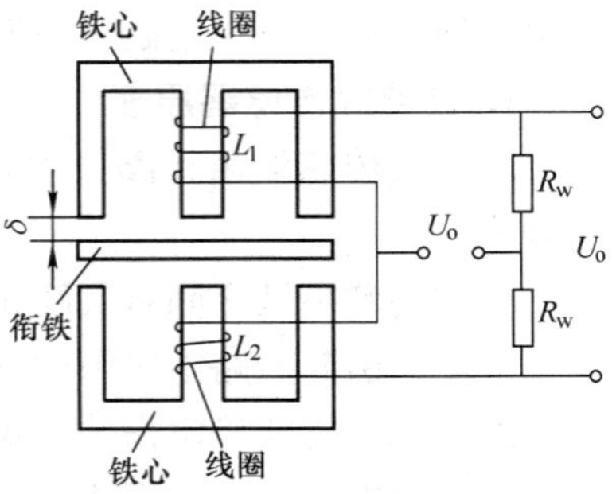

（2）变面积型电感传感器

这种传感器的铁心和衔铁之间的相对覆盖面积（即磁通截面）随被测量的变化而改变，从而改变电感 L，如图 2-18 所示，输入输出为线性关系，它的灵敏度为常数，其灵敏度 S_2 为

$$S_2=\frac{\mathrm{d}L}{\mathrm{d}A_0}\approx -\frac{N^2\mu_0}{2\delta} \tag{2-24}$$

图 2-17　差动变隙式电感传感器

电感 L 与磁通截面积 A_0 成正比，是线性关系，如图 2-19 所示。

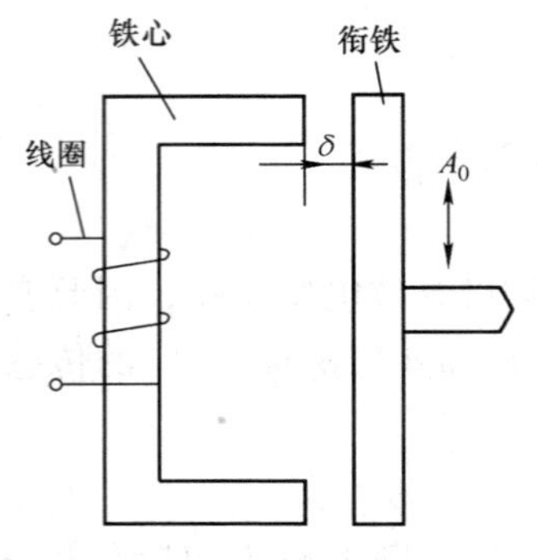

图 2-18　变面积型电感传感器

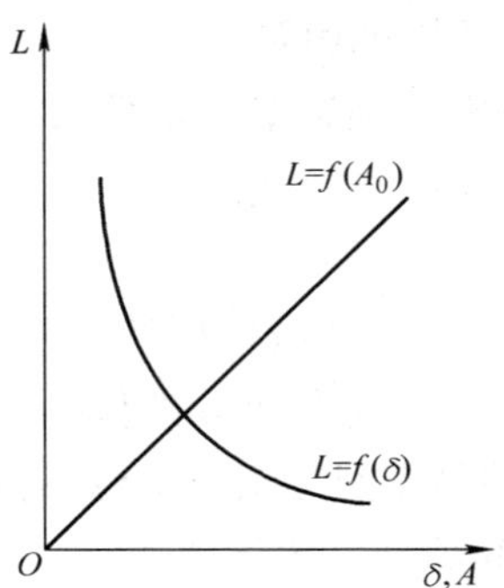

图 2-19　电感传感器的 $L-\delta$，$L-A_0$ 特性曲线

（3）螺管插铁型电感传感器

它由螺管线圈和与被测物体相连的柱型衔铁构成，如图 2-20 所示。其工作原理基于线圈磁力线泄漏路径上磁阻的变化，衔铁随被测物体移动时改变了线圈的电感量。这种传感器的量程大，灵敏度低，结构简单，便于制作。

2. 测量转换电路

电感式传感器的测量电路一般采用电桥电路。转换电路的作用是将电感量的变化转换成电压或电流信号，以便送入放大器进行放大，然后用仪表指示或记录下来。

（1）变压器式交流电桥

如图 2-21 所示，电桥两臂 Z_1、Z_2 为传感器线圈阻抗，另外两桥臂为交流变压器次级线圈的 1/2 阻抗。当负载阻抗无穷大时，桥路输出电压为

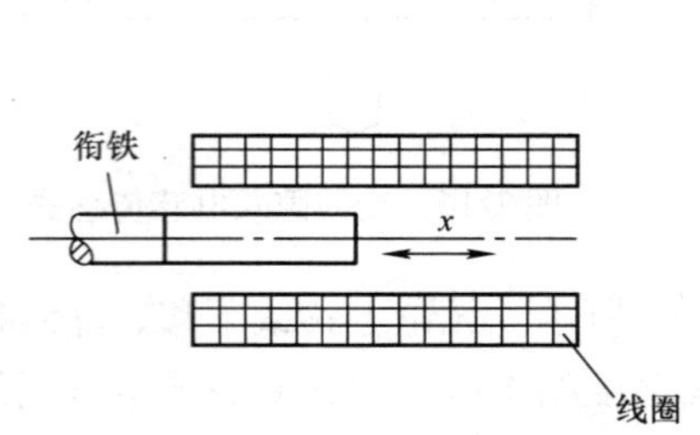

图 2-20　螺管插铁型电感传感器

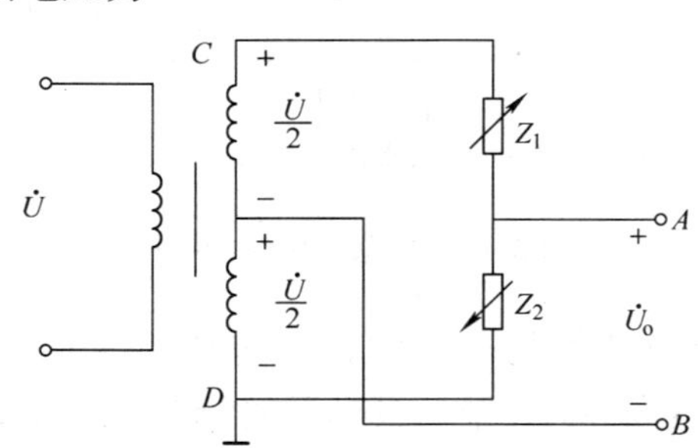

图 2-21　变压器式交流电桥

$$\dot{U}_o = \frac{Z_2\dot{U}}{Z_1+Z_2} - \frac{\dot{U}}{2} = \frac{(Z_2-Z_1)}{(Z_1+Z_2)}\frac{\dot{U}}{2} \tag{2-25}$$

当传感器的衔铁处于中间位置，即 $Z_1=Z_2=Z$，此时电桥处于平衡，有 $\dot{U}_o=0$。

当衔铁下移时，下线圈感抗增加，而上线圈感抗减小，输出电压绝对值增大，其相位与激励源 $\dot{U}$ 同相。衔铁上移时，输出电压的相位与激励源反相。

由于 $\dot{U}_o$ 是交流电压，输出指示无法判断位移方向，必须配合相敏检波电路来解决。

（2）相敏检波电路

“检波”与“整流”的含义都指能将交流输入转换成直流输出的电路，但检波多用于描述信号电压的转换。

普通的全波整流只能得到单一方向的直流电，不能反映输入信号的相位。而如果输出电压在送到指示仪前经过一个能判别相位的检波电路，则不但可以反映位移的大小（$\dot{U}_o$ 的幅值），还可以反映位移的方向（$\dot{U}_o$ 的相位），如图 2-22 所示，这种检波电路称为相敏检波电路，不同检波方式的输出特性曲线如图 2-23 所示。相敏检波电路的输出电压 $\dot{U}_o$ 为直流，其极性由输入电压的相位决定。当衔铁向下位移时，检流计的仪表指针正向偏转；当衔铁向上位移时，仪表指针反向偏转。采用相敏检波电路，得到的输出信号既能反映位移大小，也能反映位移方向。

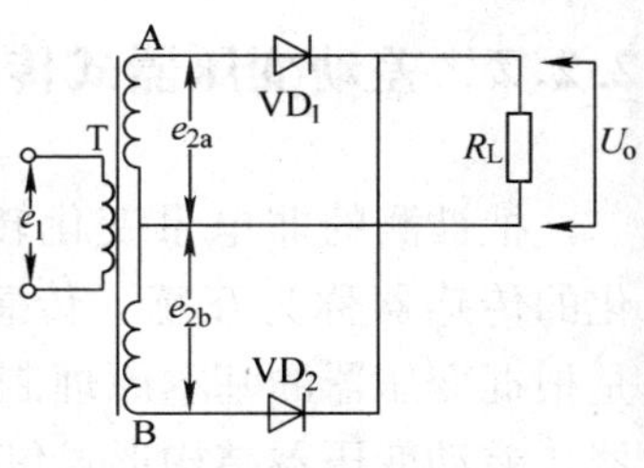

图 2-22　检波电路

3. 自感式传感器的应用

（1）变隙电感式压力传感器

如图 2-24 所示，当压力进入膜盒时，膜盒的顶端在压力 P 的作用下产生与压力 P 大小成正比的位移，于是衔铁也发生移动，从而使气隙发生变化，流过线圈的电流也发生相应的变化，电流表 A 的指示值就反映了被测压力的大小。

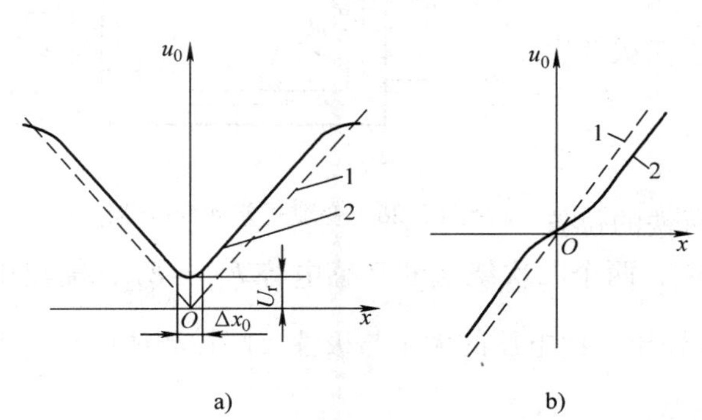

图 2-23　不同检波方式的输出特性曲线

a）非相敏检波　b）相敏检波

1—理想特性曲线　2—实际特性曲线

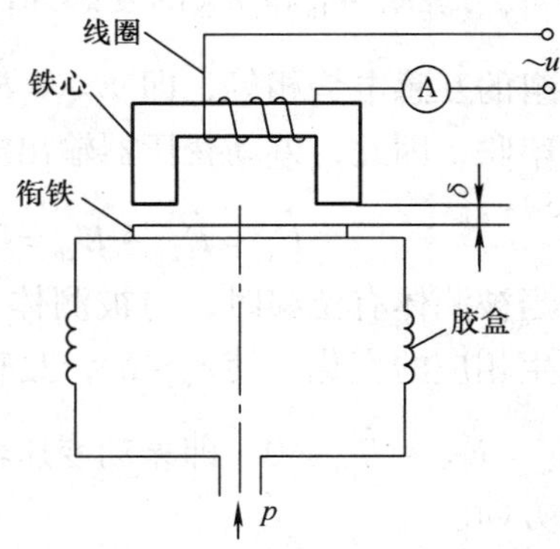

图 2-24　变隙电感式压力传感器结构图

（2）变隙式差动电感压力传感器

如图 2-25 所示，当被测压力进入 C 形弹簧管时，C 形弹簧管产生变形，其自由端发生位移，带动与自由端连接成一体的衔铁运动，使线圈 1 和线圈 2 中的电感发生大小相等、符号相反的变化。即一个电感量增大，另一个电感量减小。电感的这种变化通过电桥电路转换成电压输出。由于输出电压与被测压力之间成比例关系，所以只要用检测仪表测量出输出电压，即可得知被测压力的大小。

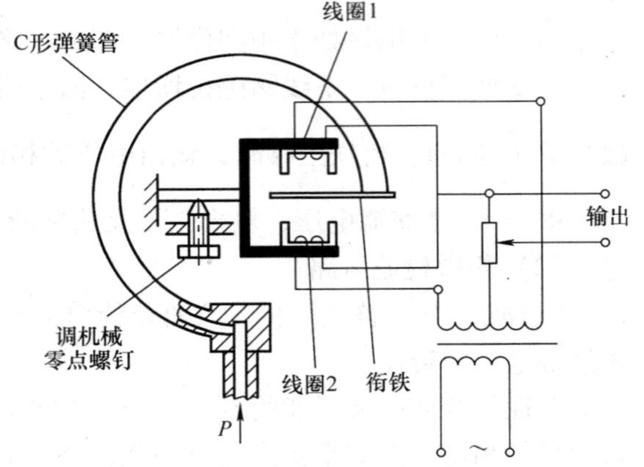

图 2-25　变隙式差动电感压力传感器

2.2.2　差动变压器式传感器

把被测的非电量变化转换为线圈互感变化的传感器称为互感式传感器。这种传感器是根据变压器的基本原理制成的，并且二次绕组用差动形式连接，故称差动变压器式传感器。差动变压器结构形式包括变隙式、变面积式和螺线管式等。

在非电量测量中，应用最多的是螺线管式差动变压器，它可以测量 1 ~ 100mm 机械位移，并具有测量精度高、灵敏度高、结构简单、性能可靠等优点。

1. 变隙式差动变压器

（1）工作原理

如图 2-26 所示，假设一次绕组 $W_{1a}=W_{1b}=W$，二次绕组 $W_{2a}=W_{2b}=W$，两个一次绕组的同名端顺向串联，两个二次绕组的同名端则反相串联。

当没有位移时，衔铁 C 处于初始平衡位置，它与两个铁心的间隙有 $\delta_{a0}=\delta_{b0}=\delta_0$，则绕组 W_{1a}和 W_{2a}间的互感 M_a与绕组 W_{1b}和 W_{2b}的互感 M_b相等，致使两个二次绕组的互感电势相等，即 $\dot{E}_{2a}=\dot{E}_{2b}$。由于二次绕组反相串联，因此，差动变压器输出电压：

$$\dot{U}_o=\dot{E}_{2a}-\dot{E}_{2b}=0$$

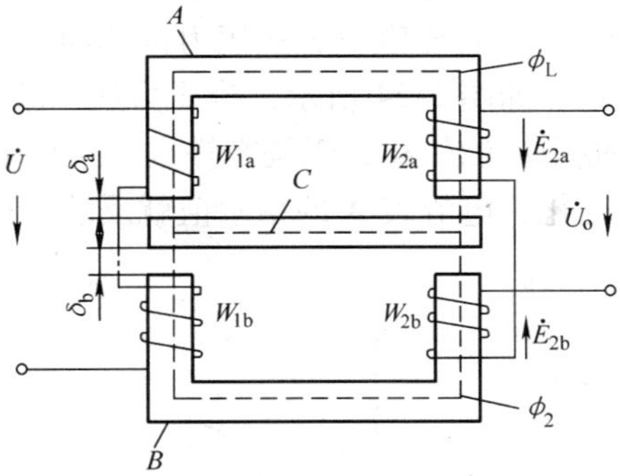

图 2-26　变隙式差动变压器结构

当被测体有位移时，与被测体相连的衔铁的位置将发生相应的变化，使 $\delta_a\neq\delta_b$，互感 $M_a\neq M_b$，两个二次绕组的互感电势 $E_{2a}\neq E_{2b}$，输出电压 $\dot{U}_o=\dot{E}_{2a}-\dot{E}_{2b}\neq0$，即差动变压器有电压输出，此电压的大小与极性反映被测体位移的大小和方向。

（2）输出特性

在忽略铁损（即涡流与磁滞损耗忽略不计）、漏感以及变压器次级开路（或负载阻抗足够大）的条件下，等效电路如图 2-27 所示。r_{1a}与 L_{1a}，r_{1b}与 L_{1b}，r_{2a}与 L_{2a}，r_{2b}与 L_{2b}，分别为 W_{1a}，W_{1b}，W_{2a}，W_{2b}绕组的直流电阻与电感。

当 $r_{1a} \ll \omega L_{1a}$，$r_{1b} \ll \omega L_{1b}$ 时，如果不考虑铁心与衔铁中的磁阻影响，当衔铁处于初始平衡位置时，因 $\delta_a = \delta_b = \delta_0$，则 $\dot{U}_o = 0$。但是如果被测体带动衔铁移动，例如向上移动 $\Delta\delta$（假设向上移动为正）时，则有 $\delta_a = \delta_0 - \Delta\delta$，$\delta_b = \delta_0 + \Delta\delta$，可得：

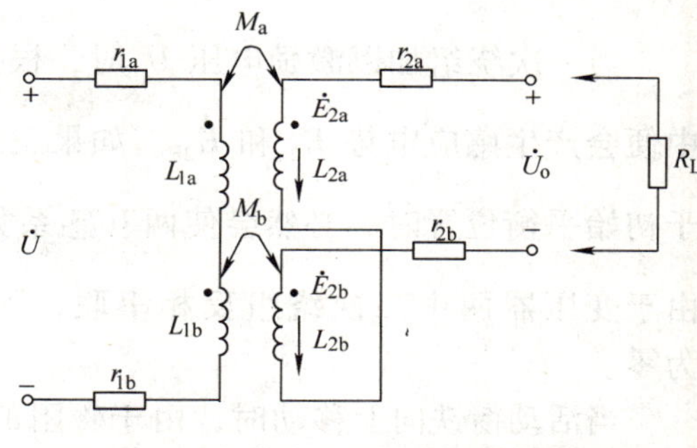

$$\dot{U}_o = -\frac{W_2}{W_1}\frac{\dot{U}}{\delta_0}\Delta\delta \tag{2-26}$$

图 2-27　变隙式差动变压器等效电路

上式表明变压器输出电压 $\dot{U}_o$ 与衔铁位移量 $\Delta\delta/\delta_0$ 成正比。“－”号的意义是当衔铁向上移动时，$\Delta\delta/\delta_0$ 定义为正，变压器输出电压 $\dot{U}_o$ 与输入电压 $\dot{U}$ 反相（相位差 180°）；而当衔铁向下移动时，$\Delta\delta/\delta_0$ 则为 $-|\Delta\delta/\delta_0|$，表明 $\dot{U}_o$ 与 $\dot{U}$ 同相。变隙式差动变压器灵敏度 S 的表达式为：

$$S = \frac{\dot{U}_o}{\Delta\delta} = \frac{W_2}{W_1}\frac{\dot{U}}{\delta_0} \tag{2-27}$$

应用差动变压器式传感器时，首先保证供电电源 $\dot{U}$ 要稳定（获取稳定的输出特性）；其次，电源幅值的适当提高可以提高灵敏度 S 值，但要以变压器铁心不饱和以及允许温升为条件。另外增加 W_2/W_1 的比值和减小 δ_0 都能使灵敏度 S 值提高。（W_2/W_1 影响变压器的体积及零点残余电压，一般选择传感器的 δ_0 为 0.5mm。）这都是在忽略铁损和线圈中的分布电容等条件下得到的，如果考虑这些影响，将会使传感器性能变差（灵敏度降低，非线性加大等）。但是，在一般工程应用中是可以忽略的。

2. 螺线管式差动变压器

图 2-28 是螺线管式差动变压器结构图。在线框中间绕有一组输入线圈（称一次绕组）；在同一线框的上端和下端再绕制两组完全对称的线圈（称二次绕组），它们反向串联，组成差动输出形式。

两个二次线圈反相串联，并且在忽略铁损、导磁体磁阻和线圈分布电容的理想条件下，其等效电路如图 2-29 所示。

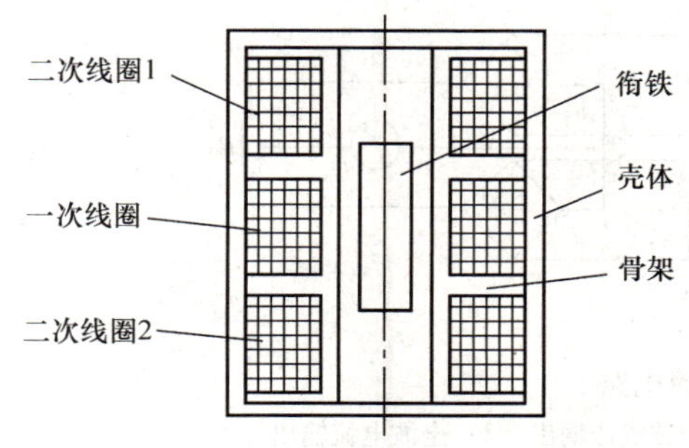

图 2-28　螺线管式差动变压器结构

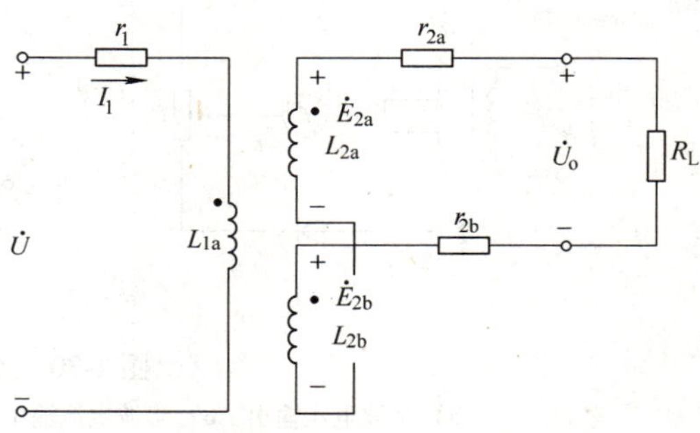

图 2-29　螺线管式差动变压器等效电路

当一次绕组加以激励电压 $\dot{U}$ 时，根据变压器的工作原理，在两个二次绕组 W_{2a}和 W_{2b}中便会产生感应电势 $\dot{E}_{2a}$和 $\dot{E}_{2b}$。如果工艺上保证变压器结构完全对称，则当活动衔铁处于初始平衡位置时，必然会使两互感系数 $M_1 = M_2$。根据电磁感应原理，将有 $\dot{E}_{2a} = \dot{E}_{2b}$。由于变压器两个二次绕组反相串联，因而 $\dot{U}_o = \dot{E}_{2a} - \dot{E}_{2b} = 0$，即差动变压器输出电压为零。

当活动衔铁向上移动时，由于磁阻的影响，W_{2a}中磁通将大于 W_{2b}，使 $M_1 > M_2$，因而 $\dot{E}_{2a}$增加，$\dot{E}_{2b}$减小。反之，$\dot{E}_{2b}$增加，$\dot{E}_{2a}$减小。因为 $\dot{U}_o = \dot{E}_{2a} - \dot{E}_{2b}$，所以当 $\dot{E}_{2a}$、$\dot{E}_{2b}$随着衔铁位移 x 变化时，$\dot{U}_o$ 也必将随 x 而变化。

当活动衔铁处于中间位置时：$M_1 = M_2 = M$，所以 $\dot{U}_o = 0$；当活动衔铁向上移动时：$M_1 = M + \Delta M$，$M_2 = M - \Delta M$，所以 $\dot{U}_o$ 与 $\dot{E}_{2a}$同极性；当活动衔铁向下移动时：$M_1 = M - \Delta M$，$M_2 = M + \Delta M$，所以 $\dot{U}_o$ 与 $\dot{E}_{2b}$同极性。

3. 差动变压器式传感器测量电路

为了达到能辨别移动方向和消除零点残余电压的目的，实际测量时，常常采用差动整流电路，如图 2-30 所示。

这种电路是把差动变压器的两个二次侧输出电压分别整流，然后将整流的电压或电流的差值作为输出。

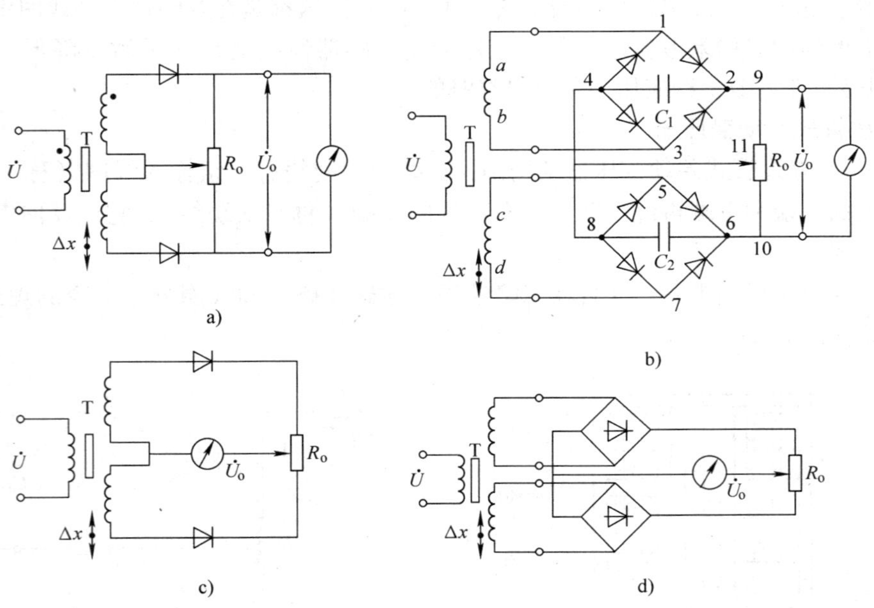

图 2-30 差动整流电路

a）半波电压输出 b）半波电流输出 c）全波电压输出 d）全波电流输出

由图 2-30c 电路结构可知，不论两个二次侧线圈的输出瞬时电压极性如何，流经电容 C_1

的电流方向总是从 2 到 4，流经电容 C_2 的电流方向总是从 6 到 8，故整流电路的输出电压为：

$$\dot{U}_o = \dot{U}_{24} - \dot{U}_{68} \tag{2-28}$$

当衔铁在零位时，因为 $\dot{U}_{24} = \dot{U}_{68}$，所以 $\dot{U}_o = 0$；当衔铁在零位以上时，因为 $\dot{U}_{24} > \dot{U}_{68}$，则 $\dot{U}_o > 0$；而当衔铁在零位以下时，则有 $\dot{U}_{24} < \dot{U}_{68}$，则 $\dot{U}_o < 0$。$\dot{U}_o$ 的正负表示衔铁位移的方向。

4. 差动变压器式传感器的应用

可直接用于位移测量，也可以测量与位移有关的任何机械量，如振动、加速度、应变、比重、张力和厚度等。

（1）微压传感器

微压传感器结构、外形如图 2-31 所示。它适用于测量各种生产流程中液体、水蒸气及气体压力。在该图中能将压力转换为位移的弹性敏感元件称为膜盒。

差动变压器的二次线圈的输出电压通过半波差动整流电路、低通滤波电路后，作为传感器的输出信号，可接入二次仪表加以显示。差动整流电路的输出也可以进一步做电压/电流变换，输出与压力成正比的电流信号，称为电流输出型变送器，它在各种变送器中占有很大的比例。

（2）差动变压器式加速度传感器

差动变压器式加速度传感器由悬臂梁和差动变压器构成，如图 2-32 所示。测量时，将悬臂梁底座及差动变压器的线圈骨架固定，而将衔铁的 B 端与被测振动体相连，此时传感器作为加速度测量中的惯性元件，它的位移与被测加速度成正比，使加速度测量转变为位移的测量。当被测体带动衔铁以 $\Delta x(t)$ 振动时，导致差动变压器的输出电压也按相同规律变化。

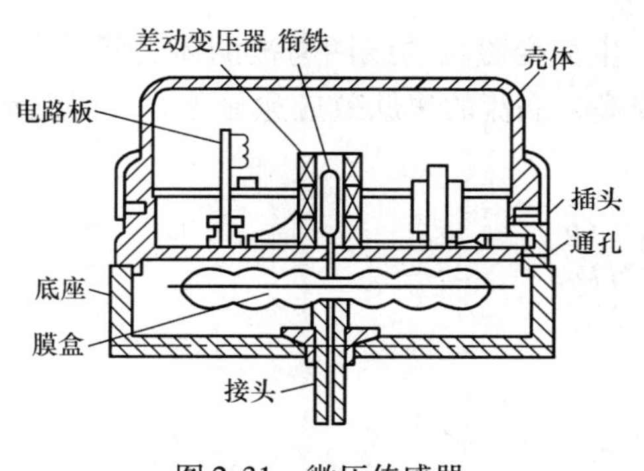

图 2-31　微压传感器

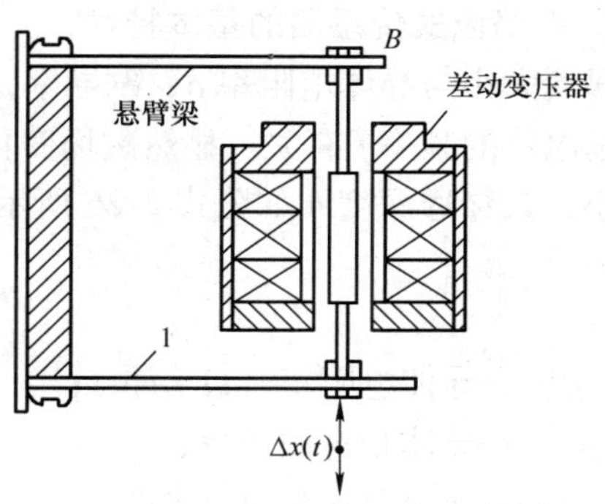

图 2-32　差动变压器式加速度传感器

2.2.3　电涡流式传感器

1. 电涡流式传感器的工作原理

图 2-33 给出了电涡流式传感器的原理图，根据法拉第定律，当传感器线圈通以正弦交

变电流 $\dot{I}_1$（相量）时，线圈周围空间必然产生正弦交变磁场 $\dot{H}_1$，使置于此磁场中的金属导体中感应电涡流 $\dot{I}_2$，$\dot{I}_2$ 又产生新的交变磁场 $\dot{H}_2$。

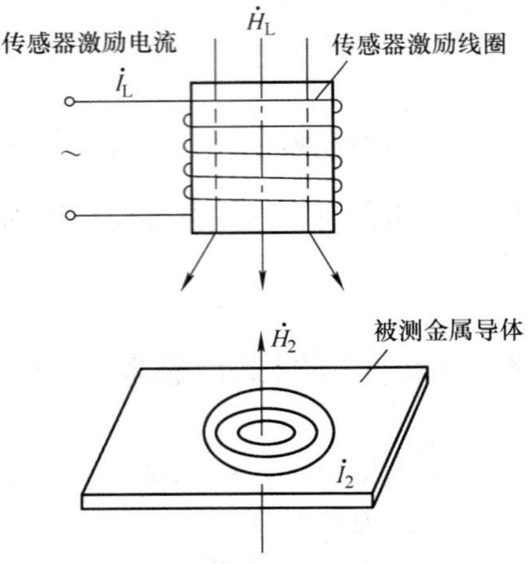

图 2-33 电涡流式传感器原理图

金属导体放置于变化的磁场中时，就会在导体中产生感生电流，这种电流在导体中是自行闭合的，这就是所谓电涡流。电涡流的产生必然要消耗一部分能量，从而使产生磁场的线圈阻抗发生变化，这一物理现象称为涡流效应。电涡流式传感器是利用涡流效应，将非电量转换为阻抗的变化而进行测量的。

根据楞次定律，$\dot{H}_2$ 的作用将反抗原磁场 $\dot{H}_1$，由于磁场 $\dot{H}_2$ 的作用，涡流要消耗一部分能量，导致传感器线圈的等效阻抗发生变化。线圈阻抗的变化完全取决于被测金属导体的电涡流效应。

传感器线圈受电涡流影响时的等效阻抗 Z 的函数关系式为：

$$Z = F(\rho, \mu, r, f, x) \tag{2-29}$$

式中 ρ——被测体表面电导率；

μ——被测体材料磁导率；

r——被测体的形状、表面因素；

f——线圈激励源频率；

x——线圈与被测体的间距。

如果保持上式中其他参数不变，而只改变其中一个参数，传感器线圈阻抗 Z 就仅仅是这个参数的单值函数。通过与传感器配用的测量电路测出阻抗 Z 的变化量，即可实现对该参数的测量。

2. 电涡流式传感器的基本特性

涡流大小与导体电阻率 ρ、磁导率 μ 以及产生交变磁场的线圈与被测体之间距离 x，线圈激励电流的频率 f 有关。显然磁场变化频率愈高，涡流的集肤效应愈显著。即涡流穿透深度愈小，其穿透深度 h 如公式 2-26 所示。

$$h = 5030\sqrt{\frac{\rho}{\mu_r f}} \tag{2-30}$$

式中 ρ——导体电阻率（$\Omega \cdot \mathrm{cm}$）；

μ_r——导体相对磁导率；

f——交变磁场频率（Hz）。

可见，涡流穿透深度 h 和激励电流频率 f 有关，所以涡流传感器根据激励频率分为高频反射式和低频透射式两类。

3. 电涡流传感器测量电路

主要有调频式、调幅式电路两种。

（1）调频式电路

传感器线圈接入 LC 振荡回路，当传感器与被测导体距离 x 改变时，在涡流影响下，传感器的电感变化，将导致振荡频率的变化，该变化的频率是距离 x 的函数，振荡器的频率为：

$$f=\frac{1}{2\pi\sqrt{L(x)C}} \tag{2-31}$$

该频率可由数字频率计直接测量，或者通过 $f-V$ 变换，用数字电压表测量对应的电压，如图 2-34 所示。

为了避免输出电缆的分布电容的影响，通常将 L、C 装在传感器内。此时电缆分布电容并联在两个大电容上，因而对振荡频率 f 的影响将大大减小。

（2）调幅式电路

如图 2-35 所示，调幅式电路由传感器线圈 L、电容器 C 和石英晶体组成。石英晶体振荡器起恒流源的作用，给谐振回路提供一个频率（f_o）稳定的激励电流 i_o，LC 回路阻抗和输出电压如公式（2-32）、（2-33）所示。

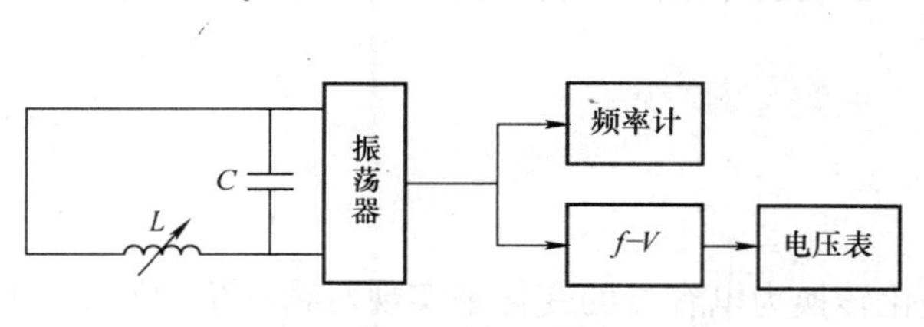

图 2-34　调频式测量电路

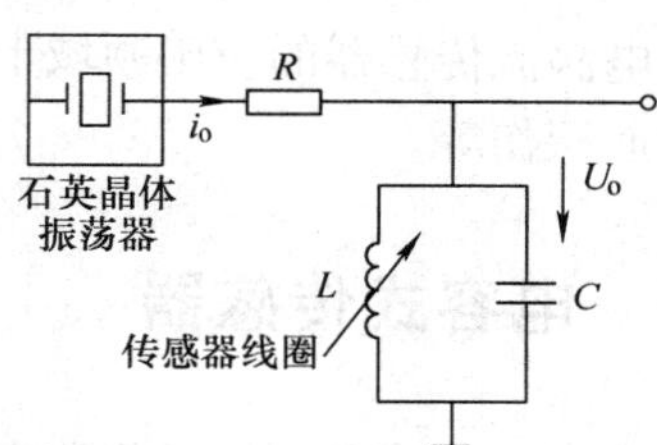

图 2-35　调幅式测量电路

$$Z=\mathrm{j}\omega L//\frac{1}{\mathrm{j}\omega C}=\frac{\mathrm{j}\omega L}{1-\omega^2 LC} \tag{2-32}$$

$$U_o=i_o\cdot Z=i_o\cdot\frac{\mathrm{j}\omega L}{1-\omega^2 LC} \tag{2-33}$$

式中　Z——LC 回路的阻抗。

当金属导体远离或去掉时，LC 并联谐振回路谐振频率即为石英振荡频率 f_o，回路呈现的阻抗最大，谐振回路上的输出电压也最大；当金属导体靠近传感器线圈时，线圈的等效电感 L 发生变化，导致回路失谐，从而使输出电压降低，L 的数值随距离 x 的变化而变化。因此，输出电压也随 x 而变化。输出电压经放大、检波后，由指示仪表直接显示出 x 的大小。除此之外，交流电桥也是常用的测量电路。

4. 电涡流式传感器的应用

对于所有旋转机械而言，都需要监测旋转机械轴的转速，转速是衡量机器正常运转的一个重要指标，转速测量如图 2-36 所示。电涡流传感器测量转速的优越性是其他任何传感器测量无法比的，它既能响应零转速，也能响应高转速。对于被测体转轴的转速发生装置要求也很

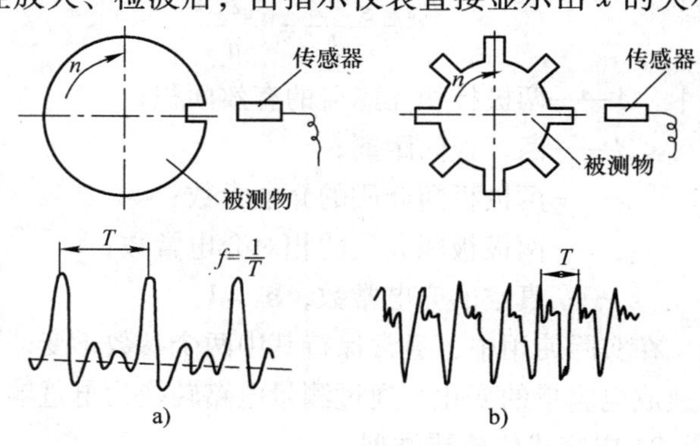

图 2-36　转速测量

a）带有凹槽的转轴及输出波形　b）带有凸槽的转轴及输出波形

低，被测体齿轮数可以很小，被测体也可以是一个很小的孔眼，一个凸键，一个小的凹键。电涡流传感器测转速，传感器输出的信号幅值较高（在低速和高速整个范围内），抗干扰能力强。

磁电式转速表原理如图 2-37 所示。其工作原理是：穿过线圈的磁力线随齿轮的转角而不停变化，线圈产生感应电压。电压的频率和幅度都与转速成正比。$f=1/T$，转速 n（单位为 r/min）如公式（2-34）所示：

$$n=60\frac{f}{z} \tag{2-34}$$

式中 z——转轴上开的槽（或齿）；

f——频率计的读数（单位为 Hz）。

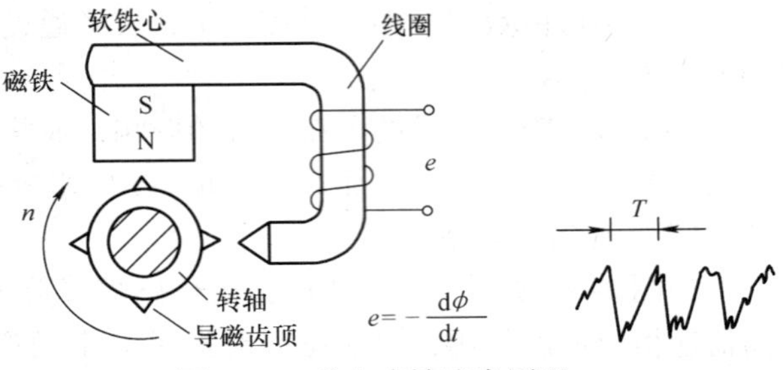

图 2-37　磁电式转速表原理

电涡流传感器的应用领域十分广泛，如镀层厚度测量、电涡流式通道安全检查门、电涡流表面探伤等。

2.3　电容式传感器

电容式传感器利用了将非电量的变化转换为电容量的变化来实现对物理量的测量。电极板间的静电引力很小，所需输入力和输入能量极小，因而可测极低的压力、力和很小的加速度、位移等，可以做得很灵敏，分辨力高，能敏感 0.01μm 甚至更小的位移；由于其空气等介质损耗小，采用差动结构并接成桥式电路，允许电路进行高倍率放大，使仪器具有很高的灵敏度。

2.3.1　电容式传感器工作原理和类型

1. 电容式传感器工作原理

两平行极板组成的电容器如图 2-38 所示，如果不考虑边缘效应，其电容量为：

$$C=\frac{\varepsilon\cdot A}{d}=\frac{\varepsilon_0\varepsilon_r A}{d} \tag{2-35}$$

式中 A——两极板相互遮盖的有效面积；

d——两极板间距离；

ε——两极板间介质的介电常数；

ε_r——两极板间介质的相对介电常数；

ε_0——真空的介电常数，$\varepsilon_0=1$。

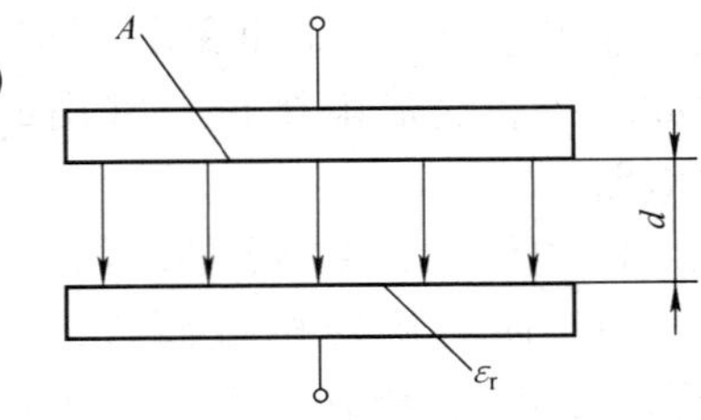

图 2-38　两平行极板组成的电容器

在实际使用中，通常保持其中两个参数不变，而只改变其中一个参数，把该参数的变化转换成电容量的变化，通过测量电路转换为电量输出。

2. 电容式传感器类型

电容式传感器有 3 种基本类型，即变极距或称变间隙型、变面积型和变介电常数型。而它们的电极形状又有平板形、圆柱形和球平面形（较少采用）3 种，不同结构的电容式传感器如图 2-39 所示。

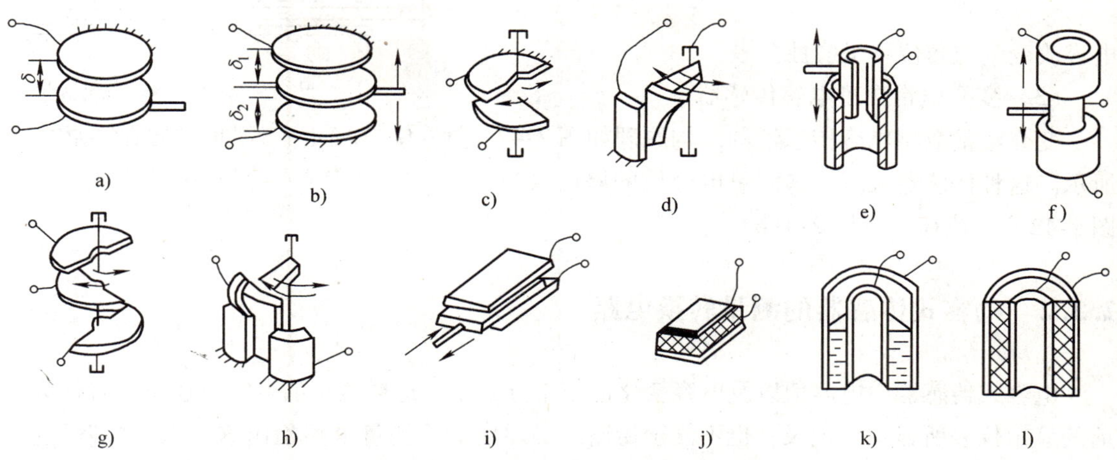

图 2-39　不同结构的电容式传感器

（1）变极距型电容传感器

图 2-40 为变极距型电容式传感器的原理图。当传感器的 ε_r 和 A 为常数，初始极距为 d_0 时，其电容量 C 为（初始电容为 C_0）：

$$C = C_0\left(1+\frac{\Delta d}{d_0}\right) = C_0 + \frac{C_0\Delta d}{d_0} \tag{2-36}$$

此时 C 与 Δd 近似呈线性关系。一般极板间距在 25～200μm 范围内，而最大位移应小于间距的 1/10，因此这种电容式传感器主要用于微位移测量。

（2）变面积型电容传感器

图 2-41 为变面积型电容传感器的结构图，当被测量变化使可动极位置移动时，就改变了两极板间的遮盖面积，电容量 C 也就随之变化。对于平板单边直线位移式（见图 2-41a），若忽略边缘效应，则电容增量为：

$$\Delta C = \left|\frac{\varepsilon ab}{d} - \frac{\varepsilon(a-\Delta a)b}{d}\right| = \frac{\varepsilon b\Delta a}{d} = C_0\frac{\Delta a}{a} \tag{2-37}$$

电容改变量与水平位移呈线性关系。

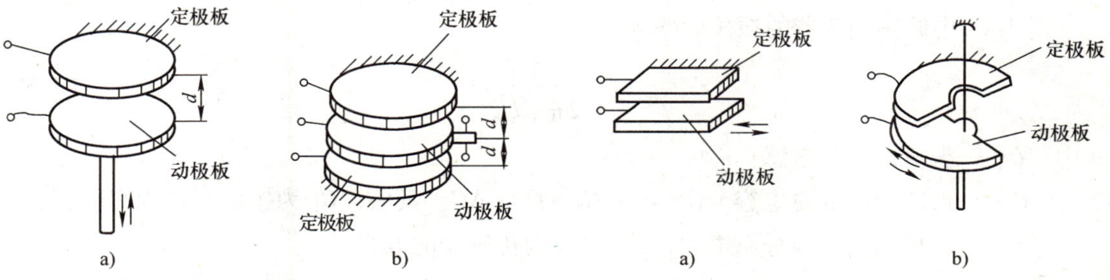

图 2-40　变极距电容传感器的结构原理图

图 2-41　变面积型电容传感器的结构图
a）平板单边直线位移式　b）平板单边直角位移式

对于平板单边直角位移式（见图 2-41b），若忽略边缘效应，则电容增量为：

$$\Delta C = C_0 - C = C_0 \cdot \frac{\theta}{\pi} \tag{2-38}$$

电容改变量与角位移呈线性关系。

（3）变介电常数型电容传感器

变介电常数型电容传感器的结构原理如图 2-42 所示。这种传感器大多用来测量电介质的厚度（见图 2-42a）、位移（见图 2-42b）等。

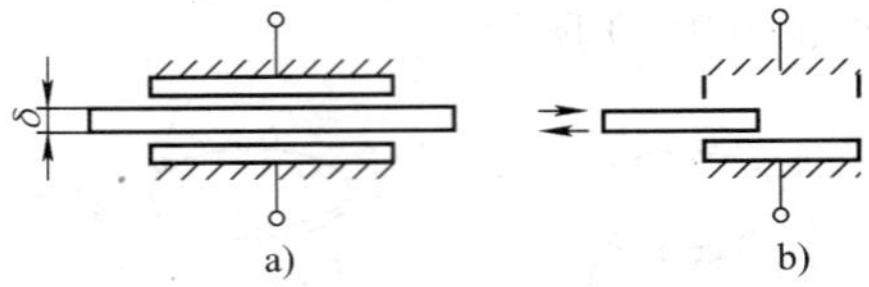

a)　b)

图 2-42　变介电常数型电容传感器的结构图
a）测量厚度　b）测量位移

2.3.2　电容式传感器的测量转换电路

电容式传感器中电容值以及电容变化值都十分微小，这样微小的电容量还不能直接为目前的显示仪表所显示、记录，也不便于传输。必须借助于测量电路检出这一微小电容增量，并将其转换成与其成单值函数关系的电压、电流或者频率。

目前较常采用的有电桥电路、调频电路、脉冲调宽电路和运算放大器式电路等，这里只介绍调频电路和运算放大器电路。

1. 调频电路

调频测量电路把电容式传感器作为振荡器谐振回路的一部分，当输入量导致电容量发生变化时，振荡器的振荡频率就发生变化。

虽然可将频率作为测量系统的输出量，用以判断被测非电量的大小，但此时系统是非线性的，不易校正，因此加入鉴频器，将频率的变化转换为振幅的变化，经过放大就可以用仪器指示或记录仪记录下来。调频测量电路原理框图如图 2-43 所示。

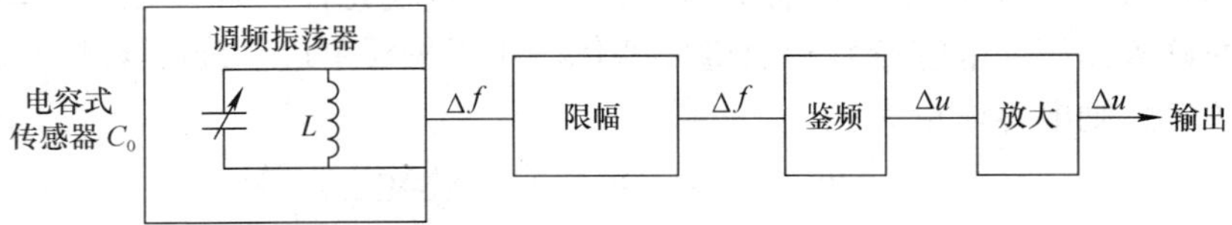

图 2-43　电容传感器调频电路

图 2-43 中调频振荡器的振荡频率为：

$$f = \frac{1}{2\pi\sqrt{LC}} \tag{2-39}$$

式中　L——振荡回路的电感；

C——振荡回路的总电容，$C = C_1 + C_2 + C_0 + \Delta C$。其中，$C_1$ 为振荡回路固有电容；C_2 为传感器引线分布电容；$C_0 + \Delta C$ 为传感器的电容。

当被测信号为零时，$\Delta C = 0$，则 $C = C_1 + C_2 + C_0$，所以振荡器有一个固有频率 f_0，

$$f_0 = \frac{1}{2\pi\sqrt{(C_1 + C_2 + C_0)L}} \tag{2-40}$$

当被测信号不为零时，$\Delta C \neq 0$，振荡器频率有相应变化，此时频率为：

$$f_0' = \frac{1}{2\pi\sqrt{L(C_1 + C_2 + C_0 \pm \Delta C)}} = f_0 \mp \Delta f \tag{2-41}$$

调频电容传感器测量电路具有较高灵敏度，可以测至0.01μm级位移变化量。频率输出易于用数字仪器测量，便于与计算机通信，抗干扰能力强，可以发送、接收以实现遥测遥控。

2. 运算放大器

运算放大器的放大倍数 K 非常大，而且输入阻抗 Z_i 很高。运算放大器的这一特点可以使其作为电容式传感器的比较理想的测量电路。图2-44是运算放大器式电路原理图。C_x 为电容式传感器，$\dot{U}_i$ 是交流电源电压，$\dot{U}_o$ 是输出信号电压。

由运算放大器工作原理可得：

$$\dot{U}_o = -\frac{C_0}{C_x}\dot{U}_i \tag{2-42}$$

对平板电容器，则 $C_x = \varepsilon A/d$，有：

$$\dot{U}_o = -\frac{d \cdot C_0}{\varepsilon \cdot A}\dot{U}_i \tag{2-43}$$

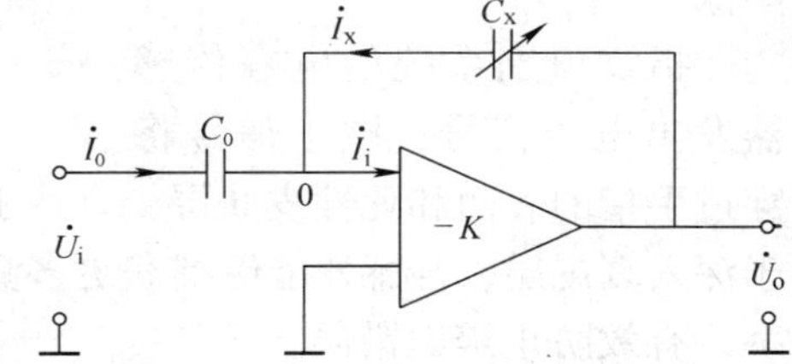

图2-44　运算放大器电路

式中“－”号表示输出电压 $\dot{U}_o$ 的相位与电源电压反相，可见输出电压与输入位移间存在线性关系。

2.3.3　电容式传感器的应用

1. 电容式压力传感器

电容式压力传感器结构的核心部分是一个变极距差动式电容传感器，如图2-45所示。

当被测压力 p_1、p_2 由两侧的内螺纹压力接头进入各自的空腔，该压力通过不锈钢波纹隔离膜和导压硅油传导到“δ 腔”。弹性平膜片由于受到来自两侧的压力之差，而凸向压力小的一侧。在 δ 腔中，弹性膜片与两侧的镀金定极之间的距离很小（约0.5mm左右），所以微小的位移（不大于0.1mm）就可以使电容量变化100pF以上。测量转换电路（相敏检波器）将此电容量的变化转换成4～20mA的标准电流信号，通过信号电缆线输出到二次仪表。

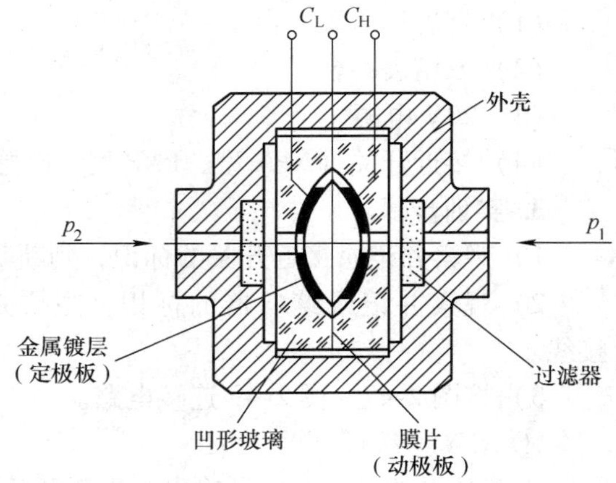

图2-45　差动电容式压力传感器结构

2. 硅电容指纹图像传感器

指纹识别目前最常用的是电容式传感器，也被称为第二代指纹识别系统。它的优点是体积小、成本低，成像精度高，而且耗电量很小。

硅电容指纹图像传感器是最常见的半导体指纹传感器，它通过电子度量来捕捉指纹。在半导体金属阵列上能结合大约100,000个电容传感器，其外面是绝缘的表面。

如图2-46所示，传感器阵列的每一点是一个金属电极，充当电容器的一极，按在传感面上的手指的对应点则作为另一极，传感面形成两极之间的介电层。由于指纹的脊和谷相对于另一极之间的距离不同(纹路深浅的存在)，导致硅表面电容阵列的各个电容值不同，测量并记录各点的电容值，就可以获得具有灰度级的指纹图像。

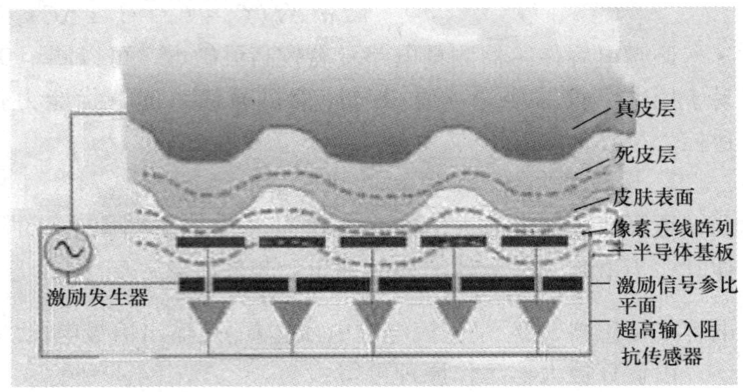

图2-46　硅电容指纹识别示意图

指纹识别系统的电容传感器发出电子信号，电子信号将穿过手指的表面和死性皮肤层，直达手指皮肤的活体层（真皮层），直接读取指纹图案。由于深入真皮层，传感器能够捕获更多真实数据，不易受手指表面尘污的影响，提高辨识准确率，有效防止辨识错误。

2.4　综合技能实训　接近开关实训

1. 实训目的

1）了解接近开关的结构。

2）掌握接近开关的类型、特性参数。

3）掌握接近开关的使用方法及其基本应用。

2. 实训设备与器件

（1）直流稳压源一台

（2）万用表一台

（3）20V电源

（4）接近开关（NPN型、PNP型；电感式、电容式）、继电器、白炽灯、二极管

3. 实训步骤

1）观察并记录接近开关的标识，判断是NPN型还是PNP型，以及是常开还是常闭。

2）观察并记录继电器的标识，主要是线圈端子，以及常开常闭端子的确定，以便接线。

3）按图2-47～图2-49连接电路。

① NPN型接近开关

常开是平常状态下信号输出线为断开状态，无信号输出，当感应到物体时才闭合，输出信号。

常闭是平常状态下信号输出线为闭合状态，持续信号输出，当感应到物体时才断开，关闭信号。

NPN是指当有信号触发时，信号输出线OUT和GND连接，相当于OUT输出低电平。

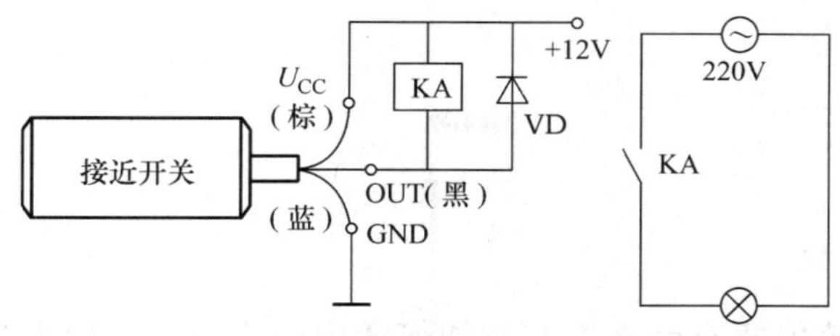

图 2-47　NPN、常开型接线图

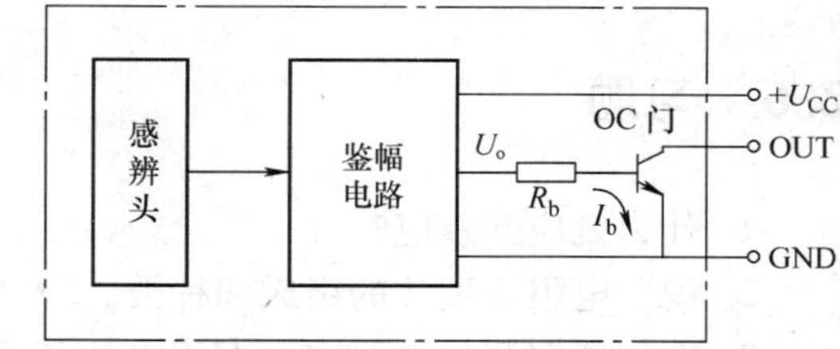

图 2-48　NPN、常开型内部结构原理图

OUT 端与 GND 端的压降 U_{ces} 约为 0.3V，流过 KA 的电流 $I_{KA}=(U_{CC}-0.3)/R_{KA}$，若 I_{KA}大于 KA 的额定吸合电流，则 KA 能够可靠吸合。

② PNP 型接近开关

PNP 是指当有信号触发时，信号输出线 OUT 和 U_{CC}连接，相当于 OUT 输出高电平的电源线。

4）经检查无误后通电，观察有接近开关对金属/非金属分别靠近的现象，并分析其原因。

5）试着测量接近开关的额定工作距离。

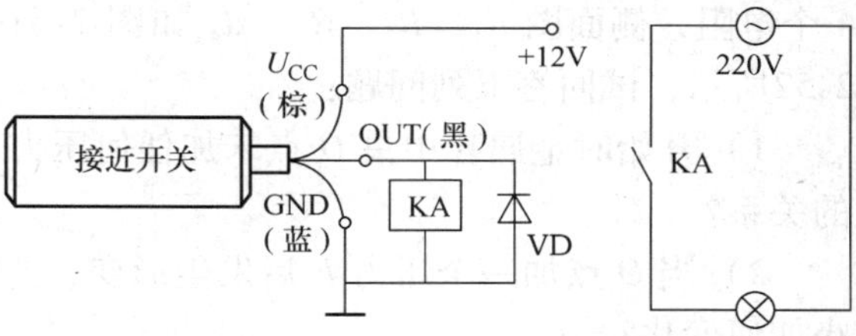

图 2-49　PNP、常开型接线图

4. 注意事项

1）实训中采用继电器座来连接电路，先把继电器插入继电器座，如果方向不对是插不进去的。要注观察电器座的接线端子的标号与继电器的端子关系。

2）使用前要先测试继电器的常开常闭端点。若继电器接常开触点时，接近开关有金属靠近时，白炽灯会亮；反之若继电器接常闭触点时，当有金属靠近接近开关时，白炽灯原本的点亮状态会变为熄灭。

5. 实训报告

1）画出常开、常闭型接近开关接线图。说明两者的区别。

2）通过对不同类型接近开关的实训，说明电感式接近开关与电容式接近开关的不同点。

2.5　小结

1）电阻应变片传感器的工作原理是基于电阻应变效应，即金属导体在外力作用下发生机械变形时，其电阻值随着它所受机械变形（伸长或缩短）的变化而发生变化的现象，称为金属的“电阻应变效应”。

2）金属导体放置于变化的磁场中时，就会在导体中产生感生电流，这种电流在导体中是自行闭合的，这就是所谓“电涡流效应”。

3）电感式传感器是利用线圈自感或互感量系数的变化来实现非电量电测的一种装置。分为自感式和互感式两大类。

4）电容式传感器是以各种类型的电容器作为传感器元件，通过它将被测的物理量的变换转换为电容量的变化，再经测量转换电路转换为电压、电流或频率。

2.6 习题

1. 什么是应变效应？

2. 说明电阻应变片的组成和种类。

3. 在传感器测量电路中，直流电桥与交流电桥有什么不同？如何考虑应用场合？用电阻应变片组成的半桥、全桥电路与单桥相比有哪些改善？

4. 什么是电涡流效应？电涡流传感器可以进行哪些非电量参数测量？分别利用哪些物理量进行检测，由哪个电参量转换进行电量输出的？

5. 电感式传感器有哪些种类？它们的工作原理是什么？

6. 如图 2-50 所示是一种测量血压的压力传感器在工作时的示意图。薄金属片 P 固定有 4 个电阻，侧面图 R_1、R_2、R_3、R_4 如图 2-51 所示，这 4 个电阻连接成电路，其原理如图 2-52所示，试回答下列问题：

1）开始时金属片中央 O 点未加任何压力，欲使电压表无示数，则 4 个电阻应满足怎样的关系？

2）当 O 点加一个压力 F 后发生形变，这时 4 个电阻也随之发生形变，形变后各电阻大小如何变化？

3）电阻变化后，电阻的 A、B 两点哪点电压高？它为什么能测量电压？

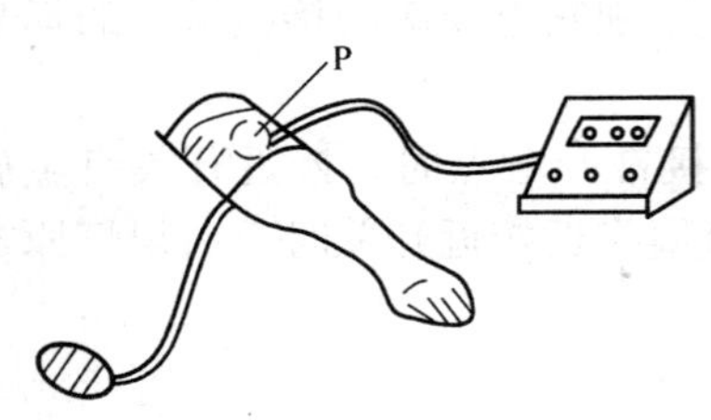

图 2-50　血压计工作示意图

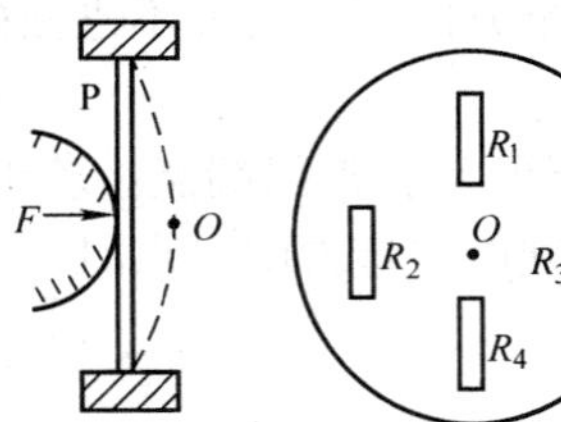

图 2-51　侧面图

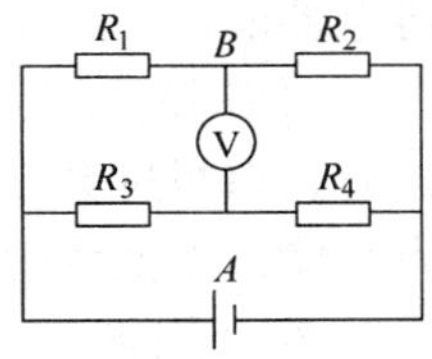

图 2-52　原理图

第3章 压电、磁敏传感技术

学习要点

① 理解压电效应和霍尔效应的概念。

② 掌握压电式传感器、霍尔传感器的结构、主要参数及基本电路。

③ 了解压电式传感器、霍尔传感器的工程应用，通过实训了解使用方法。

电阻式、电感式和电容式传感器都是无源器件，即它们需要电源才能产生与被测量有关的电信号输出，属于能量控制型传感器，而压电、磁敏式传感器能把非电量直接变为电量，一般不需要电源，是有源的，属于能量转换型传感器。本章主要介绍压电式传感器和应用十分广泛的磁敏霍尔传感器的结构、原理、类型、特征以及它们的优、缺点和使用方法。

3.1 压电传感器

压电式传感器是将被测量变化转换成材料受机械力产生静电电荷或电压变化的传感器，是一种典型的、有源的、双向机电能量转换型传感器或自发电型传感器。压电元件是机电转换元件，它可以测量最终能变换为力的非电物理量，例如力、压力、加速度等。

压电式传感器刚度大、固有频率高，一般都在几十 kHz 以上，配有适当的电荷放大器，能在 0～10kHz 的范围内工作，尤其适用于测量迅速变化的参数；其测量值可到上百吨力，又能分辨出小到几克力。近年来压电测试技术发展迅速，特别是电子技术的迅速发展，使压电式传感器的应用越来越广泛。

3.1.1 压电式传感器的工作原理

1. 压电效应

某些晶体（如石英等）在一定方向的外力作用下，不仅几何尺寸会发生变化，而且晶体内部会发生极化现象，晶体表面上有电荷出现，形成电场。当外力去除后，表面又恢复到不带电状态，这种现象被称为压电效应。

表达这一关系的压电方程如公式（3-1）所示。

$$Q = d \cdot F \tag{3-1}$$

式中 F——作用的外力；

Q——产生的表面电荷；

d——压电系数，是描述压电效应的物理量。

具有压电效应的电介质物质称为压电材料。在自然界中，大多数晶体都具有压电效应。压电效应是可逆的，若将压电材料置于电场中，其几何尺寸也会发生变化。这种由于外电场作用下，导致压电材料产生机械变形的现象，称为逆压电效应或电致伸缩效应。由于在压电材料上产生的电荷只有在无泄漏的情况下才能保存，因此压电传感器不能用于静态测量。压电材料在交变力作用下，电荷可以不断补充，以供给测量回路一定的电流，所以可适用于动态测量。

压电元件具有自发电和可逆两种重要性能，因此，压电式传感器是一种典型的"双向"传感器。它的主要缺点是无静态输出，阻抗高，需要低电容、低噪声的电缆。

2. 等效电路

当压电式传感器的压电元件受力时，在电极表面就会出现电荷，且两个电极表面聚集的电荷量相等，极性相反，如图 3-1a 所示。因此，可以把压电式传感器看做是一个电荷源（静电荷发生器），而压电元件是绝缘体，在这一过程中，它又可以看成是一个电容器，如图 3-1b 所示，其电容量为：

$$C_a = \frac{\varepsilon S}{\delta} = \frac{\varepsilon_r \varepsilon_0 S}{\delta} \tag{3-2}$$

式中 S——压电元件电极面的面积，单位为 m^2；

δ——压电元件厚度，单位为 m；

ε——压电材料的介电常数，单位为 F/m，它随材料不同而不同，如锆钛酸铅的 $\varepsilon = 2000 \sim 2400$；

ε_r——压电材料的相对介电常数；

ε_0——真空介电常数（$\varepsilon_0 = 8.85 \times 10^{-12}$F/m）。

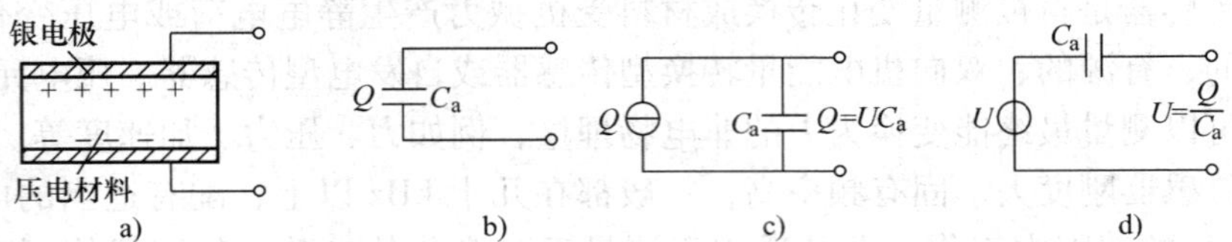

图 3-1 压电式传感器等效电路

a）电荷发生器 b）电容器 c）电荷源 d）电压源

两极间开路电压为：

$$U = Q/C_a \tag{3-3}$$

因此，压电式传感器可以等效为一个与电容并联的电荷源，如图 3-1c 所示；也可等效为一个与电容串联的电压源，如图 3-1d 所示。

压电式传感器在测量时要与测量电路相连接，所以实际传感器就必须考虑连接电缆电容 C_c、放大器输入电阻 R_i 和输入电容 C_i，以及压电式传感器的泄漏电阻 R_a。考虑这些因素后，压电传感器的实际等效电路如图 3-2a、b 所示，它们的作用是等效的。

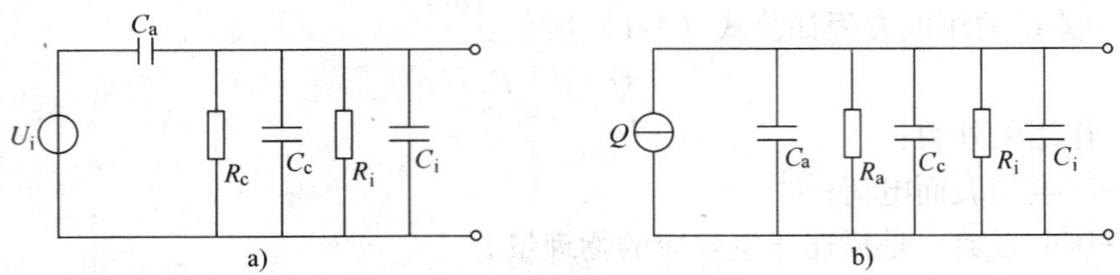

图 3-2 压电式传感器输入端等效电路

a）电压源 b）电荷源

3.1.2 压电材料

1. 压电材料选择的原则

选择合适的压电材料是压电传感器的关键，一般应考虑以下主要特性进行选择。

1）具有较大的压电常数。

2）压电元件机械强度高、刚度大并具有较高的固有振动频率。

3）具有高的电阻率和较大的介电常数，以其减少电荷的泄漏以及外部分布电容的影响，获得良好的低频特性。

4）具有较高的居里点。所谓居里点是指在压电性能破坏时的温度转变点，居里点高可以得到较宽的工作温度范围。

5）压电材料的压电特性不随时间蜕变，有较好的时间稳定性。

2. 常见压电材料

常见的压电材料有以下几种。

（1）石英晶体

石英晶体有天然和人工制造两种类型。人工制造的石英晶体的物理、化学性质几乎与天然石英晶体无太大区别，因此目前广泛应用成本较低的人造石英晶体。人造石英晶体在几百摄氏度的温度范围内，压电系数不随温度变化。石英晶体的居里点为573℃，即达到573℃时，它将完全丧失压电性质。它有较大的机械强度和稳定的机械性能，没有热释电效应，但灵敏度很低，介电常数小，因此逐渐被其他压电材料所代替。

（2）铌酸锂晶体

铌酸锂是一种透明单晶，熔点为1250℃，居里点为1210℃。它具有良好的压电性能和时间稳定性，在耐高温传感器上有广泛的用途。

（3）压电陶瓷

这是一种应用普遍的压电材料，压电陶瓷具有烧制方便、耐湿、耐高温、易于成型等特点。常见的压电陶瓷及其性能如下：

1）钛酸钡压电陶瓷。钛酸钡（$BaTiO_3$）是由 $BaCO_3$ 和 TiO_2 在高温下合成的，具有较高的压电系数和介电常数。但它的居里点较低，为120℃，此外机械强度不如石英。

2）锆钛酸铅系压电陶瓷（PZT）。锆钛酸铅是 $PbTiO_3$ 和 $PbZrO_3$ 组成的固溶体 $Pb(ZrTi)O_3$。它具有较高的压电系数和居里点（300℃以上）。

3）铌镁酸铅压电陶瓷（PMN）。这是一种由3元素组成的新型陶瓷。它具有较高的压电系数和居里点（260℃），能够在较高的压力下工作，适合作为高温下的力传感器。

（4）压电半导体

有些晶体既具有半导体特性又同时具有压电性能，如 ZnS，GaS，GaAs 等。因此既可利用它的压电特性研制传感器，又可利用半导体特性以微电子技术制成电子器件。两者结合起来，就出现了集转换元器件和电子线路为一体的新型传感器，它的前途是非常远大的。

（5）高分子压电材料

高分子压电材料大致可分为两类，一类是某些高分子聚合物经延展拉伸后具有压电性，称为压电薄膜，如聚氟乙烯（PVF）、聚氯乙烯（PVC）、聚γ甲基-L谷氨酸酯（PMG）、聚碳酸酯、聚偏二氟乙烯（PVDF或PVF_2）和聚氨酯等，这是一种柔软的压电材料，不易破碎，可以大量生产和制成较大面积。另一类是在高分子化合物中加入压电陶瓷粉末如PZT或$BaTiO_3$制成的高分子压电陶瓷薄膜，这种复合材料保持了高分子压电薄膜的柔软性，又具有较高的压电系数和机电耦合系数。

3.1.3 压电式传感器的测量电路

压电元件是一个有源电容器，因而也存在与电容式传感器相同的问题，即内阻抗很高，而输出的信号微弱，因此一般不能直接显示和记录。

由于压电元件输出的电信号微弱，电缆的分布电容及噪声等干扰将严重影响输出特性；由于压电元件内阻抗很高，要求压电器件的负载电阻必须具有较高的值，因此与压电元件配套使用的测量电路，其前置放大器应有两个作用：一是把传感器的高阻抗输出变换为低阻抗输出；二是把传感器的微弱信号进行放大。

由于压电元件既可看做电压源，又可看做电荷源，所以前置放大器有两种：一种是电压放大器，其输出电压与输入电压（即压电元件的输出电压）成正比；另一种是电荷放大器，其输出电压与输入电荷成正比。

1. 电压放大器

电压放大器的作用是将压电式传感器的高输出阻抗变为较低的阻抗，并将微弱的电压信号放大。压电式传感器接电压放大器的等效电路如图3-3所示。其中，u_i为放大器输入电压；$C = C_c + C_i$；$R = \dfrac{R_a R_i}{R_a + R_i}$；$U = \dfrac{Q}{C_a}$。

如果压电元件受到交变正弦力$F = F_m \sin\omega t$的作用，其压电系数为d，则在压电元件上产生的电压为：

$$U = \frac{dF_m}{C_a}\sin\omega t \tag{3-4}$$

放大器的输入电压为：

$$\dot{U}_i = \frac{\dfrac{R\dfrac{1}{j\omega C}}{R+\dfrac{1}{j\omega C}}}{\dfrac{1}{j\omega C_a}+\dfrac{R\dfrac{1}{j\omega C}}{R+\dfrac{1}{j\omega C}}}\dot{U} = \frac{j\omega R}{1+j\omega R\ (C+C_a)}dF \tag{3-5}$$

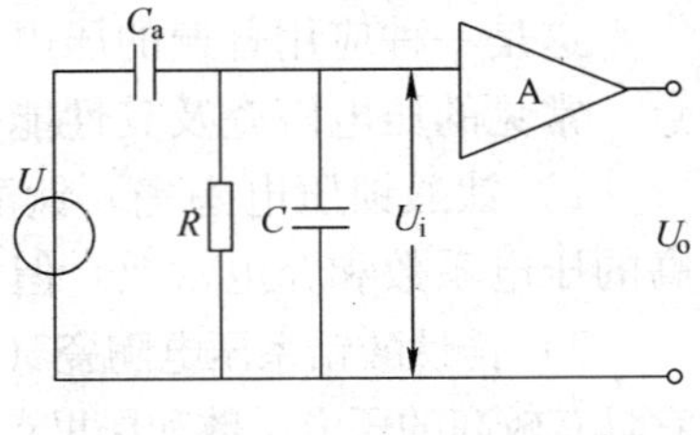

图3-3 压电式传感器接电压放大器的等效电路

当$\omega R\ (C_i + C_c + C_a) \gg 1$时，在放大器输入端形成的电压为：

$$U_i \approx \frac{d}{C_i + C_c + C_a}F \tag{3-6}$$

由式（3-5）可以看出，放大器输入电压幅度与被测频率无关。当改变连接传感器与前置放大器的电缆长度时，C_c 将改变，从而引起放大器的输出电压也发生变化。在设计时，通常将电缆长度定为一常数，使用时如要改变电缆长度，则必须重新校正电压灵敏度值。

2. 电荷放大器

电荷放大器是压电传感器另一种专用前置放大器。它能将高内阻的电荷源转换成低内阻的电压源，而且输出电压正比于输入电荷，因此，电荷放大器同样也起着阻抗变换的作用，其输入阻抗高达 10^{10} ~ $10^{12}\Omega$，输出阻抗小于 100Ω。

使用电荷放大器最突出的优点是，在一定条件下，传感器的灵敏度与电缆长度无关。

电荷放大器实际上是一种具有深度电容负反馈的高增益放大器，其等效电路如图 3-4 所示，图中 C_f 为放大器的反馈电容，其他符号的意义与电压放大器相同。

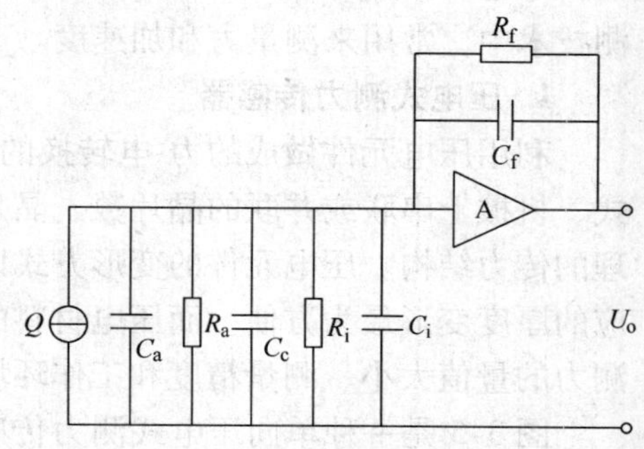

图 3-4　压电式传感器接电荷放大器的等效电路

如果忽略电阻 R_a、R_i、R_f 的影响，则输入到放大器的电荷量为：

$$Q_i = Q - Q_f$$

$$Q_f = (U_i - U_o)\ C_f = \left(-\frac{U_o}{A} - U_o\right)C_f = -(1+A)\ \frac{U_o}{A}C_f$$

$$Q_i = U_i(C_i + C_c + C_a) = -\frac{U_o}{A}(C_i + C_c + C_a)$$

式中，A 为开环放大系数。所以有：

$$-\frac{U_o}{A}(C_i + C_c + C_a) = Q - \left[-(1+A)\ \frac{U_o}{A}C_f\right] = Q + (1+A)\ \frac{U_o}{A}C_f$$

故放大器的输出电压为：

$$U_o = \frac{-AQ}{C_i + C_c + C_a + (1+A)\ C_f} \tag{3-7}$$

当 $A \gg 1$，而 $(1+A)\ C_f \gg C_i + C_c + C_a$ 时，放大器输出电压可以表示为：

$$U_o = -\frac{Q}{C_f} \tag{3-8}$$

由式（3-7）可以看出，由于引入了电容负反馈，电荷放大器的输出电压仅与传感器产生的电荷量及放大器的反馈电容有关，电缆电容等其他因素对灵敏度的影响可以忽略不计。

电荷放大器的灵敏度为：

$$K = \frac{U_o}{Q} = -\frac{1}{C_f} \tag{3-9}$$

可见放大器的输出灵敏度取决于 C_f。在实际电路中是采用切换运算放大器负反馈电容 C_f 的办法来调节灵敏度的。C_f 越小则放大器灵敏度越高。

为了使放大器工作稳定，减少零漂，在反馈电容 C_f 两端并联了一个反馈电阻，形成直流负反馈，以稳定放大器的直流工作点。

3.1.4 压电传感器的应用举例

压电元件是一种典型的力敏元件，可以用来测量最终能够转换成力的多种物理量。在检测技术中，常用来测量力和加速度。

1. 压电式测力传感器

利用压电元件做成的力-电转换的测力传感器的关键是，选取合适的压电材料、变形方式、机械上串联或并联的晶片数、晶片的几何尺寸和合理的传力结构。压电元件的变形方式以利用纵向压电效应的厚度变形最为方便。而压电材料的选择则取决于所测力的量值大小、测量精度和工作环境条件等。

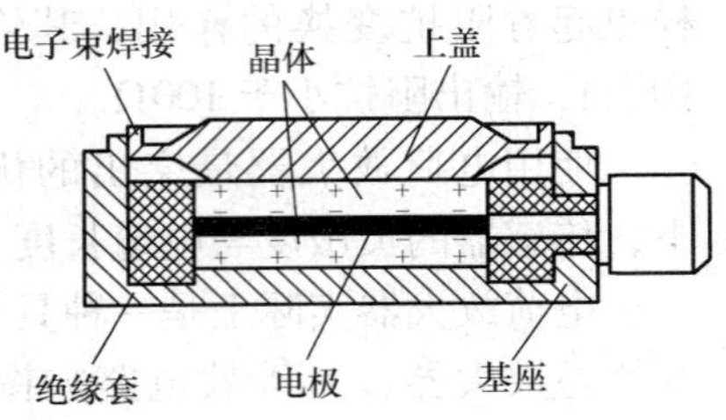

图 3-5　单向压电式测力传感器

图 3-5 是一种单向压电式测力传感器的结构图，它用于机床动态切削力的测量。压电晶片为与 x 轴方向成 0°的切片，尺寸为 $\Phi 8 \times 1\text{mm}$，上盖为传力元件，其变形壁厚度为 0.1 ~ 0.5mm，由测力范围（$F_{\max} = 500\text{kg}$）决定。绝缘套用来电气绝缘和定位。被测力通过上盖使压电陶瓷片受压力作用而产生电荷。压电陶瓷片通常采用两片（或两片以上）粘接在一起。图中的压电片采用并联接法，并联后压电片输出的总电荷量为单片压电片的两倍，因而提高了传感器的灵敏度。

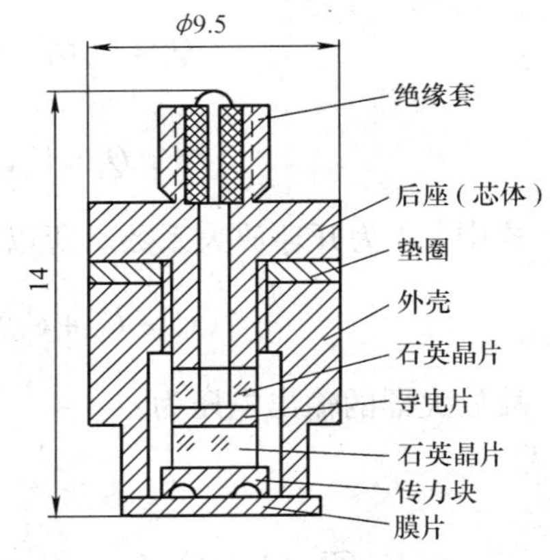

图 3-6　膜片式压电压力传感器

图 3-6 是另一种压电式测力传感器即膜片式压电压力传感器结构图。膜片作为传感器的弹性敏感元件，压电晶片作为转换元件，膜片将压力转换成集中力，再传给压电晶片。石英晶片在电气上采用并联连接。作用到膜片上的压力通过传力块施加到石英晶片上，使晶片产生厚度变形。为了保证在压力（尤其是高压力）作用下石英晶片的变形量（约零点几微米到几微米）不受损失，传感器的壳体及后座（即芯体）的刚度要大。从弹性波的传递考虑，要求通过传力块及导电片的作用力快速而无损耗地传递到压电元件上，为此传力块及导电片应采用高声速材料，如不锈钢等。这种传感器的优点是有较高的灵敏度和分辨力，而且有利于小型化，缺点是压电元件的预压缩应力是通过拧紧芯体施加的，这将很可能使膜片产生弯曲变形，造成传感器的线性度和动态性能变坏。另外，当膜片受环境温度影响而发生变形时，压电元件的预应力也将会发生变化，给输出带来误差。为了克服压电元件在预载过程中引起膜片的变形，可采用预紧筒加载结构。预紧筒是一个薄壁厚底的金属圆筒，通过拉紧预紧筒可对石英晶片组施加预压缩应力。

2. 压电式测加速度传感器

压电式测加速度传感器是一种常用的加速度计（占所有加速度传感器的 80% 以上）。因其固有频率高，有较好的频率响应（几千赫兹至几十千赫兹），如果配以电荷放大器，低频响应也很好（可低至零点几赫兹），另外体积小、重量轻。缺点是要经常校正灵敏度。

图 3-7 是一种压电式加速度传感器的结构图。它主要由压电元件、质量块、预压弹簧、基座及外壳等组成。整个部件装在外壳内，并由螺栓加以固定。质量块一般由体积质量较大的材料（如钨或重合金）制成。预压弹簧的作用是对质量块加载，产生预紧力，以保证在作用力变化时，晶片始终受到压缩。整个组件都装在基座上。为防止被测件的任何应变传到晶片上而产生假信号，基座一般要求做得较厚。基座与被测物件刚性固定在一起。

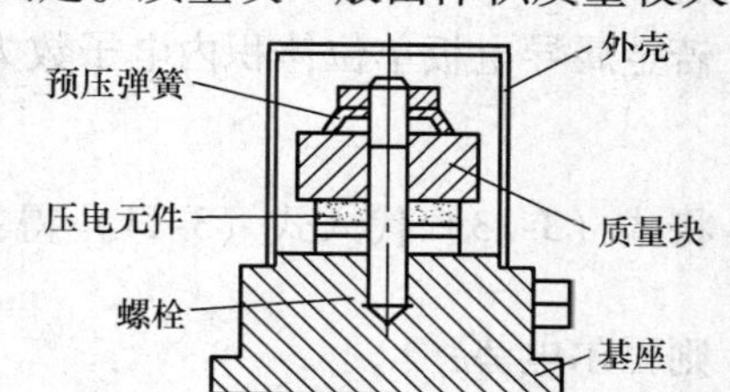

图 3-7　压电式加速度传感器结构图

当加速度传感器和被测物一起受到冲击振动时，压电元件受质量块惯性力的作用，所以，在压电元件的两个表面上产生交变电压或电荷。当振动频率远低于传感器的固有频率时，传感器输出的电压或电荷与作用力成正比，亦即与被测件的加速度成正比。

3.2　霍尔传感器

1879 年，美国物理学家霍尔首先在金属材料中发现了载流导体在磁场中有电磁效应（霍尔效应），但由于金属材料的这种电磁效应太弱而没有得到应用。随着半导体技术的发展，开始用半导体材料制成霍尔元器件，由于其霍尔效应显著而得到应用和发展。

霍尔传感器是基于霍尔效应的一种传感器，广泛应用于电流、磁场、位移、压力、速度、振动等方面的测量。它具有结构简单、体积小、灵敏度高、线性度好、稳定性高、频率响应宽（从直流到微波）、动态范围大（输出量的变化可达 1000:1）、使用寿命长、易于微型化和集成化等优点。

3.2.1　霍尔效应及霍尔元器件

1. 霍尔效应

置于磁场中的静止金属或半导体薄片，当有电流流过时，若该电流方向与磁场方向不一致，则在垂直于电流和磁场的方向上将产生电动势，这种物理现象称为霍尔效应。如图 3-8 所示，在垂直于外磁场 B 的方向上放置一金属或半导体薄片，其两端通过控制电流 I，方向如图 3-8 所示，那么在垂直于电流和磁场的另两端就会产生电动势 U_H，U_H 的大小正比于控制电流 I 和磁感应强度 B。利用这一霍尔效应制成的传感元器件称为霍尔元器件。

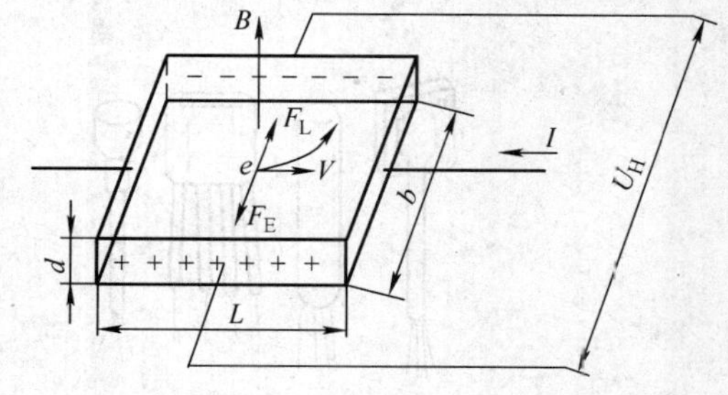

图 3-8　霍尔效应原理图

霍尔效应的产生是由于运动电荷受磁场中洛仑兹力作用的结果。当运动电子所受的电场作用力 F_E 和洛仑兹力 F_L 相等时，电子的积累达到平衡状态，这样，在薄片两端建立电场 E_H，称为霍尔电场，相应的电势 U_H 称为霍尔电势。其计算过程如下：

因为：

$$F_L = eBv \tag{3-10}$$

$$F_E = eE_H \tag{3-11}$$

所以：

$$E_H = vB \tag{3-12}$$

若金属导电板单位体积内电子数为 n，电子定向运动平均速度为 v，则激励电流

$$I = nevbd \tag{3-13}$$

将式（3-13）代入式（3-11）得：

$$E_H = \frac{IB}{bdne} \tag{3-14}$$

则霍尔电势：

$$U_H = bE_H = \frac{IB}{ned} \tag{3-15}$$

令 $R_H = 1/(ne)$，称之为霍尔常数，得：

$$U_H = R_H \frac{IB}{d} = K_H IB \tag{3-16}$$

式中，$K_H = R_H/d$ 称为霍尔片的灵敏度。由式（3-16）可见，霍尔电势正比于激励电流及磁感应强度，其灵敏度与霍尔常数成正比而与霍尔片厚度成反比。为了提高灵敏度，霍尔元器件常制成薄片形状。

目前常用的霍尔元器件材料有：锗、硅、砷化铟、锑化铟等半导体材料，其中 N 型锗容易加工制造，其霍尔系数、温度性能和线性度都较好，应用最为普遍。

2. 霍尔元器件基本结构

霍尔元器件的结构很简单，它由霍尔片、引线和壳体组成如图 3-9a 所示。霍尔片是矩形半导体单晶薄片如图 3-9b 所示，国产霍尔片的尺寸一般为 4mm×2mm×0.1mm。在元器件的长度方向的两个端面上焊有 a、b 两根控制电流端引线，通常用红色导线，称为控制电流极；在元器件的另两侧端面的中间以点的形式对称地焊接 c、d 两根霍尔端输出引线，通常用绿色导线，称为霍尔电极。霍尔元器件的壳体采用非导磁金属、陶瓷或环氧树脂封装。

霍尔元器件在电路中可用如图 3-9c 所示的 3 种符号表示。标注时，国产元器件常用 H 代表霍尔元器件，后面的字母代表元器件的材料，数字代表产品序号。如 HZ-1 型元器件，表示是用锗材料制造的霍尔元器件；HT-1 型元器件，表示是用锑化铟制作的元器件；HS-1 型元器件，表示用砷化铟制作的元器件。

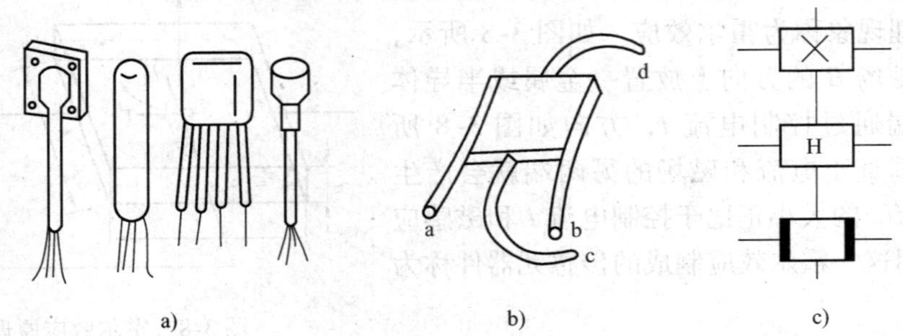

图 3-9　霍尔元器件

a）霍尔元器件结构　b）霍尔片　c）电路图形符号

3. 霍尔元器件的主要技术参数

（1）霍尔灵敏度系数 K_H

霍尔灵敏度系数 K_H 是指在单位磁感应强度下，通过单位控制电流所产生的霍尔电动势。

（2）额定控制电流 I_c

霍尔元器件因通电流而发热。额定控制电流是使霍尔元器件在空气中产生 10℃ 温升的控制电流 I_c。I_c 的大小与霍尔元件的尺寸有关，尺寸越小，I_c 越小，一般为几毫安到几十毫安，最大的可达几百毫安。

（3）输入电阻 R_i

输入电阻 R_i 是指在规定条件下（磁感应强度为零且环境温度在 20℃ ±5℃），元器件的两控制极（输入端）之间的等效电阻。

（4）输出电阻 R_o

输出电阻 R_o 是指在规定条件下（磁感应强度为零且环境温度在 20℃ ±5℃），两个霍尔电极（输出端）之间的等效电阻。

（5）不等位电势 U_o 和不等位电阻 r_o

霍尔元器件在额定电流控制作用下，当外加磁场为零时，霍尔输出端之间的开路电压称为不等位电势，它与电极的几何尺寸和电阻率不均匀等因素有关。要完全消除霍尔元器件的不等位电势很困难，一般要求 $U_o \leqslant 1\text{mV}$。不等位电势与额定电流之比称为不等位电阻 r_o，r_o 越小越好。

（6）寄生直流电势 U

在外加磁场为零、霍尔元器件用交流激励时，霍尔电极输出除了交流不等位电势外，还有一直流电势，称为寄生直流电势，它主要由于电极与基片之间接触不良，形成非欧姆接触所产生的整流效应造成的。

（7）霍尔电势的温度系数 α

霍尔电势的温度系数 α 是指在一定磁场强度和控制电流作用下，温度每变化 1℃，霍尔电势变化的百分数。它与霍尔元器件的材料有关。

3.2.2 霍尔元器件的测量误差及补偿方法

由于制造工艺问题以及实际使用时存在的各种不良因素，都会影响霍尔元器件的性能，从而产生误差，其中最主要的误差有：不等位电势带来的零位误差以及由温度变化产生的温度误差。

1. 不等位电势及其补偿

不等位电势是霍尔零位误差中最主要的一种。由于在制作时，两个霍尔电势极不可能绝对对称地焊在霍尔片两侧、霍尔片电阻率不均匀、控制电流极的端面接触不良都可导致两电极不在同一等位面上，从而产生不等位电势，造成误差。

不等位电势与霍尔电势具有相同的数量级，有时甚至超过霍尔电势，而实用中要消除不等位电势是极其困难的，因而必须采用补偿的方法。由于不等位电势与不等位电阻是一致的，可以采用分析电阻的方法来找到不等位电势的补偿方法。如图 3-10 所示，其中 A、B 为激励电极，C、D 为霍尔电极，各极分布电阻分别用 R_1、R_2、R_3、R_4 表示。理想情况下 $R_1 = R_2 = R_3 = R_4$，即可取得零位电势为零。实际上，由于不等位电阻的存在，说明这 4 个电阻值不相等，可将其视为电桥的4个桥臂，则电桥不平衡。为使其达到平衡，则在阻值较大的桥臂上并联电阻，如图3-10a所示，或在两个桥臂上同时并联电阻，如图3-10b所示。这样就可以使不等位电势得到补偿。

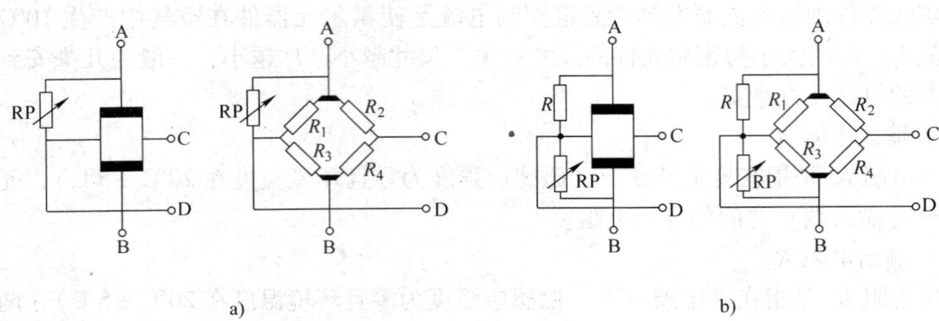

图3-10　不等位电势补偿电路

a）单臂补偿　b）双臂补偿

2. 温度误差及其补偿

半导体材料的电阻率、迁移率和载流子浓度等都随温度变化，对温度的变化很敏感，霍尔元器件的性能参数如输入电阻、输出电阻、霍尔电势等都会随温度的变化而变化，这将给测量带来较大的误差，为了减少这一测量误差，除选用温度系数小的元器件或采用恒温措施外，还可以采用适当的方法进行补偿。

（1）采用恒流源供电和输入回路并联电阻

采用恒流源提供恒定的控制电流可以减小温度误差，但元器件的霍尔灵敏度系数K_H也是温度的系数，对于具有正温度系数的霍尔元器件，可在元器件控制极并联分流电阻来提高U_H的温度稳定性，如图3-11所示。

（2）采用温度补偿元器件（如热敏电阻、电阻丝等）

对于霍尔系数R_H随温度上升而减小的元器件，可采用恒压源供电，在输入回路上串联一个负温度系数的热敏电阻R_t，或并联一个正温度系数的电阻丝。当温度升高时，R_t阻值减小，电阻丝阻值增大，均使控制电流增大，从而使温度误差得到补偿，如图3-12所示。

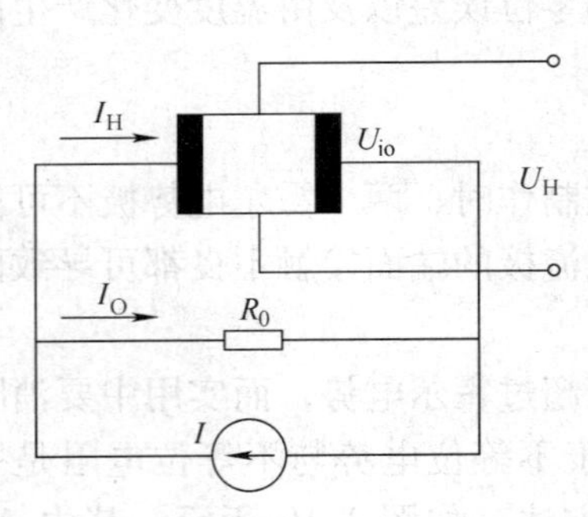

图3-11　温度补偿电路

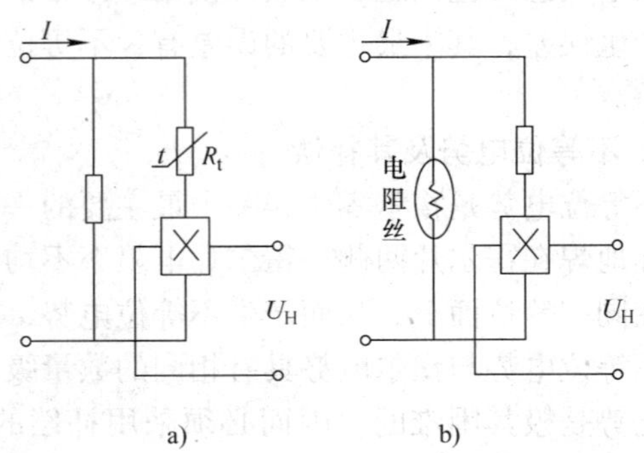

图3-12　采用热敏元器件的温度补偿电路

a）采用热敏电阻的温度补偿　b）采用电阻丝的温度补偿

3.2.3 霍尔集成电路

随着集成技术的发展，用集成电路工艺把霍尔元器件和相关的信号处理部件集成在一个单片上制成的单片集成霍尔元器件，称为集成霍尔元器件。按照输出信号的形式，可分为开关型和线性型两种。

1. 开关型霍尔集成电路

开关型霍尔集成电路是把霍尔元器件的输出经过处理后输出一个高电平或低电平的数字信号。这种集成电路一般由霍尔元器件、稳压电路、差分放大器、施密特触发器以及集电极开路输出门电路等组成，其电路框图如图3-13所示。

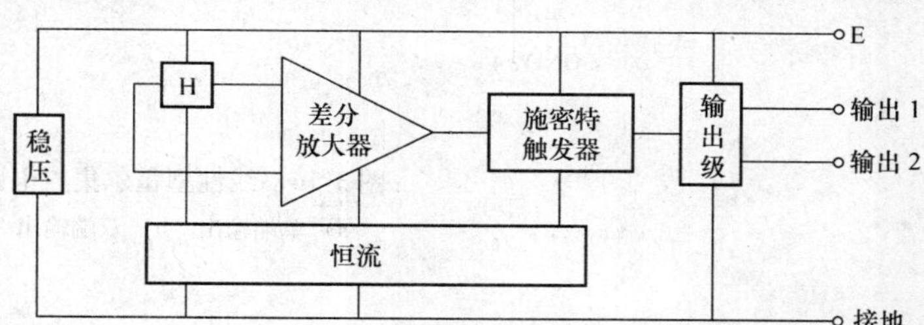

图3-13　霍尔开关集成电路框图

各部分电路的功能如下：

（1）稳压源

稳压源进行电压调整。电源电压在4.5~24V范围变化时，输出稳定。该电路还具有反向电压保护功能。

（2）霍尔元器件

霍尔元器件将磁信号转变为电信号后送给下级电路。

（3）差分放大器

差分放大器用于将霍尔元器件产生的微弱的电信号进行放大处理。

（4）施密特触发器

施密特触发器用于将放大后的模拟信号转变为数字信号后输出，以实现开关功能（输出为矩形脉冲）。

（5）恒流电路

恒流电路的作用主要是进行温度补偿，保证温度在-40℃~+130℃范围内变化时，电路仍可正常工作。

（6）输出级

输出级通常设计成集电极开路输出结构，带负载能力强，接口方便，输出电流可达20mA左右。

该传感器的输出开关信号可直接用于驱动继电器、三端双向晶闸管、晶闸管、LED等负载。

2. 线性型霍尔集成电路

线性型霍尔集成电路通常由霍尔元器件、差分放大器、射极跟随输出及稳压电路4部分组成，其输出电压与外加磁场强度呈线性比例关系，它有单端输出和双端输出两种形式，线性型霍尔集成电路如图3-14所示。单端输出的传感器是一个3端器件，它的输出电压对外加磁场的微小变化能做出线性响应，典型型号有UGN-3501T、UGN-3501U两种，区别只是厚度不同，T型厚度为2.03mm，U型厚度为1.54mm。双端输出的传感器是一个双列直插8脚塑封器件，它可提供差动射极跟随输出，还可提供输出失调调零。典型型号有

UGN-3501M，其中 1、8 脚为输出，5、6、7 脚之间接一个电位器，对不等位电势进行补偿，如图 3-14b 所示。

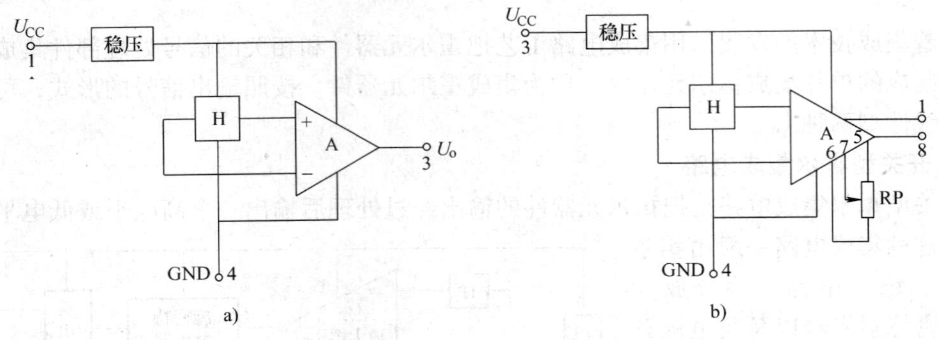

图 3-14 线性型霍尔集成电路
a）单端输出 b）双端输出

3.2.4 霍尔传感器应用举例

霍尔传感器（霍尔元器件和集成霍尔元器件）具有结构简单、体积小、动态特性好和寿命长的优点，因此被广泛地应用于测量、自动控制及信息处理等领域。

1. 霍尔式压力计

霍尔式压力计是利用霍尔元器件测量弹性元器件变形的一种电测压力计，它的结构简单，体积小，频率响应宽，动态范围（输出电动势的变化）大，可靠性高，易于微型化和集成化。

图 3-15 是霍尔式压力计结构原理图。当被测压力 P 变化时，膜盒顶端产生位移，推动带有霍尔元器件的杠杆，霍尔元器件在由 4 个磁极构成的线性不均匀的磁场中移动，使作用在霍尔元器件上的磁场变化，从而使霍尔元器件的霍尔电势随之发生变化。当霍尔元器件处于两对磁极中间对称位置时，由于在霍尔元器件上通过的磁通量大小相等、方向相反，所以总的输出电势等于 0。由于磁场是线性分布的，所以霍尔元器件的输出电压随位移（压力）的变化也是线性的。

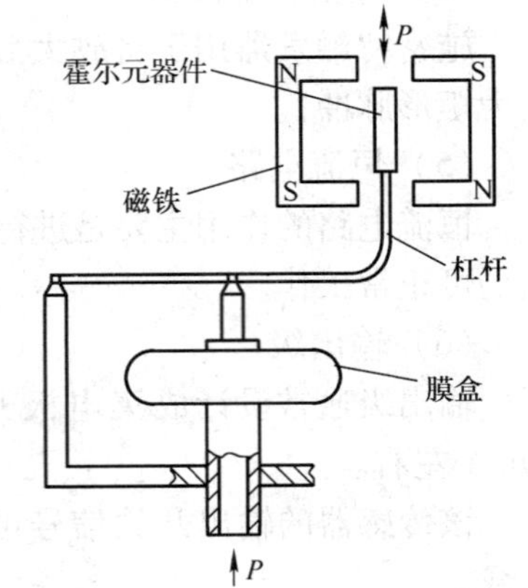

图 3-15 霍尔式压力计结构原理图

2. 霍尔式转速传感器

霍尔式转速传感器是由开关型霍尔集成传感器和磁性转盘组成，图 3-16 给出了霍尔式转速传感器的两种不同结构。霍尔式转速传感器广泛应用于转速的监视与测量。将磁性转盘的输入轴与被测轴相连，当被测转轴转动时，磁性转盘随之转动，固定在磁性转盘附近的开关型霍尔集成传感器便可在每一个小磁铁通过时产生一个相应的脉冲，检测出单位时间的脉冲数，便可知道被测对象的转速。磁性转盘的小磁铁数目多少将确定传感器的分辨率。

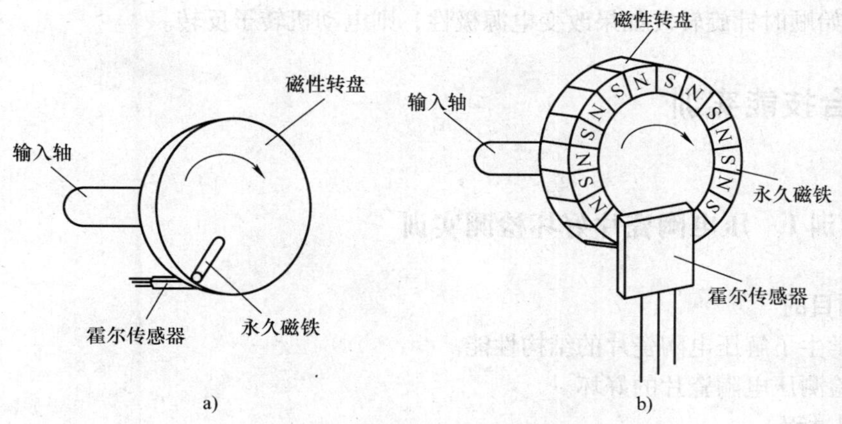

图 3-16　霍尔式转速传感器的结构

3. 霍尔无刷直流电动机

采用霍尔元器件做直流电动机的整流子与有刷直流电动机相比具有高速转换、可靠性高、噪声小、效率高等优点，并且由于取消了电刷，不存在电刷磨损问题，使电动机的使用寿命大大提高。因此在录像机、音响设备、CD 唱机等家用电器以及计算机中得到了广泛应用。

霍尔无刷直流电动机的磁场由永久磁铁做成的转子产生，在定子上安装有与电枢线圈相连的霍尔元器件，线圈被安放在定子槽内。

图 3-17 为霍尔无刷直流电动机的工作原理图。电动机的转子由磁钢制成（一对磁极），定子由 4 个极靴绕上线圈 W_1、W_2、W_3、W_4 组成，各个线圈通过相应的晶体管 $VT_1 \sim VT_4$ 供电。4 个霍尔元器件 $H_1 \sim H_4$ 配置在 4 个极靴电极上，可实现电动机的双极性、4 状态电子换向电路。

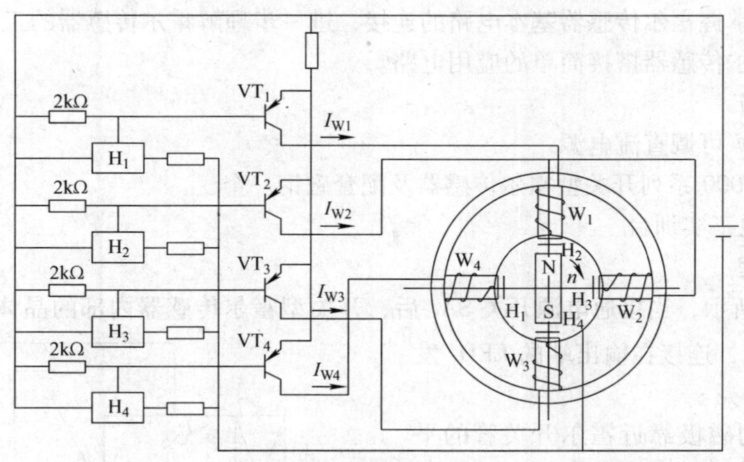

图 3-17　霍尔无刷直流电动机的工作原理图

当霍尔元器件 H_2 面向转子 N 极方向时，则霍尔元器件导通，为低电平，功率晶体管 VT_2 导通，绕组 W_2 通过电流 I_{W2}，使定子绕组 W_2 下极性呈 S 极，转子的 N 极将受定子的 S 极吸引使转子顺时针转动，直到 H_3 对准转子 N 极；此时 H_2 处于零磁场，H_3 导通，从而使 VT_3 导通，通过电流 I_{W3} 使定子绕组 W_3 呈 S 极性，使转子进一步顺时针转动；依此类推下去，转子开始顺时针旋转。如果改变电源极性，则电动机转子反转。

3.3 综合技能实训

3.3.1 实训1 压电陶瓷片好坏检测实训

1. 实训目的

1）使学生了解压电陶瓷片的结构性能。

2）会检测压电陶瓷片的好坏。

2. 实训过程

压电陶瓷片的好坏可用万用表进行检查，具体方法如下：

1）从压电陶瓷片的两极引出两根引线，并将其平放在桌子上，将两根引线与万用表两根表笔分别连接好（万用表置于最小电流档）。

2）用铅笔的橡皮头轻轻压在陶瓷片上，此时万用表指针若有明显摆动，则说明压电陶瓷片是好的。

3. 写实训报告

将上述实训过程记录下来，并对实训中出现的现象进行讨论和解释。

3.3.2 实训2 霍尔传感器检测实训

1. 实训目的

1）使学生掌握霍尔传感器基本电路的连接，进一步理解霍尔传感器的工作原理。

2）会用霍尔传感器搭接简单的应用电路。

2. 实训设备

（1）0～24V可调直流电源

（2）UGN-3000系列开关型霍尔传感器及配套磁钢一个

（3）通用电工实训台

3. 实训原理

如图3-18所示，当接通电源开关SA_1后，开关型霍尔传感器内部的晶体管处于截止状态，输出高电平，连接在输出端的LED_1发光二极管不会点亮。

将磁铁E的磁极靠近霍尔开关管的平面时，开关型霍尔传感器内部的晶体管导通，输出低电平，LED_1导通发光，通过LED_1中的电流约为10mA左右。

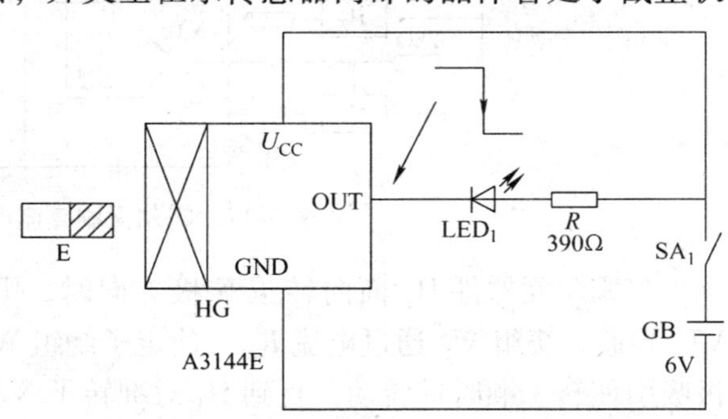

图3-18 霍尔传感器检测实训电路

4. 实训步骤

1）按图3-18连接电路，观察LED_1发光二极管的工作情况，如果磁铁控制不起作用，则要颠倒 E 的磁极或从霍尔元器件的另一面靠近。

2）制作一个防盗报警电路。用上述实训电路驱动一只蜂鸣器，驱动蜂鸣器时，可增加一级单管开关电路。

5. 实训报告

1）记录实训过程及实训结果。

2）画出防盗报警电路，并说明工作原理。

3.3.3 实训3 霍尔钳形电流表测量电流的原理及使用

1. 实训目的

1）使学生了解霍尔钳形电流表测量电流的原理，能看懂霍尔元器件在电流表中的应用电路。

2）掌握霍尔钳形电流表测量电流的方法。

2. 实训设备

（1）电工技能实训台（万用表、验电笔）

（2）数字钳形电流表一只

（3）各种颜色工作导线（交流电路中的不带负载与带负载时的相线与零线，直流导线等）

3. 霍尔钳形电流表测量电流的原理

霍尔钳形电流表的探头是用环形铁心作集束器，霍尔元器件放在空隙中间，如图 3-19 所示。由安培定理可知，在载流导体周围会产生一正比于该电流的磁场，用霍尔元器件测量这一磁场，其输出的霍尔电势正比于该磁场，通过对磁场的测量可间接测得电流的大小。由霍尔元器件构成的电流传感器为非接触式测量，测量精度高，不必切断电路电流，测量范围广（从零到几千赫），本身几乎不消耗电路功率。

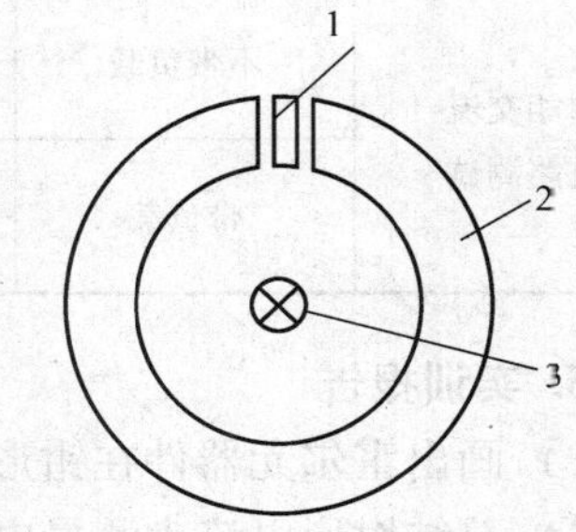

图 3-19 霍尔钳形电流表工作原理
1—霍尔元器件 2—环形铁心 3—导线

霍尔元器件在钳形电流表中的应用电路如图 3-20 所示。霍尔元器件采用霍尔电势温度系数很小的砷化镓材料，控制电流 I_c 在霍尔元器件的输入电阻上产生压降，当开关在位置 1 时测量电流，被测电流 I_{in} 通过线圈产生的磁通作用于霍尔元器件时，测量电流在1～5A，其精度小于0.2%，在 20～85℃时，其温度误差小于 0.9%；开关在位置 2 时测量功率。

4. 实训步骤

1）交流电流测量方法：将转换开关置于 ACA1000A 档，将保持开关置于放松状态；按下扳机，打开钳口，钳住一根被测导线，如果钳住两根以上被测导线，则测量无效；读取数据，如果读数小于 200A，应重新选择档位（可将开关旋置于 ACA200A。若读数小于 20A，可选用 ACA20A 档），以提高测量准确度；如果因环境条件限制，在暗处无法读数，可按下保持键，拿到亮处读取读数。

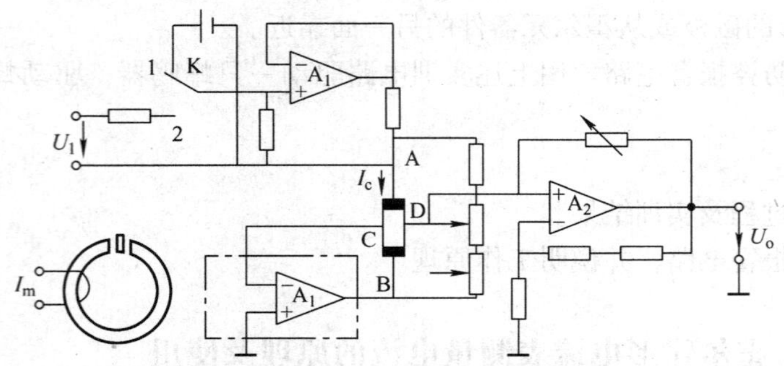

图 3-20 霍尔元器件在钳形电流表中的应用电路

2）给出 5 根导线，其中两根是单相交流带负载和不带负载的相线、1 根零线、1 根直流导线、1 根空线。用钳形电流表判定相线与零线，带负载与否。

3）在钳形电流表、万用表测试及测量记录表中如表 3-1 所示记录数据。

表 3-1 钳形电流表、万用表测试及测量记录表

项　目		导线色别	仪表测量值		分　析
			电流/A	电压/V	
对导线测试					
单相交流电路测试	不带负载				
	带负载				

5. 实训报告

1）画出霍尔元器件在钳形电流表中的应用电路，并说明电路工作原理。

2）总结钳形电流表测量电流的方法及使用注意事项。

3）是否可以用钳形电流表测量电压及电阻？方法如何？

3.4 小结

1）当沿着某些晶体介质的电轴方向施加作用力时，在垂直于电轴线的晶体平面上即产生电荷，当作用力除去时电荷也随之消失。这种现象称为“压电效应”。

2）根据“压电效应”做成的传感器，称为压电式传感器，压电式传感器主要用于动态作用力、压力和加速度的测量。

3）置于磁场中的静止载流导体，当有电流流过时，若该电流方向与磁场方向不一致，则在垂直于电流和磁场的方向上将产生电动势，这种物理现象称为“霍尔效应”。

4）根据“霍尔效应”做成的传感器，称为霍尔式传感器，霍尔式传感器主要用于电流、磁场、位移、压力、速度、振动等方面的测量。

5）目前常见的磁传感器主要类型、特性及用途如表 3-2 所示。本章只介绍了霍尔传感器，其他磁敏传感器可根据表中所列进行分析使用。

表 3-2　主要磁传感器

名称	工作原理	工作范围	主要用途	相关元器件
霍尔元器件	霍尔效应	10^{-7} ~ 10T	磁场测量，位置、速度、电流传感等	单晶（Si、Ge、InAs、InSb、GaAs、InAsP）霍尔片，开关和线性集成电路
半导体磁敏电阻	磁敏电阻效应	10^{-3} ~ 10T	旋转和角度传感	长方体、栅格结构、InSb - NiSBb 共晶体的曲折形磁阻元器件
磁敏二极管	复合电流的磁场调制	10^{-6} ~ 10T	位置和速度及电流、电压传感	
磁敏晶体管	集电极电流或漏极电流的磁场调制	10^{-6} ~ 10T	位置和速度及电流、电压传感	双极型和 MOS 型晶体管
金属膜磁敏电阻器	磁敏电阻的各向异性	10^{-3} ~ 10^{-2}T	磁读头、旋转编码器速度检测等	包括三端、四端、二维、三维和集成电路

3.5　习题

1. 什么是压电晶体的“压电效应”？叙述压电式传感器的工作原理。
2. 压电式传感器测量电路的作用是什么？其核心是解决什么问题？
3. 什么是“霍尔效应”？一个霍尔元器件在一定电流作用下，其霍尔电势与哪些因素有关？
4. 霍尔传感器适用于哪些场合？霍尔元器件常用材料有哪些？各有什么特点？
5. 温度变化对霍尔元器件输出电势有什么影响？如何补偿？
6. 图 3-21 是汽车霍尔点火装置示意图，试说明工作原理。

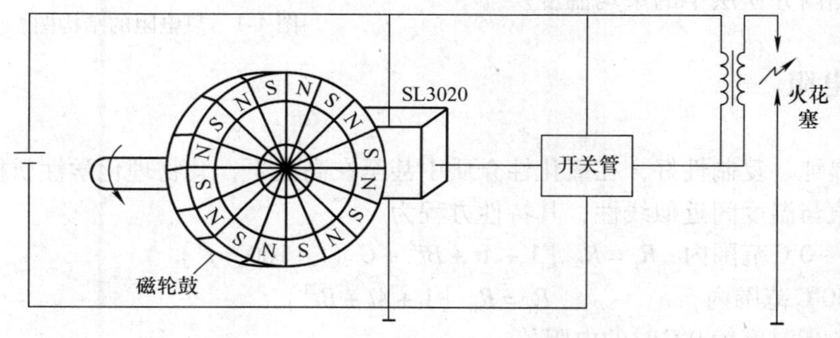

图 3-21　汽车霍尔点火装置示意图

第4章　热电传感技术

学习要点

① 掌握温度的概念、温度的测量方法。
② 了解温度的测量原理、温度传感器的种类及应用。

热电传感技术是利用转换元器件电磁参量随温度变化的特征，对温度和与温度有关的参量进行检测的技术。将温度变化转化为电阻变化的称为热电阻传感器，其中金属热电阻式传感器简称为热电阻，半导体热电阻式传感器简称为热敏电阻；将温度变化转换为热电动势变化的称为热电偶传感器。

4.1　热电阻传感器

热电阻传感器主要是利用电阻值随温度变化而变化这一特性来测量温度及与温度有关的参数。在温度检测精度要求比较高的场合，这种传感器比较适用。目前较为广泛的热电阻材料为铂、铜、镍等，它们具有电阻温度系数大、线性好、性能稳定、使用温度范围宽、加工容易等特点。用于测量－200～＋500℃范围内的温度。

热电阻大多是用直径0.04～0.1mm的纯金属丝绕在片状或棒状的云母、玻璃、陶瓷或胶木骨架上制成的。在工业应用中它一般装在金属保护套管内，以防止损坏；也有做成铠装的。热电阻的外形与热电偶相似。铂热电阻复现性好，性能稳定，准确度高，在精密测温和控温中广泛应用。

热电阻的受热部分（感温元器件）是用细金属丝均匀地绕在绝缘材料制成的骨架上，结构如图4-1所示。当被测介质中有温度梯度存在时，所测得的温度是感温元器件所在范围内介质层中的平均温度。

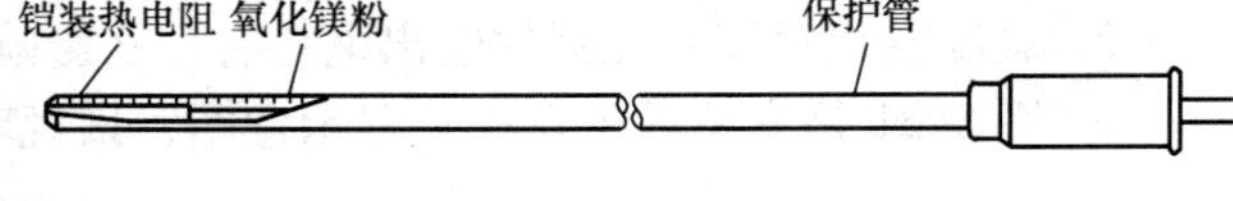

图4-1　热电阻的结构图

4.1.1　铂电阻

铂易于提纯、复制性好，在氧化性介质中甚至在高温下，其物理化学性质极其稳定。铂电阻的阻值与温度间近似线性，其特性方程为

在－200～0℃范围内　$R_t = R_0\,[1 + At + Bt^2 + C\,(t - 100)\,t^3]$　　(4-1)

在0～850℃范围内　$R_t = R_0\,[1 + At + Bt^2]$　　(4-2)

式中　R_0——当温度为0℃时的电阻值；
R_t——温度为t℃时的电阻值；
A、B、C——由实验确定的温度系数，$A = 3.90802 \times 10^{-3}/℃$、$B = -5.802 \times 10^{-7}/℃^2$、$C = -4.27350 \times 10^{-12}/℃^4$

目前我国常用的铂电阻是 Pt100，R（0℃）=100Ω，分度表如表 4-1 所示。

表 4-1　Pt100 铂电阻分度表

温度/℃	0	10	20	30	40	50	60	70	80	90
	电阻值/Ω									
-100	60.26	64.3	68.33	72.33	76.33	80.31	84.27	88.22	92.16	96.09
0	100	103.9	107.79	111.67	115.64	119.4	123.24	127.08	130.9	134.71
100	138.51	142.29	146.07	149.83	153.58	157.33	161.05	164.77	168.48	172.17
200	175.86	179.53	183.19	186.84	190.47	194.1	197.71	201.31	204.9	208.48
300	212.05	215.61	219.15	222.68	226.21	229.72	233.21	236.7	240.18	243.64
400	247.09	250.53	253.96	257.38	260.78	264.18	267.56	270.93	274.29	277.64
500	280.98	284.3	287.62	290.92	294.21	297.49	300.75	304.01	307.25	310.49

4.1.2　铜电阻

由于铂是贵重金属，因此在测量精度要求不高、测温范围较小的情况下，普遍采用铜电阻。铜电阻具有较大的电阻温度系数，材料容易提纯，铜电阻的阻值与温度之间接近线性关系，铜的价格比较便宜，所以铜电阻在工业上得到广泛应用。铜电阻的缺点是电阻率较小，机械强度差，稳定性也较差，容易氧化。

在 -50 ~ 150℃温度范围内，铜电阻与温度之间的关系为：

$$R_t = R_0（1 + \alpha t） \tag{4-3}$$

式中　R_t——温度为 t℃时的铜电阻值

R_0——温度为0℃时的铜电阻值

α——铜电阻温度系数，α =（4.25 ~ 4.28）$\times 10^{-3}$/℃

目前我国工业上常用的铜电阻有 Cu50 和 Cu100 两种，分度表如表 4-2、表 4-3 所示。

表 4-2　Cu50 铜电阻分度表

温度/℃	-50	-40	-30	-20	-10	0		
阻值/Ω	39.242	41.400	43.555	45.706	47.854	50.000		
温度/℃	0	10	20	30	40	50	60	70
阻值/Ω	50.000	52.144	54.285	56.426	58.565	60.704	62.842	64.981
温度/℃	80	90	100	110	120	130	140	150
阻值/Ω	67.120	69.259	71.400	73.542	75.686	77.833	79.982	82.134

表 4-3　Cu100 铜电阻分度表

温度/℃	-50	-40	-30	-20	-10	0		
阻值/Ω	78.48	82.80	87.11	91.41	95.71	100.00		
温度/℃	0	10	20	30	40	50	60	70
阻值/Ω	100.00	104.29	108.57	112.85	117.13	121.41	125.68	129.96
温度/℃	80	90	100	110	120	130	140	150
阻值/Ω	134.24	138.52	142.80	147.08	151.37	155.67	156.96	164.27

4.1.3 热电阻的应用——数字温度计

对于输油泵站进出口温度测量，热电、热力、蒸汽温度监测，机电设备轴瓦温度监测，食品酿造、发酵温度测量，石油炼制化工合成等测温场合，以及各种反应釜、液体和气体管道的温度检测与控制，温度范围一般都在 0 ~ +500℃，因此可选择热电阻传感器。工业中应用较多的主要是热电阻数字温度计。这里简要叙述一种使用较多的热电阻（RTD）数字温度计，型号为 GS11-1502，实物如图 4-2 所示。

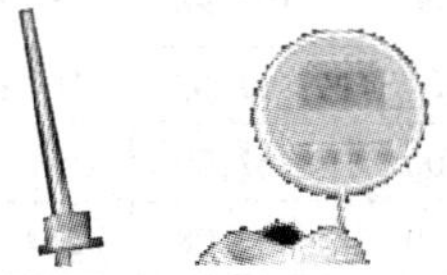

GS11-1502 型数字温度计具有 ±0.015℃ 的准确度并可溯源至 NIST 的国家标准。它能读取 100Ω 和 25Ω 的探头，在整个温度范围内分辨率为 0.001℃。它是工业界最小的标准级数字温度计。它还具有一个电池组选件，供携带时应用。每个数字温度计都可以与配用的任何一个铂电阻探头编程，来达到最好的线性度和准确度。所有的探头常数和系数都可以简单地通过前面板上的按键来编程。温度可以按℃、℉、K 或以欧姆为单位的电阻来显示。只要按一个按钮就可以选择用哪种单位来显示。

图 4-2 数字温度计 GS11-1502 的实物图

4.2 热敏电阻传感器

热敏电阻是一种电阻值随温度变化的半导体传感器。它的温度系数很大，比温差电偶和线绕电阻测温元器件的灵敏度高几十倍，适用于测量微小的温度变化。热敏电阻体积小、热容量小、响应速度快，能在空隙和狭缝中测量。它的阻值高，测量结果受引线的影响小，可用于远距离测量。它的过载能力强，成本低廉。但热敏电阻的阻值与温度为非线性关系，所以它只能在较窄的范围内用于精确测量。热敏电阻在一些精度要求不高的测量和控制装置中得到广泛应用。

4.2.1 热敏电阻的结构形式

用热敏电阻制成的探头有珠状、棒杆状、片状和薄膜等形式，封装外壳多用玻璃、镍和不锈钢管等套管结构，如图 4-3 所示是热敏电阻的结构图，如图 4-4 所示是热敏电阻的实物图。

4.2.2 热敏电阻的温度特性

热敏电阻的温度特性是指半导体材料的电阻值随温度变化而变化的特性。

热敏电阻按电阻温度特性分为 3 类：

1）负温度系数热敏电阻（NTC）：在工作温度范围内温度系数一般为 -(1 ~ 6)%/℃。

2）正温度系数热敏电阻（PTC）：又分为开关型和缓变型，开关型在居里点的温度系数大约为（10 ~ 60)%/℃，缓变型一般为（0.5 ~ 8)%/℃。

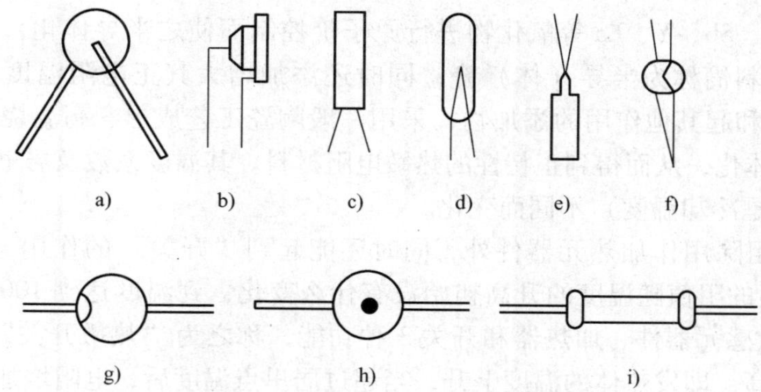

图4-3 热敏电阻的结构图

a）圆片形 b）薄膜形 c）杆形 d）管形

e）平板形 f）珠形 g）扁圆形 h）垫圆形 i）杆形（金属帽引出）

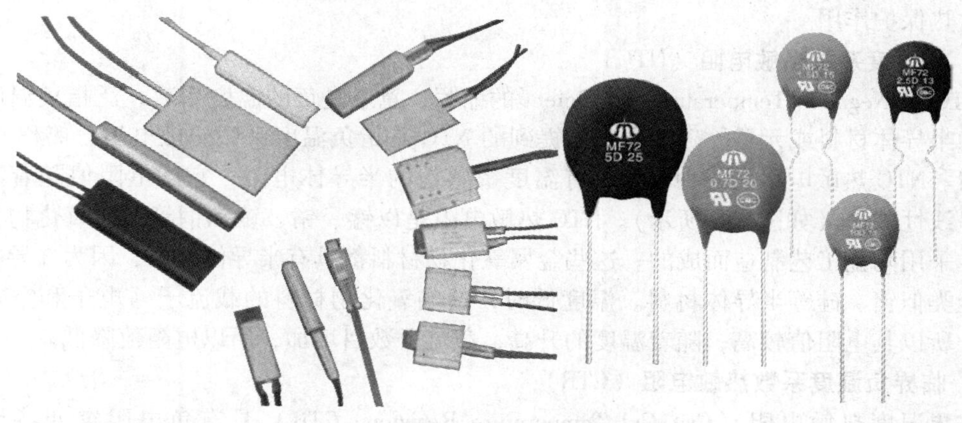

图4-4 热敏电阻的实物图

3）临界负温度系数热敏电阻（CTR）。

温度特性曲线如图4-5所示。分析热敏电阻的温度特性曲线图可以得出下列结论：

1）热敏电阻的温度系数值远远大于金属热电阻，所以灵敏度很高。

2）热敏电阻温度曲线非线性现象十分严重，所以其测量温度范围远小于金属热电阻。

1. 正温度系数热敏电阻（PTC）

PTC是Positive Temperature Coefficient的缩写，意思是正的温度系数，泛指正温度系数很大的半导体材料或元器件。PTC热敏电阻是一种典型具有温度敏感性的半导体电阻，超过一定的温度（居里温度）时，它的电阻值随着温度的升高呈阶跃性的增高。该材料是以$BaTiO_3$或$SrTiO_3$或$PbTiO_3$为主要成分的烧结体，其中掺入微

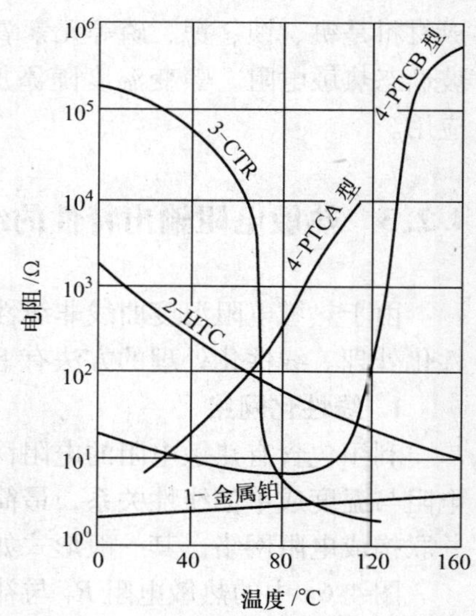

图4-5 热敏电阻的温度特性曲线图

量的 Nb、Ta、Bi、Sb、Y、La 等氧化物进行原子价控制而使之半导体化，常将这种半导体化的 $BaTiO_3$ 等材料简称为半导（体）瓷；同时还添加增大其正电阻温度系数的 Mn、Fe、Cu、Cr 的氧化物和起其他作用的添加物，采用一般陶瓷工艺成形、高温烧结而使钛酸铂等及其固溶体半导体化，从而得到正特性的热敏电阻材料。其温度系数及居里点温度随成分及烧结条件（尤其是冷却温度）不同而变化。

PTC 热敏电阻除用作加热元器件外，同时还能起到“开关”的作用（如图 4-5 所示，PTCB 型热敏电阻的阻值随温度的升高初始没有什么变化，到温度达到 100℃左右后突然快速增加），兼有敏感元器件、加热器和开关 3 种功能，称之为“热敏开关”，电流通过元器件后引起温度升高，即发热体的温度上升，当超过居里点温度后，电阻增加，从而限制电流增加，于是电流的下降导致元器件温度降低，电阻值的减小又使电路电流增加，元器件温度升高，周而复始，因此具有使温度保持在特定范围的功能，又起到开关作用。利用这种阻温特性做成加热源，作为加热元器件应用的有暖风器、电烙铁、烘衣柜、空调等，还可对电器起到过热保护作用。

2. 负温度系数热敏电阻（NTC）

NTC 是 Negative Temperature Coefficient 的缩写，意思是负的温度系数，泛指负温度系数很大的半导体材料或元器件。通常我们提到的 NTC 是指负温度系数热敏电阻，简称 NTC 热敏电阻。NTC 热敏电阻是一种典型具有温度敏感性的半导体电阻，它的电阻值随着温度的升高呈线性减小（如图 4-5 所示）。NTC 热敏电阻是以锰、钴、镍和铜等金属氧化物为主要材料，采用陶瓷工艺制造而成的。这些金属氧化物材料都具有半导体性质，因为在导电方式上完全类似锗、硅等半导体材料。温度低时，这些氧化物材料的载流子（电子和空穴）数目少，所以其电阻值较高；随着温度的升高，载流子数目增加，所以电阻值降低。

3. 临界负温度系数热敏电阻（CTR）

临界温度热敏电阻（Crit1Cal Temperature Resistor，CTR）具有负电阻突变特性（如图4-5所示），在某一温度下，电阻值随温度的增加急剧减小，具有很大的负温度系数。构成材料是钒、钡、锶、磷等元素氧化物的混合烧结体，是半玻璃状的半导体，也称 CTR 为玻璃态热敏电阻。骤变温度随添加锗、钨、钼等的氧化物而变。CTR 能够作为控温报警等应用。

4.2.3 热敏电阻输出特性的线性化处理

由于热敏电阻温度曲线非线性严重，为保证一定范围内温度测量的精度要求，应进行线性化处理。线性化处理的方法有下面几种方法。

1. 线性化网络

利用包含有热敏电阻的电阻网络（常称线性化网络）来代替单个的热敏电阻，使网络电阻与温度成单值线性关系，最简单的方法是用温度系数很小的精密电阻与热敏电阻串联或并联构成电阻网络，其一般形式如图 4-6 所示。

图 4-6a 中的热敏电阻 R_T 与补偿电阻 r_c 串联，串联后的等效电阻 $R=R_T+r_c$，只要 r_c 的阻值选择适当，可使温度在某一范围内，与电阻的倒数呈线性关系，所以电流 I 与温度 T 呈线性关系。

图 4-6b 中热敏电阻 R_T 与补偿电阻 r_c 并联，其等效电阻 $R=\frac{r_c R_T}{r_c+R_T}$。由图可知，$R$ 与温度的关系曲线显得比较平坦，因此可以在某一特定温度范围内得到线性的输出特性。

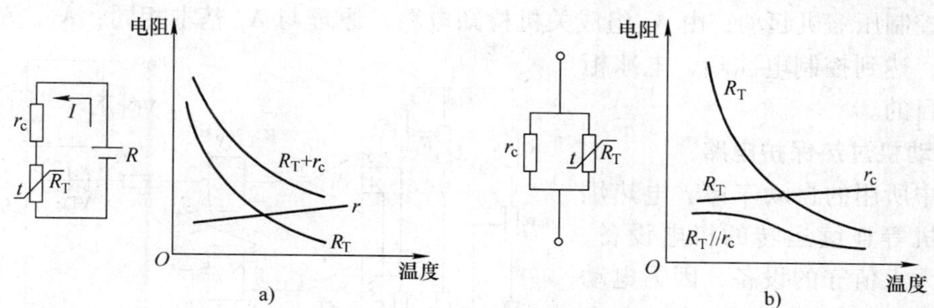

图 4-6　常用补偿电路

a）串联补偿电路　b）并联补偿电路

2. 利用测量装置中其他部件的特性进行修正

利用电阻测量装置中其他部件的特性可以进行综合修正。图 4-7 中是一个温度－频率转换电路，虽然电容 C 的充电特性是非线性特性，但适当地选取电路中的电阻，可以在一定的温度范围内，得到近于线性的温度—频率转换特性。

3. 计算修正法

在带有微处理器（或微计算机）的测量系统中，当已知热敏电阻器的实际特性和要求的理想特性时，可采用线性插值法将特性分段，并把各分段点的值存放在计算机的存储器内，计算机将根据热敏电阻器的实际输出值进行校正计算后，给出要求的输出值。

4.2.4　热敏电阻的应用

1. 对数二极管温度计

图 4-8 是采用热敏电阻 R_T 和对数二极管 VD 串联构成的温度计。它利用对数二极管 VD 把热敏电阻 R_T 的阻值变化（电流变化）变换为等间隔的信号，经运放 A 放大这一压缩信号，其输出接到电压表，就可显示相应的温度，从而可构成线性刻度的温度计。

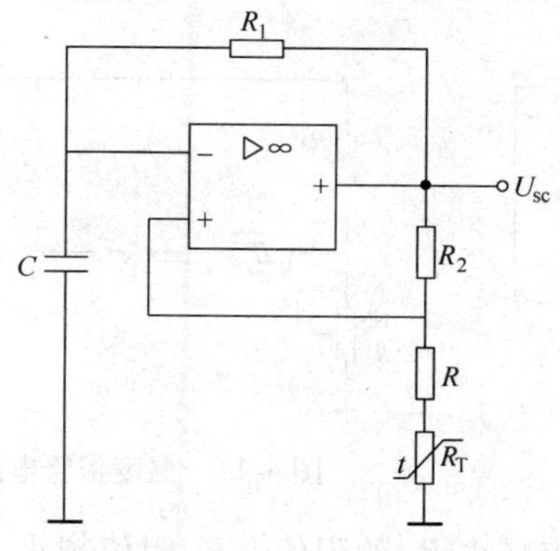

图 4-7　温度—频率转换电路

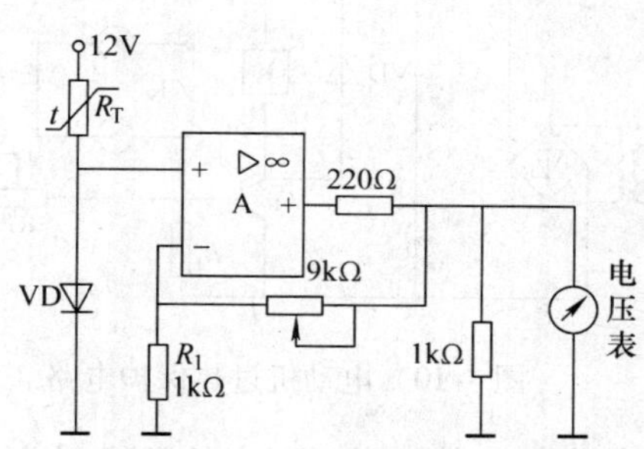

图 4-8　对数二极管温度计的电路图

2. 电冰箱、电冰柜的温度控制

电冰箱、电冰柜的温度传感器型号有 KC 系列，温控电路如图 4-9 所示，A_1 组成开机检知电路，由热敏电阻 R_T 检测当前温度转化为阻值分压，输入 A_1 比较电路，与基准比较输出不同信号控制压缩机起动；由 A_2 组成关机检知电路，原理与 A_1 基本相同；A_1，A_2 周而复始的工作，达到控制电冰箱、电冰柜内温度的目的。

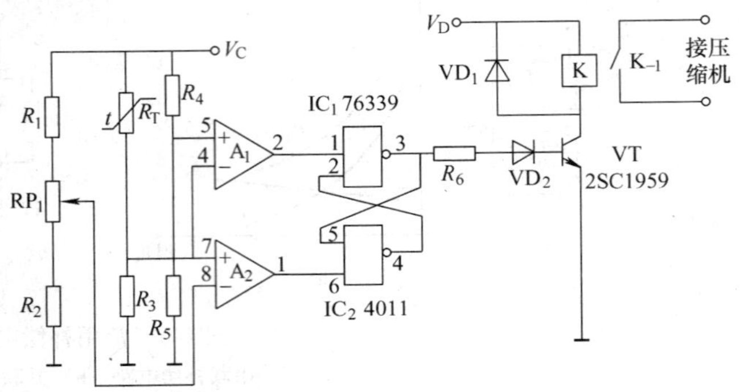

图 4-9　电冰箱、电冰柜的温度控制电路图

3. 电动机过热保护电路

生产中所用的自动车床、电热烘箱、球磨机等连续运转的机电设备，以及其他无人值守的设备，因为电动机过热或温控器失灵造成的事故时有发生，需要采取相应的保安措施。PTC 热敏电阻过热保护电路能够方便、有效地预防上述事故的发生。

图 4-10 是电动机过热保护电路，把 3 个特性相同的 PTC 热敏电阻放置在电动机定子的绕组里。正常情况下，PTC 热敏电阻器处于常温状态，它们的总电阻值小于 1kΩ。此时，VT 导通，继电器 K 得电吸合常开触点，电动机由市电供电运转。当电动机因故障局部过热时，只要有一只 PTC 热敏电阻受热超过预设温度时，其阻值就会超过 10kΩ 以上。于是 VT 截止，K 失电释放，电动机停止运转，达到保护目的。

PTC 热敏电阻的选型取决于电动机的绝缘等级。通常按照比电动机绝缘等级相对应的极限温度低 40℃左右的范围选择 PTC 热敏电阻的居里温度。例如，对于 B1 级绝缘的电动机，其极限温度为 130℃，应当选居里温度 90℃的 PTC 热敏电阻。继电器 K 的选择取决于电动机的容量。

4. 温度报警器

温度报警器电路如图 4-11 所示，常温下，调整 R_1 的阻值使斯密特触发器的输入端 A 处于低电平，则输出端 Y 处于高电平，无电流通过蜂鸣器，蜂鸣器不发声；当温度升高时，热敏电阻 R_T 阻值减小，斯密特触发器输入端 A 电势升高，当达到某一值（高电平），其输出端由高电平跳到低电平，蜂鸣器通电，从而发出报警声，R_1 的阻值不同，则报警温度不同。

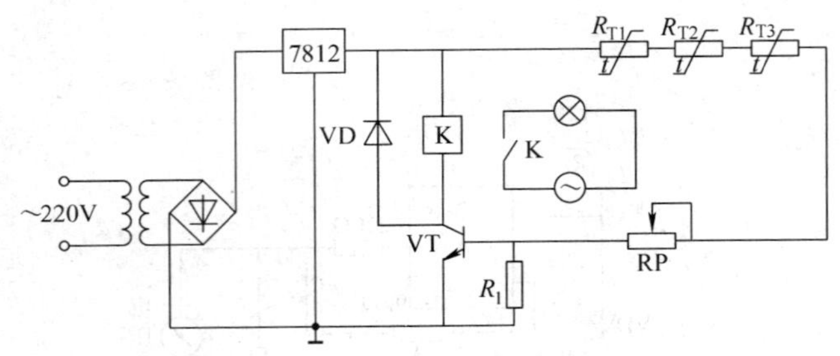

图 4-10　电动机过热保护电路

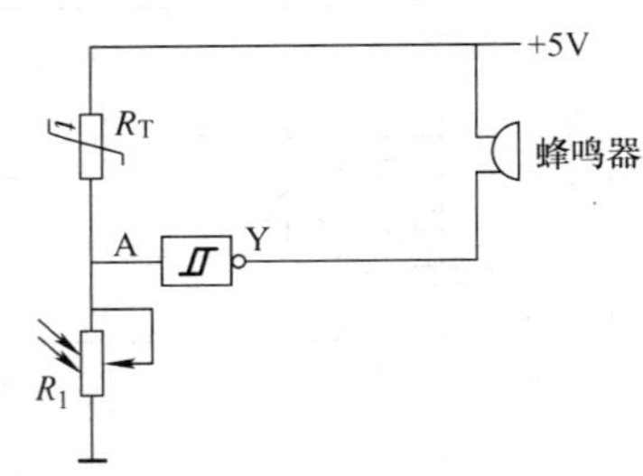

图 4-11　温度报警电路

要使热敏电阻在感测到更高的温度时才报警，应减小 R_1 的阻值。R_1 阻值越小，要使斯密特触发器输入端达到高电平，则要求热敏电阻阻值就越小，即感测到的温度就越高。

4.3 热电偶传感器

热电偶是一种被广泛应用的温度传感器，也被用来将热势差转换为电势差。它的价格低廉，易于更换，有标准接口，而且具有很大的温度量程。主要的局限是精度，小于1℃的系统误差通常较难达到。热电偶具有下列特点：

1）测量精度高。因热电偶直接与被测对象接触，不受中间介质的影响。

2）测量范围广。常用的热电偶从 -50 ~ 1600℃均可连续测量，某些特殊热电偶最低可测到 -269℃（如金铁镍铬），最高可达2800℃（如钨-铼）。

3）构造简单，使用方便。热电偶通常是由两种不同的金属丝组成，而且不受大小和开头的限制，外有保护套管，用起来非常方便。

4.3.1 热电偶的工作原理

将两种不同材料的导体或半导体 A 和 B 焊接起来，构成一个闭合回路，如图 4-12 所示为工作原理图，当导体 A 和 B 的两个接触点之间存在温差时，两者之间便产生电动势，因而在回路中形成一定大小的电流，这种现象称为热电效应。热电偶就是利用这一效应来工作的，其中，直接用作测量介质温度 T 的一端叫做工作端（也称为测量端），温度为参考温度 T_0 的另一端叫做冷端（也称为参考端）；回路中所产生的电动势称为热电动势，冷端与显示仪表或配套仪表连接，显示仪表会指出热电偶所产生的热电动势。

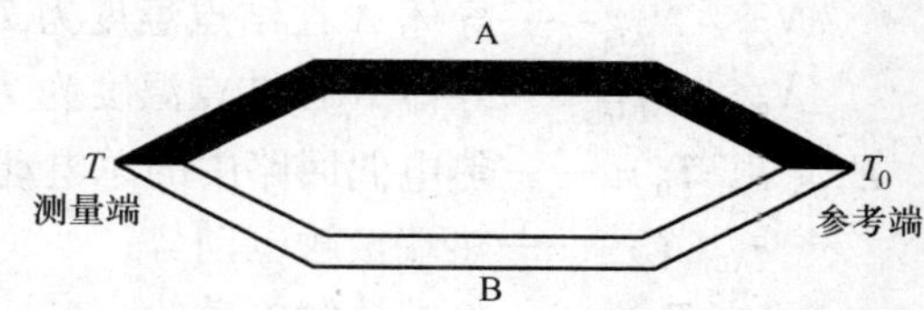

图 4-12 热电偶的工作原理图

热电偶产生的热电动势由两部分组成：一个是两种导体的接触电动势，另一个是单一导体的温差电动势。

1. 两种导体的接触电动势

两种不同材料的金属 A、B 具有不同的自由电子密度，设在温度 T 时的自由电子密度分别为 N_A 和 N_B，且 $N_A > N_B$。当两种金属相接时，接触面会发生电子扩散现象。当扩散达到动态平衡时，在 A、B 之间形成稳定的电位差，形成接触电动势 e_{AB}。

$$e_{AB}(T)=\frac{kT}{e}\ln\frac{N_A}{N_B} \tag{4-4}$$

式中 e——单位电荷，$e=1.6\times10^{-19}q$；

k——玻尔兹曼常数，$k=1.38\times10^{-23}\text{J/K}$；

T——结点的温度。

2. 单一导体的温差电动势

对于单一导体，如果两端温度分别为 T、T_0，且 $T>T_0$。导体中的自由电子，在高温端具有较大的动能，因而向低温端扩散，在导体两端产生了电动势，这个电动势称为单一导体的温差电动势。

温差电动势为：

$$e_A(T, T_0) = \int_{T_0}^{T} \sigma_A \mathrm{d}T \tag{4-5}$$

式中 T、T_0——高低端的热力学温度；

σ_A——汤姆逊系数，表示导体两端的温度差为1℃时所产生的温差电动势。

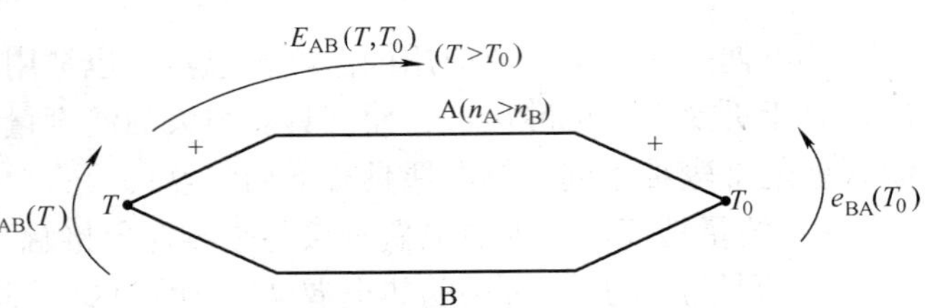

图4-13 热电偶的热电动势

用小写 e 表示接触或温差电势，用大写 E 表示回路总电动势，且 $T>T_0$，则热电偶回路中产生的总热电动势 E_{AB}，如图4-13所示。

$$\begin{aligned} E_{AB}(T,T_0) &= e_{AB}(T) + e_B(T,T_0) + e_{BA}(T_0) + e_A(T,T_0) \\ &= \frac{KT}{e}\ln\frac{N_{AT}}{N_{BT}} - \frac{KT_0}{e}\ln\frac{N_{AT_0}}{N_{BT_0}} + \int_{T_0}^{T}(\sigma_B - \sigma_A)\mathrm{d}T \end{aligned} \tag{4-6}$$

式中 σ_A，σ_B——导体A、B的汤姆逊系数；

N_{AT}，N_{AT_0}——导体A在结点温度为 T、T_0 时的电子密度；

N_{BT}，N_{BT_0}——导体B在结点温度为 T、T_0 时的电子密度；

$E_{AB}(T, T_0)$ ——热电偶回路中的总电动势；

$e_{AB}(T)$ ——热端接触电动势；

$e_{BA}(T_0)$ ——冷端接触电动势；

$e_B(T, T_0)$ ——B导体温差电动势；

$e_A(T, T_0)$ ——A导体温差电动势。

在总电动势中，温差电动势比接触电动势小很多，可忽略不计，则热电偶的热电动势可表示为：

$$E_{AB}(T,T_0) = e_{AB}(T) - e_{AB}(T_0) \tag{4-7}$$

工程中标定热电偶时，令 $e_{AB}(T_0) = f(T_0) = f(0)$，则总的热电动势就只与温度 T 成单值函数关系，即 $E_{AB}(T,T_0) = e_{AB}(T) - C = f(T)$。

实际应用中，热电动势与温度之间的关系是通过热电偶分度表来确定的。分度表是在参考端温度为0℃时，通过实验建立起来的热电动势与工作端温度之间的数值对应关系。

热电偶实际上是一种能量转换器，它将热能转换为电能，用所产生的热电动势测量温度，对于热电偶的热电动势，应注意如下几个问题：

1）热电偶的热电动势是热电偶两端温度函数的差，而不是热电偶两端温度差的函数。

2）热电偶所产生的热电动势的大小，当热电偶的材料是均匀时，与热电偶的长度和直径无关，只与热电偶材料的成分和两端的温差有关。

3）当热电偶的两个热电偶丝材料成分确定后，热电偶热电动势的大小，只与热电偶的温度差有关；若热电偶冷端的温度保持一定，热电偶的热电动势仅是工作端温度的单值函数。在热电偶回路中接入第3种金属材料时，只要该材料两个接点的温度相同，热电偶所产生的热电动势将保持不变，即不受第3种金属接入回路中的影响。因此，在热电偶测温时，可接入测量仪表，测得热电动势后，即可知道被测介质的温度。

热电偶测量温度时要求其冷端（测量端为热端，通过引线与测量电路连接的端称为冷端）的温度保持不变，其热电动势大小才与测量温度呈一定的比例关系。若测量时，冷端的（环境）温度变化，将严重影响测量的准确性。在冷端采取一定措施补偿由于冷端温度变化造成的影响称为热电偶的冷端补偿。

4.3.2 热电偶的结构形式及材料

常用热电偶可分为标准热电偶和非标准热电偶两大类。所谓标准热电偶是指国家标准规定了其热电动势与温度的关系、允许误差、并有统一的标准分度表的热电偶，如表4-4为K型热电偶的分度表，它有与其配套的显示仪表可供选用。非标准化热电偶在使用范围或数量级上均不及标准化热电偶，一般也没有统一的分度表，主要用于某些特殊场合的测量。标准化热电偶我国从1988年1月1日起，热电偶和热电阻全部按IEC国际标准生产，并指定S、B、E、K、R、J、T 7种标准化热电偶为我国统一设计型热电偶。

表4-4 镍铬－镍硅热电偶（K型）分度表（参考端温度为0℃）

温度/℃	0	10	20	30	40	50	60	70	80	90
	热电动势/mV									
0	0.000	0.397	0.798	1.203	1.611	2.022	2.436	2.850	3.266	3.681
100	4.095	4.508	4.919	5.327	5.733	6.137	6.539	6.939	7.338	7.737
200	8.137	8.537	8.938	9.341	9.745	10.151	10.560	10.969	11.381	11.793
300	12.207	12.623	13.039	13.456	13.874	14.292	14.712	15.132	15.552	15.974
400	16.395	16.818	17.241	17.664	18.088	18.513	18.938	19.363	19.788	20.214
500	20.640	21.066	21.493	21.919	22.346	22.772	23.198	23.624	24.050	24.476
600	24.902	25.327	25.751	26.176	26.599	27.022	27.445	27.867	28.288	28.709
700	29.128	29.547	29.965	30.383	30.799	31.214	31.214	32.042	32.455	32.866
800	33.277	33.686	34.095	34.502	34.909	35.314	35.718	36.121	36.524	36.925
900	37.325	37.724	38.122	38.915	38.915	39.310	39.703	40.096	40.488	40.879
1000	41.269	41.657	42.045	42.432	42.817	43.202	43.585	43.968	44.349	44.729
1100	45.108	45.486	45.863	46.238	46.612	46.985	47.356	47.726	48.095	48.462
1200	48.828	49.192	49.555	49.916	50.276	50.633	50.990	51.344	51.697	52.049
1300	52.398	52.747	53.093	53.439	53.782	54.125	54.466	54.807	—	—

1. 结构形式

热电偶广泛应用于工业生产过程温度测量，根据它们的用途和安装位置不同，具有多种结构形式。

（1）普通型热电偶

普通型热电偶的结构如图4-14所示，通常由热电极、绝缘套管、保护套管和接线盒等部分组成。

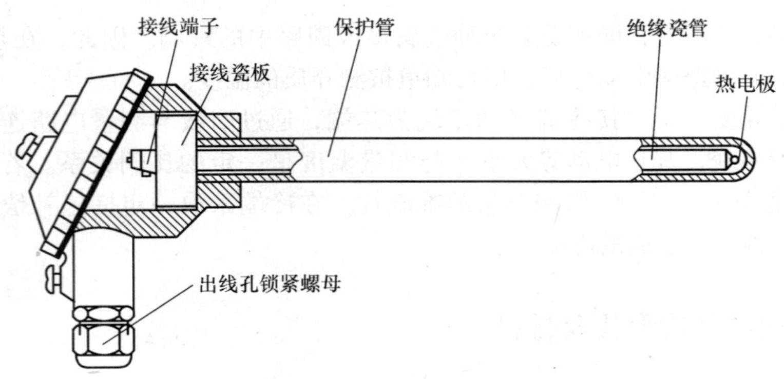

图 4-14　普通型热电偶的结构

热电极作为测温敏感元器件，是热电偶温度传感器的核心部分，其测量端通常采用焊接方式构成。两热电极之间要求有良好的绝缘，绝缘套管用于防止两根热电极短路。为延长热电偶的使用寿命，使之免受化学和机械损伤，通常将热电极（含绝缘套管）装入保护管内，起到保护、固定和支撑热电极的作用。热电偶的接线盒用来固定接线座和连接外接导线之用，起着保护热电极免受外界环境侵蚀和外接导线与接线柱良好接触的作用。

（2）铠装热电偶

铠装热电偶又称套管热电偶，是由热电极（热电偶丝）、绝缘材料和金属套管三者经拉伸加工而成的坚实组合体，结构如图 4-15 所示。它可以做得很细很长，使用中随需要能任意弯曲。铠装热电偶的主要优点是测温端热容量小，动态响应快，机械强度高，可弯曲安装在结构复杂的装置上，因此被广泛应用在许多工业部门中。

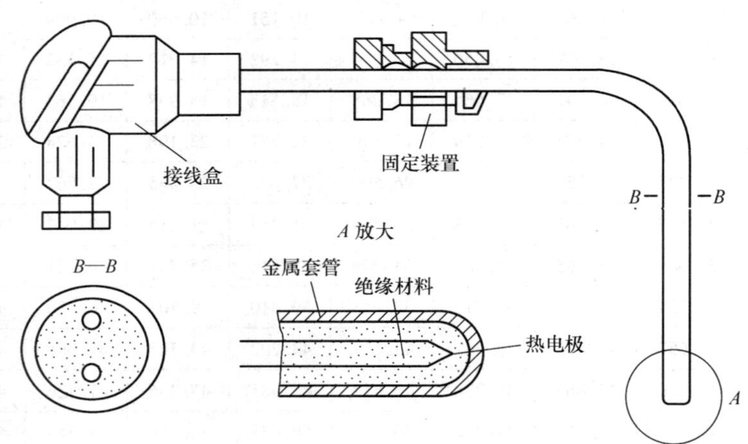

图 4-15　铠装热电偶的结构

（3）薄膜热电偶

薄膜热电偶是由两种薄膜热电极材料，用真空蒸镀、化学涂层等方法蒸镀到绝缘基板上面制成的一种特殊热电偶，结构如图 4-16 所示，薄膜热电偶的热接点可以做得很小（可薄到 0.01～0.1μm），具有热容量小、反应速度快等特点，热响应时间达到微秒级，适用于微小面积上的

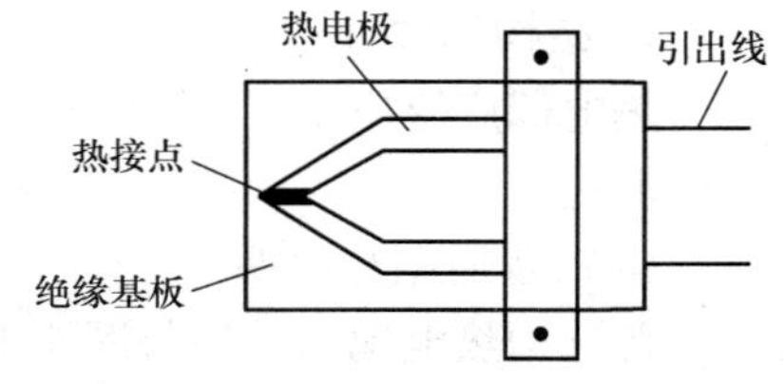

图 4-16　薄膜热电偶的结构

表面温度以及快速变化的动态温度测量。

为了保证热电偶可靠、稳定地工作，对它的结构要求如下：

1）组成热电偶的两个热电极的焊接必须牢固；

2）两个热电极彼此之间应很好地绝缘，以防短路；

3）补偿导线与热电偶自由端的连接要方便可靠；

4）保护套管应能保证热电极与有害介质充分隔离。

2. 常用热电偶材料

从理论上讲，任何两种不同导体（或半导体）都可以配制成热电偶，但是作为实用的测温元器件，对它的要求是多方面的。为了保证工程技术中的可靠性，以及足够的测量精度，并不是所有材料都能组成热电偶，一般情况下，对热电偶的电极材料的基本要求是：

1）在测温范围内，热电性能稳定，不随时间而变化，有足够的物理化学稳定性，不易氧化或腐蚀。

2）电阻温度系数小，电导率高，比热容小。

3）测温中产生热电动势要大，并且热电动势与温度之间呈线性或接近线性的单值函数关系。

4）材料复制性好，机械强度高，制造工艺简单，价格便宜。

常用的工业热电偶分度号和热电极材料如表4-5所示，几种国际通用不同电极材料的热电偶特性对比如表4-6所示。

表4-5 工业热电偶分度号与热电极材料

热电偶分度号	热电极材料	
	正　极	负　极
S	铂铑合金（铑含量10%）	纯铂
R	铂铑合金（铑含量13%）	纯铂
B	铂铑合金（铑含量30%）	铂铑合金（铑含量6%）
K	镍铬合金	镍硅合金
T	纯铜合金	铜镍合金
J	铁	铜镍合金
N	镍铬硅合金	镍硅合金
E	镍铬合金	铜镍合金

表4-6 几种国际通用热电偶特性表

名称	分度号	测温范围/℃	100℃时的热电动势/mV	1000℃时的热电动势/mV	特　点
铂铑30—铂铑6①	B	50~1820	0.033	4.834	熔点高，测温上限高，性能稳定，精度高，100℃以下热电动势极小，所以可不必考虑冷端温度补偿；价格昂贵，热电动势小，线性差；只适用于高温域的测量
铂铑13—铂	R	-50~1768	0.647	10.506	使用上限较高，精度高，性能稳定，复现性好；但热电动势较小，不能在金属蒸气和还原性气氛中使用，在高温下连续使用时特性会逐渐变坏，价格昂贵；多用于精密测量

（续）

名称	分度号	测温范围/℃	100℃时的热电动势/mV	1000℃时的热电动势/mV	特　点
铂铑 10—铂	S	-50～1768	0.646	9.587	优点同上；但性能不如 R 热电偶；长期以来曾经作为国际温标的法定标准热电偶
镍铬—镍硅	K	-270～1370	4.096	41.276	热电动势大，线性好，稳定性好，价廉；但材质较硬，在 1000℃以上长期使用会引起热电动势漂移；多用于工业测量
镍铬硅—镍硅	N	-270～1300	2.744	36.256	是一种新型热电偶，各项性能均比 K 热电偶好，适宜于工业测量
镍铬—铜镍（康铜）	E	-270～800	6.319	—	热电势比 K 热电偶大 50% 左右，线性好，耐高湿度，价廉；但不能用于还原性气氛；多用于工业测量
铁—铜镍（康铜）	J	-210～760	5.269	—	价格低廉，在还原性气体中较稳定；但纯铁易被腐蚀和氧化；多用于工业测量
铜—铜镍（康铜）	T	-270～400	4.279	—	价格低廉，加工性能好，离散性小，性能稳定，线性好，精度高；铜在高温时易被氧化，测温上限低；多用于低温域测量。可作（-200～0）℃温域的计量标准

① 铂铑 30 表示该合金含 70% 的铂及 30% 的铑，以下类推。

4.3.3 热电偶的基本定律

1. 均质导体定律

由同一种均质材料（导体或半导体）两端焊接组成闭合回路，无论导体截面如何以及温度如何分布，将不产生接触电动势，温差电动势相抵消，回路中总电动势为零。

可见，热电偶必须由两种不同的均质导体或半导体构成。若热电极材料不均匀，由于温度梯度的存在，将会产生附加热电动势，如图 4-17 所示为均质导体回路原理图。

2. 中间导体定律

在热电偶回路中接入中间导体（第 3 导体），如图 4-18 所示，只要中间导体两端温度相同，中间导体的引入对热电偶回路总电动势没有影响，这就是中间导体定律。

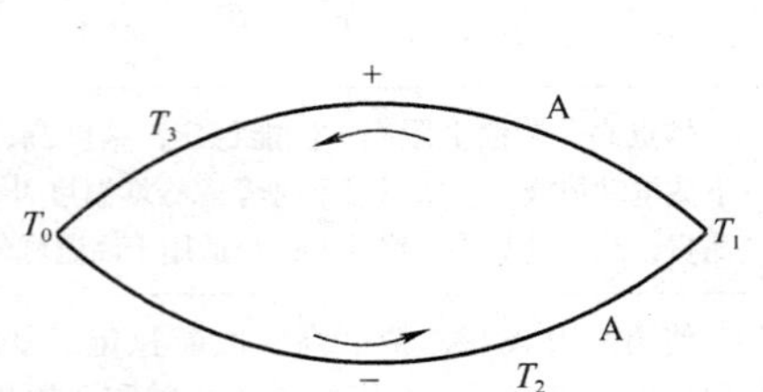

图 4-17　均质导体回路原理图

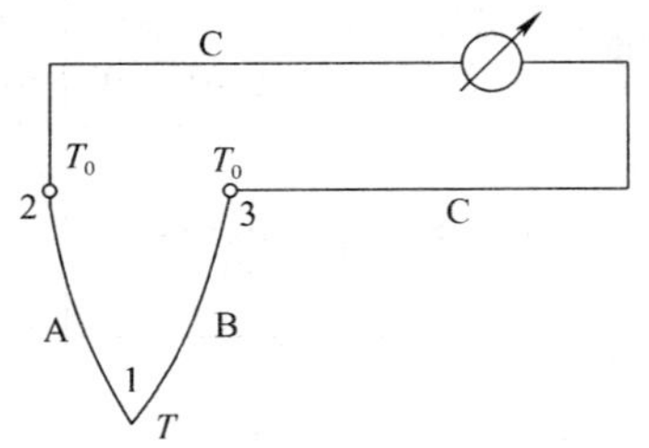

图 4-18　有中间导体的热电偶回路

如图 4-18 所示可得回路总热电动势为（忽略温差电动势）：

$$E_{ABC}(T,T_0)=e_{AB}(T)+e_{BC}(T_0)+e_{CA}(T_0)$$

当 $T=T_0$ 时

$$E_{ABC}(T,T_0)=e_{AB}(T_0)+e_{BC}(T_0)+e_{CA}(T_0)=0$$

$$-e_{AB}(T_0)=e_{BC}(T_0)+e_{CA}(T_0) \tag{4-8}$$

所以

$$E_{ABC}(T,T_0)=e_{AB}(T)+e_{BC}(T_0)+e_{CA}(T_0)=e_{AB}(T)-e_{AB}(T_0) \tag{4-9}$$

同理，在热电偶回路中接入第 4、第 5……种导体，只要保证接入的每种导体两端的温度相同，同样不影响热电偶回路中的总的热电动势大小。

应用依据中间导体定律，在热电偶实际测温应用中，常采用热端焊接、冷端开路的形式，冷端经连接导线与显示仪表连接构成测温系统。

3. 中间温度定律

热电偶回路两接点（温度为 T、T_0）间的热电动势，等于热电偶在温度为 T、T_n 时的热电势与在温度为 T_n、T_0 时的热电势的代数和。T_n 称中间温度。即：

$$E_{AB}(T,T_0)=E_{AB}(T,T_n)+E_{AB}(T_n,T_0) \tag{4-10}$$

由于热电偶 E-T 之间通常呈非线性关系，当冷端温度不为 0℃时，不能利用已知回路实际热电动势 E_{AB}（T，T_0）直接查表求取热端温度值，需按中间温度定律进行修正。使用时，可以选用廉价的热电极材料 A′、B′代替 T_n 到 T_0 段的热电极材料 A、B，只要在 T_n、T_0 温度范围内 A′、B′与 A、B 热电极具有相近的热电势特性，便可将热电极冷端延长到温度恒定的地方再测量，使测量距离加长，还可以降低测量成本，而且不受原热电偶自由端温度 T_n 的影响，如图 4-19 所示。这就是在实际测量中，对冷端温度进行修正，运用补偿导线延长测温距离，消除热电偶自由端温度变化影响的道理。

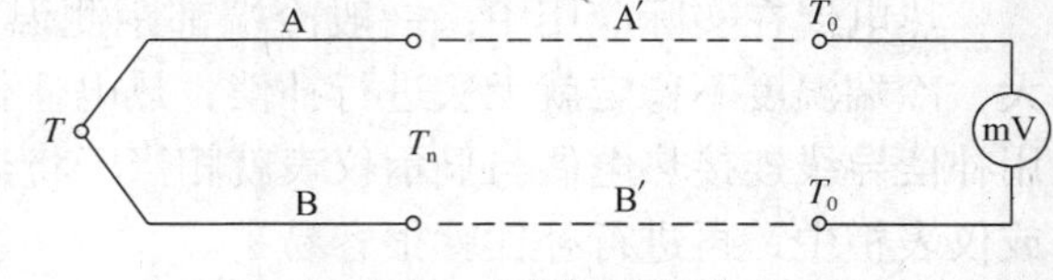

图 4-19　中间温度回路

热电动势只取决于冷、热接点的温度，而与热电极上的温度分布无关。

4. 参考电极定律

当结点温度为 T、T_0 时，用导体 A、B 组成的热电偶的热电动势等于 AC 热电偶和 CB 热电偶的热电动势的代数和，如图 4-20 所示，即：

$$E_{AB}(T,T_0)=E_{AC}(T,T_0)-E_{BC}(T,T_0) \tag{4-11}$$

导体 C 称为参考电极，故把这一性质称为参考电极定律，也称为组成定律。

参考电极定律大大简化了热电偶选配电极的工作，只要获得有关电极与参考电极配对的热电动势，那么任何两种电极配对后的热电动势均可利用该定理计算，而不需要逐个进行测定。由于纯铂丝的物理化学性能稳定，熔点较高，易提纯，因此目前常用纯铂丝作参考电极。

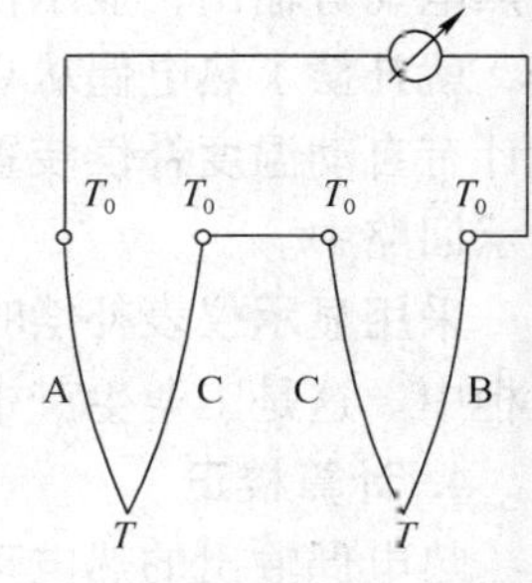

图 4-20　参考电极定律

4.3.4　热电偶冷端的温度补偿

用热电偶测温时，其产生的热电动势 $E(t,\ t_0)$ 的值取决于热电偶热端和冷端的温度差。当冷端温度 t_0 由 0℃ 升高到 t_0 时，测出的热电动势为 $E(t, t_0)$，此时热电动势减少了 $\Delta E_X = E(t, 0℃) - E(t, t_0)$。也就是说，随冷端温度的升高，测出热电动势值降低，从而产生了误差。为减小热电偶冷端温度变化所引起的误差，需要对冷端温度进行补偿。

热电偶冷端补偿方法有很多种，主要包括冰点法（0℃恒温法、冰浴法）、电桥法、二极管补偿法（半导体 PN 结）、集成温度传感器补偿法、恒温迁移补偿法、热电势修正法（计算修正法）、软件补偿法（微机法）、最小二乘拟合法、铂电阻测量冷端温度法等方法。这里简要叙述几种常用方法。

1. 冰点法

将热电偶的正负极分别与铜导线连接，并把连接点置入冰点器（盛有冰水混合物的容器）中，再将铜导线与显示仪表或电位差计连接，根据连接导体定律和均质导体定律可知，这时测得的热电动势就是热电偶的总电动势，反应的温度就是测量端的真实温度。这种方法较复杂，但准确度高，多用于计量部门和实验室中的精确测量。

2. 补偿导线法

热电偶在实际应用中，一般冷端都距测温点很近，冷端温度受热端温度变化的影响较大，冷端温度不稳定就无法进行补偿，热电偶做得太长又不经济。根据连接导体定律可知，用补偿导线连接热电偶与显示仪表就相当于将热电偶的冷端延长到了温度相对稳定的控制室或仪表柜中，再进行补偿就很容易了。

使用补偿导线必须注意两个问题：

1）两根补偿导线与热电偶相连的接点温度必须相同。

2）不同的热电偶要与其型号相应的补偿导线配套使用，且必须在规定的温度范围内使用，极性不能接反。

3）补偿导线只起延长热电极的作用，并不能消除冷端温度不为 0℃ 时的影响。

3. 显示仪表补偿

将热电偶的正负极直接用补偿导线引入到显示仪表中，在室温时冷端、热端温度相等没有热电动势输出，显示仪表一般显示为 0℃。如果将显示仪表的零位设置为当前的环境温度，就补偿了热电偶从 0℃ 到当前的环境温度这一段的热电动势。现在显示控制仪表内部都设计有自动温度补偿装置，具体补偿的温度将由内置电阻测得当前的环境温度自动加进温度显示回路中。

采用显示仪表补偿时一定要用补偿导线把热电偶的冷端引到温度相对稳定的控制室或仪表柜中。这是工业生产中使用最广泛的热电偶冷端温度补偿方法。

4. 计算校正

热电偶输出的热电动势实际上是热端温度对应的电势值减去冷端温度对应的电势值之差。如果冷端温度恒定可测（一般采用补偿导线将冷端引到温度相对稳定的控制室或仪表柜中），那么实际应用中就可以通过显示仪表修正或计算修正两种方法进行冷端温度补偿，而不需采用复杂的冰点器。计算举例如下：

用 K 型热电偶测电炉温度，用 KC 型补偿导线连接热电偶和电位差计，电位差计测得热电动势为 33.297mV，电位差计所处位置的环境温度为 20℃，那么热电偶此时测得的电炉的实际温度为：

$$E(t,0)=E(t,20)+E(20,0)=33.297\text{mV}+0.798\text{mV}=34.095\text{mV}$$

查 K 型分度表可知：20℃对应的热电动势为 0.798mV，34.095mV 对应的温度值为 820℃，820℃就是热电偶此时测得的电炉的实际温度。如果不进行补偿，33.297mV 对应的温度值为 800℃，相差 20℃。

实际应用中，要根据热电偶的测温原理及定律，灵活运用热电偶冷端补偿方法。根据现场条件决定采用哪种补偿方法，有时还要同时采用两种补偿方法。注意不要把冷端温度简单地加进显示温度中，而要换算成电动势值进行计算，最后再查分度表换算回温度值。

4.3.5 热电偶的应用

1. 热电偶测温在某热轧板厂中的应用

某热轧板厂有两座加热炉，加热炉为均热段平炉顶、上加热和上预热段轴向供热、下部侧向供热、滚轮斜台面式的板坯步进梁式加热炉。

加热炉分 6 个燃烧控制段进行加热，加热炉各段炉温测量设两支热电偶、采用的是 S 分度号的热电偶，一般使用温度为 1100～1300℃。热电偶可选择两种方式：工作模式（选择两支热电偶中的高选值进行燃烧控制）、维护模式（当任何一支热电偶出现故障时，输入信号自动切换到另一支热电偶）。在一般情况下，温度控制器只使用其中一支热电偶信号，而另一支热电偶信号仅作监视用。热电偶所测温度作为温度调节器的输入信号，温度调节器的输出信号经过处理作为空气、煤气调节器的设定值控制空气、煤气阀门开度，最终实现对加热温度的控制。热电偶测温的准确可靠是热工制度正确执行、热轧产品质量得以保证的重要前提。

2. 盐浴炉温度控制系统

盐浴炉指用熔融盐液作为加热介质、将工件浸入盐液内加热的工业炉。盐浴炉温度控制系统利用 S 型铂铑—铂热电偶检测温度，热电偶进行冷端补偿，热电偶检测的信号通过放大、采样保持、模数转换再送单片机保存，采用分段查表法获取各点温度。选用可控硅过零触发自动控制盐浴炉温度，控制周期为 100 个三相交流市电周期，即 2s，由单片机控制可按预设温度曲线进行加热，并可实时显示加温曲线。总体框图如图 4-21 所示。

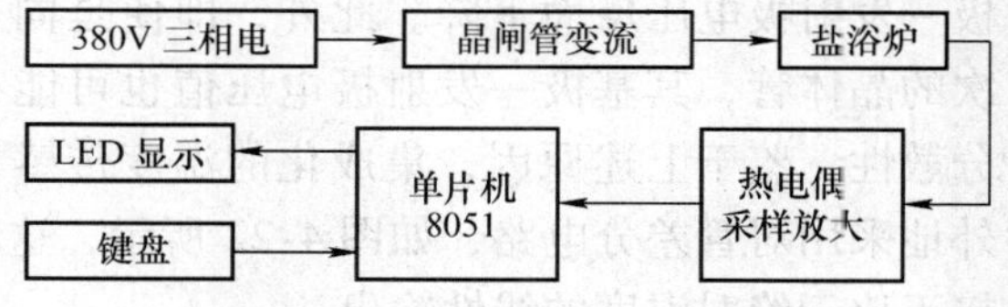

图 4-21 盐浴炉温度控制系统框图

4.4 集成温度传感器

集成电路温度传感器是将作为感温器件的温敏晶体管及其外围电路集成在同一单片上的温度传感器。与分立元器件的温度传感器相比，这种新型温度传感器的最大优点在于小型化，使用方便和成本低廉，成为半导体温度传感器的主要发展方向之一。

集成电路温度传感器的典型工作温度范围 −50～+150℃（即 223～423K），具体数值可因型号和封装形式不同而异。

集成电路温度传感器可分为电压型、电流型和频率输出型，其中前两种应用较为广泛。

（1）电压输出型

电压型温度传感器是将温度传感器基准电压、缓冲放大器集成在同一芯片上，制成三端或四端器件。因器件有放大器，故输出电压高、线性输出为10mV/℃，另外，由于其输出阻抗低的特性，抗干扰能力弱，故不适合长线传输。这类温度传感器特别适合于工业现场测量。优点是直接输出电压，且输出阻抗低，易于读出测量数据或控制电路接口。

（2）电流输出型

电流型温度传感器是把线性集成电路和与之相容的薄膜工艺元器件集成在一块芯片上，再通过激光修版微加工技术，制造出性能优良的测温传感器。输出阻抗极高，因此可以简单地使用双股绞线进行数百米远的精密温度遥感或遥测，而不必考虑长馈线上引起的信号损失和噪声问题；也可以用于多点温度测量系统中，而不必考虑选择开关或多路转换器引入的接触电阻造成的误差。

（3）频率输出型

具有与电流输出型相似的优点。

4.4.1 测温原理

集成温度传感器的测温原理是基于晶体管的PN结随温度变化而产生漂移现象研制的。众所周知，晶体管PN结的这种温漂，会给电路的调整带来极大的麻烦。但是，利用PN结的温漂特性来测量温度，可研制成半导体温度传感元器件。

如前所述，晶体管的基极一发射极电压在恒定集电极电流条件下，可以认为与温度呈线性关系。但是，严格地说，这种线性关系是不完全的，即关系式中存在非线性项。另一方面，这种关系也不直接与任何温标（绝对、摄氏、华氏或其他温标）相对应。实际上，随着温度升高，基极－发射极电压反而下降。此外，即使是同一型号同一批次的晶体管，其基极一发射极电压值也可能有±100mV的分散性。鉴于上述原因，集成化的温度传感器几乎无一例外地采用对管差分电路，如图4-22所示，这种电路给出直接正比于绝对温度的线性输出。

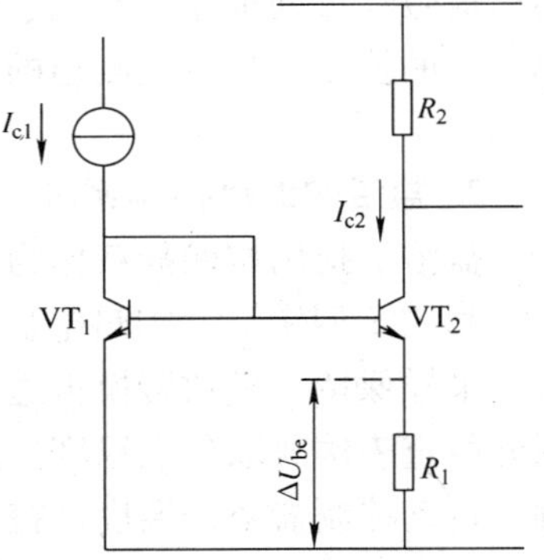

图4-22　对管差分电路原理图

图4-22为对管差分电路的原理图。VT$_1$和VT$_2$是结构和性能上完全相同的晶体管，它们分别在不同的集电极电流I_{c1}和I_{c2}下工作。由图可见，$U_{be1}-\Delta U_{be}-U_{be2}=0$，即电阻$R_1$上得到的电压为两管基极一发射极电压差。

由于两管集电极面积相等，集电极电流比等于集电极电流密度比，即：

$$\Delta U_{be}=(k_0T/q)\ln\left(\frac{J_{c1}}{J_{c2}}\right) \tag{4-12}$$

式中，J_{c1}和J_{c2}分别是VT$_1$和VT$_2$管的集电极电流密度。

由此可见，只要设法保持两管的集电极电流密度之比不变，那么电阻R_1上的电压ΔU_{be}将正比于绝对温度。

ΔU_{be}是集成温度传感器的基本温度信号，由此可以得到所要求的与温度呈线性关系的电压或电流输出。

设两管增益极高，因此基极电流可以忽略，即集电极电流等于发射极电流，故有：

$$\Delta U_{be} = R_1 I_{c2} \tag{4-13}$$

由此可知，VT_2 的集电极电流 I_{c2}也正比于绝对温度，并因此使 R_2 上的电压也正比于绝对温度。

为使两管集电极电流（或电流密度）之比保持不变，电流源给出的流过 VT_1 的电流 I_{c1} 也必须正比于绝对温度，于是电路总电流 $I_{c1}+I_{c2}$正比于绝对温度。由此可见，图 4-22 所示原理性电路可以给出正比于绝对温度的电压，亦可给出正比于绝对温度的电流。

作为温度传感器的感温部分，常称该原理性电路为 PTAT（Proportional To Absolute Temperature）核心电路。对于 PTAT 核心电路，关键在于保证两管的集电极电流密度之比不随温度变化。因为只有实现了这一点，电路才会有正比于温度的电压或电流输出。

4.4.2 电压输出型温度传感器

1. LM35/45 系列温度传感器

如图 4-23 所示，LM35 集成温度传感器为电压输出型，常温下测温精度为 ±0.5℃以内，最大消耗电流只有 70μA，自身发热对测量精度影响在 0.1℃以内。采用 4V 以上的单电源供电时，不需要外接任何元器件，无需调整，即可构成摄氏温度计，测量温度范围为 2～150℃。采用双电源供电时，测量温度范围为 －55～150℃（金属壳封装）和 －40～110℃（T092 封装）。

2. LM135 系列集成温度传感器

LM135 系列集成温度传感器是电压输出型，其输出电压与绝对温度成正比，灵敏度为 10mV/K，只要加上外部校正电路，即可组成绝对温度测量电路。LM135 有 135A、235、235A、335、335A 等型号系列，它们大多采用塑料封装，外形如图 4-24 所示。图中还列出其电路符号、管脚功能，其中“＋”、“－”端分别接电源的正极和负极，“adj”端为调整端，供校准 25℃温度用。

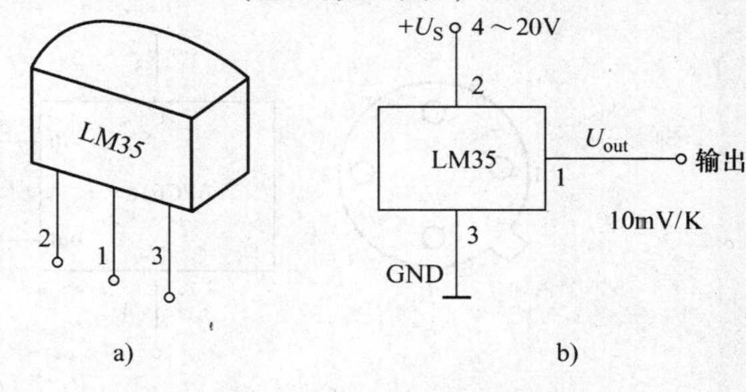

图 4-23 LM35/45 系列温度传感器

a）外形封装 b）引脚功能

当它作为两端器件工作时，相当于一个齐纳（Zener）二极管，其击穿电压正比于绝对温度，灵敏度为 10mV/K。

作为一个电压源，当工作电流在 0.4～5mA 范围内变化时，并不影响传感器的性能，因为它的动态电阻低于 1Ω。

如果在 25℃下标定，在 100℃宽的温度范围内误差小于 1℃，具有良好的输出线性。

LM135、LM235 和 LM335 的工作温度范围分别为 －55～150℃、－40～125℃和 －10～100℃。

3. μPC616 电压型集成温度传感器

μPC616 电压型集成温度传感器为 4 端电压输出型温度传感器，它由 PTAT 核心电路、参考电压源和运算放大器 3 部分组成，其 4 个端子分别为 $U+$、$U-$、输入和输出，如图 4-25所示。

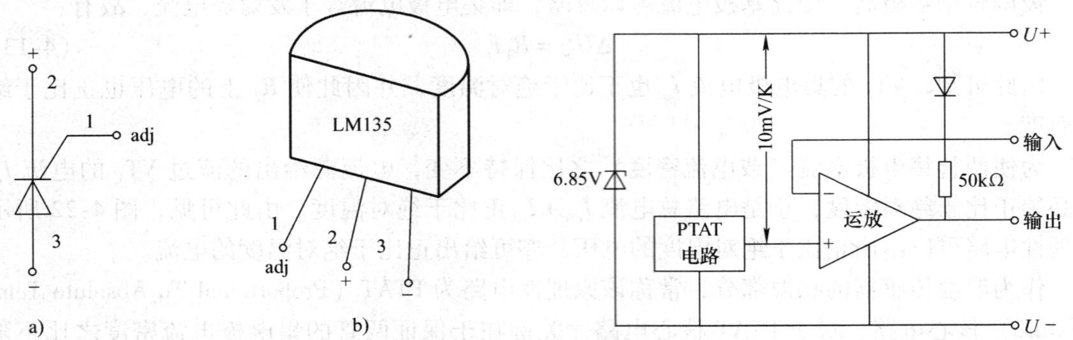

图 4-24　LM135 系列集成温度传感器

a）电路符号　b）外形及管脚功能

图 4-25　四端电压输出型温度传感器框图

如图 4-26 所示为 μPC616 外形封装、电路符号、管脚功能。μPC616 输出电压和温度成正比，灵敏度为 10mV/K（10mV/℃）。由于它在温度变化 100℃时，线性度仅变化 0.5%，所以不需要外加线性化校正电路，可直接组成绝对温度测量电路。μPC616 有 A、C 两个型号系列，它们采用金属圆管壳 4 脚封装。μPC616 集成温度传感器内部电路由基准稳压源、温度敏感元器件和运算放大器 3 大部分组成，与 LM35 系列的区别仅在于放大器反相输入端引出，可外接比较电压设定电路构成温度判定控制器电路。

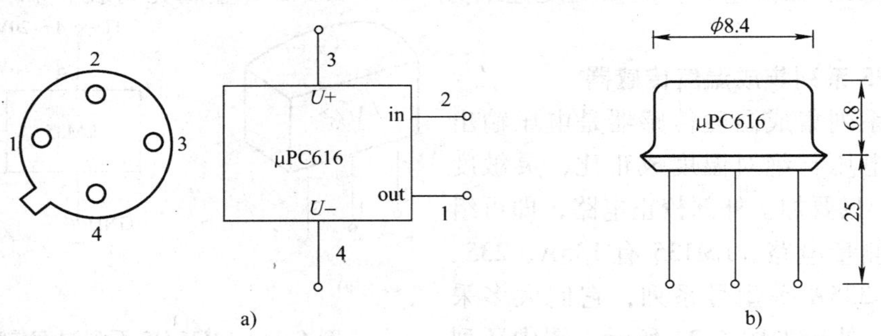

图 4-26　μPC616 电压型集成温度传感器

a）管脚功能　b）外形

4.4.3　电流输出型温度传感器

1. AD590 集成温度传感器

电流输出型温度传感器的典型产品是 AD590。这种传感器以电流作为输出量指示温度，其典型的电流温度灵敏度是 1μA/K。

它是一种两端器件，使用非常方便。作为一种高阻电流源，没有电压输出型传感器遥测或遥控应用的长馈线上的电压信号损失和噪声干扰问题，故特别适合远距离测量或控制。出于同样理由，AD590 也特别适用于多点温度测量系统，而不必考虑选择开关或 CMOS 多路转换器所引入的附加电阻造成的误差。由于电路结构独特，并利用薄膜电阻激光微调技术作最后标定，故电流输出型比电压输出型精度更高。

另外，电流输出可通过一个外加电阻很容易地变为电压输出。

AD590 的温度测量范围为 - 55 ~ 150℃，校准时精度为 ± 1.0℃，不校准时精度为 ± 1.7℃；测温灵敏度为 1μA/K，在 1kΩ 负载上可产生 1mV/K 电压；工作电压范围为 4 ~ 30V；器件本身与外壳绝缘；属于两端器件，电压输入，电流输出。外形、电路符号及内部原理框图如图 4-27 所示。

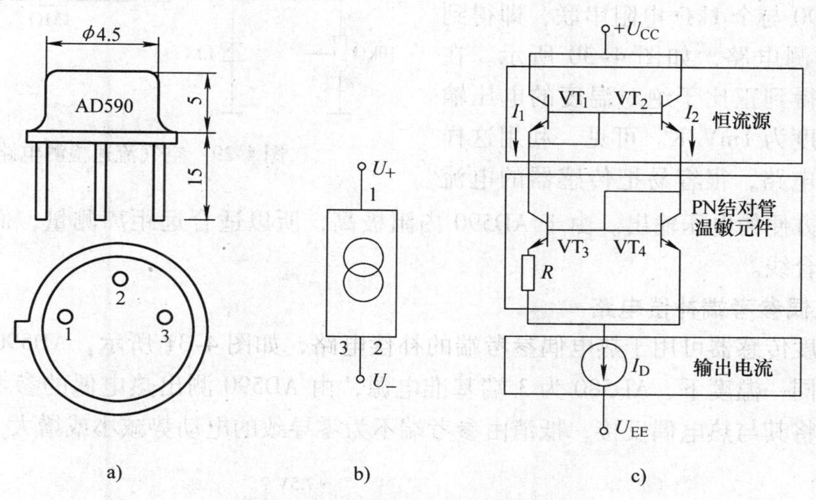

图 4-27　AD590 集成温度传感器

a）外形　b）电路符号　c）内部原理框图

2. LM134/SL134 系列集成温度传感器

LM134 是 3 端电流输出型温度传感器，其输出电流与环境温度呈线性关系。LM134 系列分为 LM134、LM234、M334 等，与 SL134 系列性能相同，彼此可以直接互换使用。如图 4-28 所示为 LM134 3 端电流输出型温度传感器外形及电路符号，LM134 系列有塑料封装和金属封装两种形式。

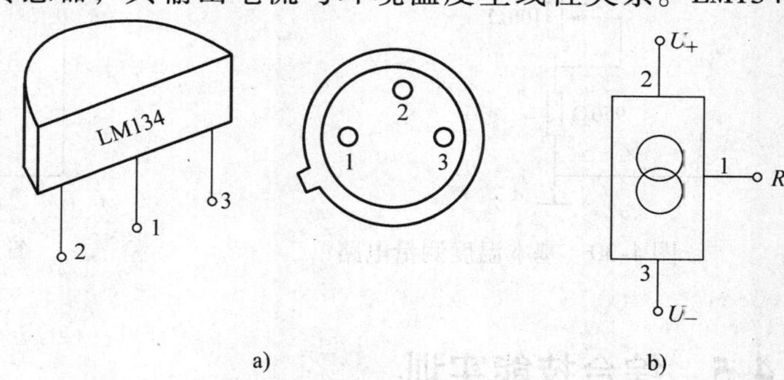

图 4-28　LM134 3 端电流输出型温度传感器

a）外形　b）电路符号

4.4.4　集成温度传感器的应用

1. 空气流速检测

传感器在自热条件下工作，即通过较大电流，使其温度高于环境温度，那么在周围空气为静止或流动两种情况下，传感器有两种输出。空气流动会加速传感器的散热过程，故输出电压也不相同。空气流速越大，传感器的散热能力越强，温度越低，输出电压越低。

在图 4-29 电路中，采用两个温度传感器 LM335。上面的工作在自热条件下，电流约为

10mA；下面的一个在小电流下工作，其自热温升可以忽略，即工作在环境温度条件下。零点标定一般在静止空气中进行，调10kΩ电位器使放大器输出为零。

注意，在标定和测量时，均应保持两个传感器在相同的环境温度下。

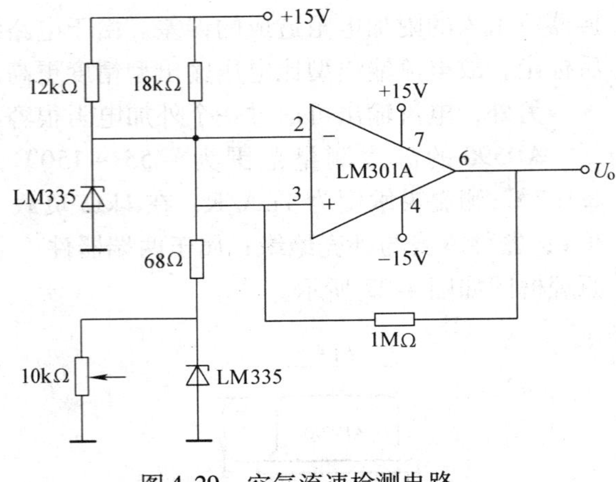

图4-29　空气流速检测电路

2. 基本温度测量电路

把AD590与个1kΩ电阻串联，即得到基本温度检测电路，如图4-30所示。在1kΩ电阻上得到正比于绝对温度的电压输出，其灵敏度为1mV/K。可见，利用这样一个简单的电路，很容易把传感器的电流输出变换为方便的电压输出。由于AD590内阻极高，所以适合远距离测量，而且馈线可采用一般双绞合线。

3. 热电偶参考端补偿电路

集成温度传感器可用于热电偶参考端的补偿电路，如图4-31所示，AD590应与热电偶参考端处于同一温度下，AD580为3端基准电源，由AD590测出热电偶的参考端温度，转化为电流，将其与热电偶反接，抵消由参考端不为零导致的电动势减小或增大。

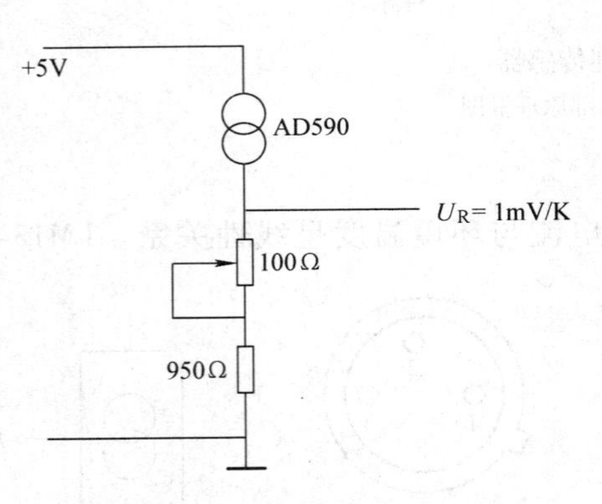

图4-30　基本温度测量电路

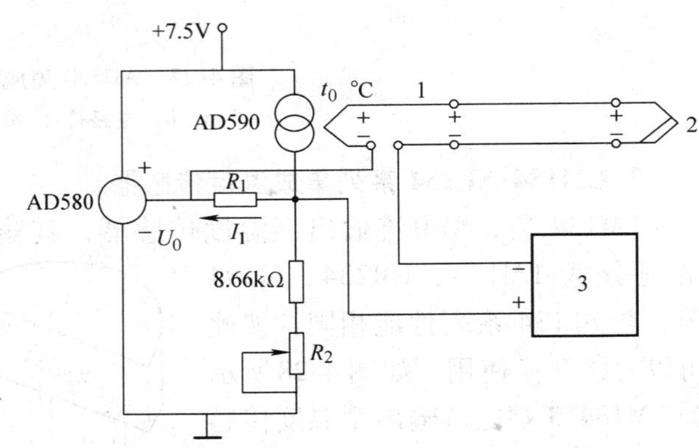

图4-31　热电偶参考端的补偿电路

4.5　综合技能实训

4.5.1　实训1　热电偶温度测控系统

1. 实训目的

1）了解常用热电偶温度传感器的结构特点及构成方法。

2）掌握热电偶温度传感器基本测量放大电路的基本结构。

3）熟悉集成运算放大器 OP07 的使用。

2. 实训仪器及器材

（1）直流稳压电源

（2）电烙铁

（3）K 型螺钉式热电偶 1 只

3. 实训电路

K 型热电偶的放大电路如图 4-32 所示。

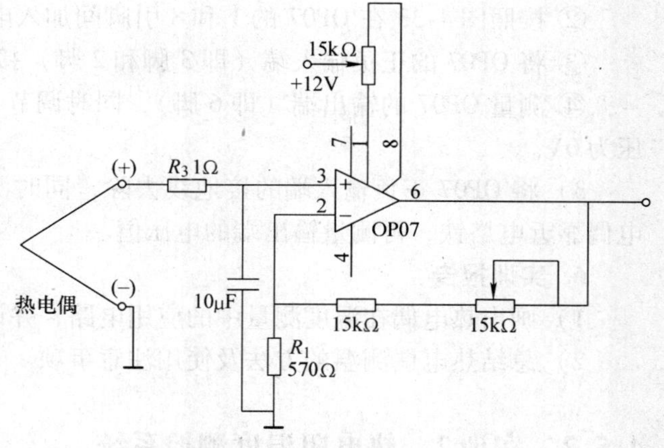

图 4-32　K 型热电偶的放大电路

4. 实训原理

（1）热电偶的测量原理

热电偶的测量原理是基于热电效应，将两种不同导体两端连接在一起组成闭合回路，并使两端处于不同温度环境，在回路中会产生热电动势而形成电流，这一现象称为热电效应。因此，我们可从利用电流的变化来判断环境的温度。

（2）集成运放 OP07 构成同相放大电路工作原理

OP07 是高精度低失调电压的精密运放集成电路如图 4-33 所示，用于微弱信号的放大，如果使用双电源能达到最好的放大效果。由运放 OP07 构成同相放大电路，原理如图 4-34 所示：

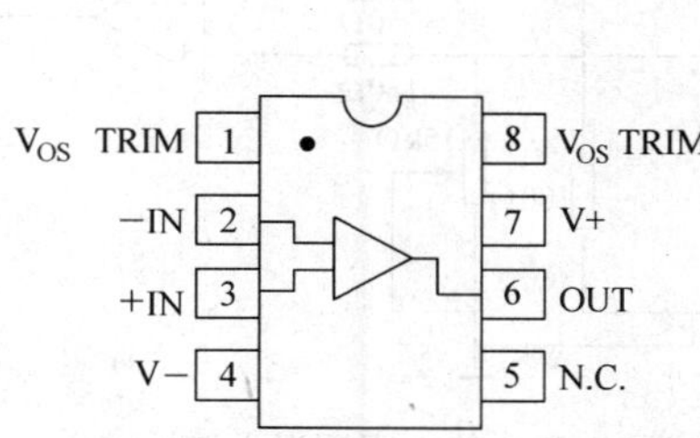

图 4-33　集成运放 OP07 的引脚图

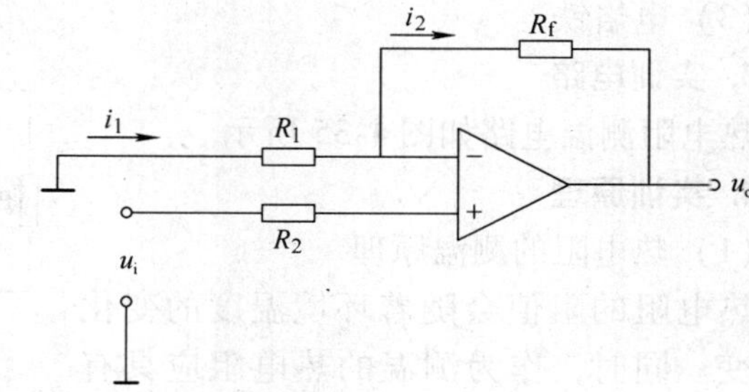

图 4-34　同相放大原理

$$u_- \approx u_+ = u_i$$

$$i_1 \approx i_f$$

可得：

$$i_1 = -\frac{u_-}{R_1} = -\frac{u_i}{R_1} \approx i_f = \frac{u_- - u_o}{R_f} \tag{4-14}$$

放大倍数：

$$A_{uf} = \frac{u_o}{u_i} = 1 + \frac{R_f}{R_1} \tag{4-15}$$

5. 实训步骤

1）对照实训电路图 4-32，将电路连接好，采用直流稳压电源为运放 OP07 供电。

2）集成运放 OP07 进行调零。

调试步骤：

① 按照图 4-33 在 OP07 的 4 和 7 引脚间加入 −12V 和 +12V 双电源。

② 按照图 4-33 在 OP07 的 1 和 8 引脚间加入电位器。

③ 将 OP07 的正负输入端（即 3 脚和 2 脚）接地，使其输入均为 0。

④ 测量 OP07 的输出端（即 6 脚），同时调节 1 和 8 脚间的电位器，使其输出端输出电压为 0V。

3）将 OP07 正负输入端的接地线去除，同时测量输出端的电压值。电烙铁接电，将热电偶靠近电烙铁，再测量输出端的电压值。

6. 实训报告

1）画出热电偶在温度测量中的应用电路，并说明电路工作原理。

2）总结热电偶测温的方法及使用注意事项。

4.5.2 实训 2 热电阻温度测控系统

1. 实训目的

1）了解常用热电阻温度传感器的结构特点及构成方法。

2）掌握热电阻温度传感器基本测量放大电路的基本结构。

3）熟悉集成运算放大器 OP07 的使用。

2. 实训仪器及器材

（1）直流稳压电源

（2）Pt100 热电阻 1 只

（3）电烙铁

3. 实训电路

热电阻测温电路如图 4-35 所示。

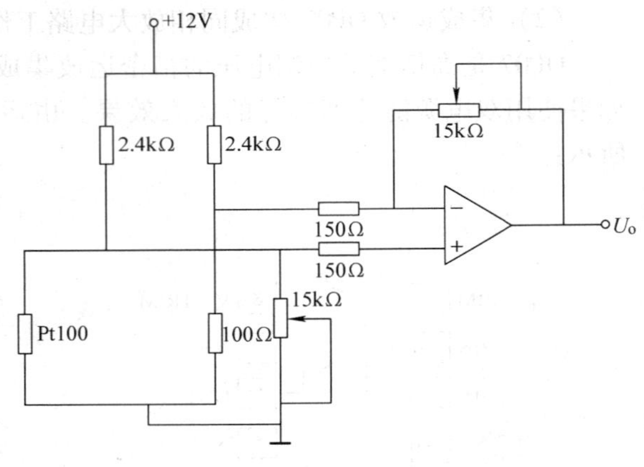

图 4-35 热电阻测温电路

4. 实训原理

（1）热电阻的测温原理

热电阻的阻值会随着环境温度的变化而改变。同时，作为测温的热电阻应具有以下特点：

1）电阻温度系数大，已获得较高的灵敏度。

2）电阻率高，元器件尺寸小。

3）电阻值随温度变化尽量是线性关系。

4）在测温范围内物理、化学性能稳定。

5）材料质纯，加工方便、价格便宜。

（2）集成运放 OP07 构成差动放大电路工作原理

OP07 是高精度低失调电压的精密运放集成电路，引脚图如图 4-33 所示。利用运放搭接差动放大电路，原理如图 4-36 所示：

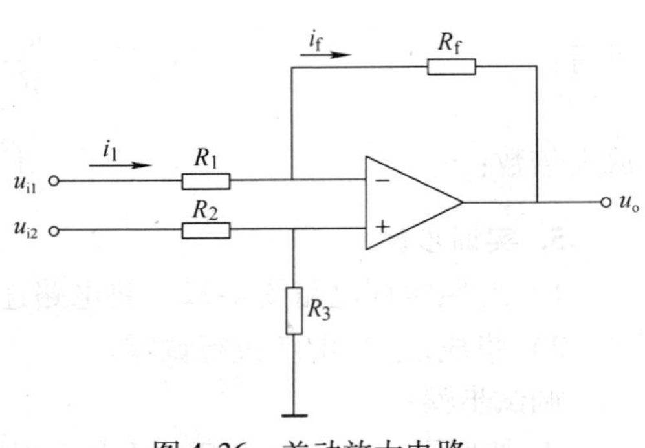

图 4-36 差动放大电路

$$u_- = u_{i1} - i_1 R_1 = u_{i1} - \frac{u_{i1} - u_o}{R_1 + R_f} R_1$$

$$u_{+}=\frac{u_{i2}}{R_2+R_3}R_3$$

若 $\frac{R_f}{R_1}=\frac{R_3}{R_2}$ 则

$$u_o=\frac{R_f}{R_1}(u_{i2}-u_{i1}) \tag{4-16}$$

$$A_{uf}=\frac{R_f}{R_1} \tag{4-17}$$

5. 实训步骤

1）对照原理电路图4-35将电路连接好，采用直流稳压电源供电。

2）差动放大电路调节：

调试步骤：

① 按图4-35将电路连接好。在OP07的4和7引脚间加入 -12V 和 +12V 双电源。

② 按图4-36将 u_{i1} 和 u_{i2} 两端接地。

③ 测量OP07的输出端（即6脚），同时调节两个15kΩ的电位器，使其输出端输出电压为0V。

④ 将OP07正负输入端的接地线去除，同时测量输出端的电压值。将电烙铁接电，使热电阻传感器靠近电烙铁，再测量输出端的电压值。

6. 实训报告

1）画出热电阻在温度测量中的应用电路，并说明电路工作原理。

2）总结热电阻测温的方法及使用注意事项。

4.6 小结

1）温度是生产、生活中经常测量的变量。本章重点介绍了热电偶、热电阻、热敏电阻和集成温度传感器等常用于温度和与温度有关的参量进行检测的传感器。

2）热电阻传感器主要是利用电阻值随温度变化而变化这一特性来测量温度及与温度有关的参数。在温度检测精度要求比较高的场合，这种传感器比较适用。目前较为广泛的热电阻材料为铂、铜、镍等，它们具有电阻温度系数大、线性好、性能稳定、使用温度范围宽、加工容易等特点。用于测量 -200℃ ~ +500℃范围内的温度。

3）热敏电阻是一种电阻值随温度变化的半导体传感器。它的温度系数很大，比温差电偶和线绕电阻测温元器件的灵敏度高几十倍，适用于测量微小的温度变化。热敏电阻体积小、热容量小、响应速度快，能在空隙和狭缝中测量。它的阻值高，测量结果受引线的影响小，可用于远距离测量。它的过载能力强，成本低廉。但热敏电阻的阻值与温度为非线性关系，所以它只能在较窄的范围内用于精确测量。热敏电阻在一些精度要求不高的测量和控制装置中得到广泛应用。

4）热电偶是一种被广泛应用的温度传感器，也被用来将热势差转换为电势差。它的价格低廉，易于更换，有标准接口，而且具有很大的温度量程。主要的局限是精度，小于1℃的系统误差通常较难达到。

5）集成电路温度传感器是将作为感温器件的温敏晶体管及其外围电路集成在同一单片上的温度传感器。与分立元器件的温度传感器相比，这种新型温度传感器的最大优点在于小型化，使用方便和成本低廉，成为半导体温度传感器的主要发展方向之一。

4.7 习题

1. 热电阻传感器主要分为几种类型？它们应用在什么不同场合？
2. 半导体热敏电阻的主要优缺点是什么？在电路中是怎样克服的？
3. 热电偶冷端温度对热电偶的热电动势有什么影响？为消除冷端温度影响可采用哪些措施？
4. 集成温度传感器的测温原理，有何特点？
5. 如果需要测量 1000℃和 20℃温度时，分别宜采用哪种类型的温度传感器？
6. 什么叫热电动势、接触电动势和温差电动势？说明热电偶测温原理及其工作定律的应用。分析热电偶测温的误差因素，并说明减小误差的方法。

第5章　光电传感技术

学习要点

① 了解光电式传感技术的基本原理。
② 掌握光敏二极管、光敏晶体管、光敏电阻、光电池等光电元器件的结构、特性及应用。
③ 熟悉光纤传感器、电荷耦合器件和红外传感器的结构、特性及应用。

光电传感器是采用光电元器件作为检测元器件的传感器。它首先把被测量的变化转换成光信号的变化，然后借助光电元器件进一步将光信号转换成电信号。光电传感器一般由光源、光学通路和光电元器件3部分组成。光电式传感器是以光电器件作为转换元器件的传感器，光电检测方法具有精度高、反应快、非接触等优点，而且可测参数多，传感器的结构简单，形式灵活多样，因此，光电式传感器在检测和控制中应用非常广泛。

5.1　光电效应及光电器件

光照射到某些物质上，引起物质的电性质发生变化，也就是光能量转换成电能。这类光致电变的现象被人们统称为光电效应（Photoelectric effect）。

赫兹于1887年发现光电效应，爱因斯坦第一个成功地解释了光电效应。即金属表面在光辐照作用下发射电子的效应，发射出来的电子叫做光电子。光波长小于某一临界值时方能发射电子，即极限波长，对应的光的频率叫做极限频率。临界值取决于金属材料，而发射电子的能量取决于光的波长，与光强度无关。

只要光的频率超过某一极限频率，受光照射的金属表面立即就会逸出光电子，发生光电效应。当在金属外面加一个闭合电路，加上正向电源，这些逸出的光电子全部到达阳极便形成所谓的光电流。在入射光一定时，增大光电管两极的正向电压，提高光电子的动能，光电流会随之增大。但光电流不会无限增大，要受到光电子数量的约束，有一个最大值，这个值就是饱和电流。所以，当入射光强度增大时，根据光子假设，入射光的强度（即单位时间内通过单位垂直面积的光能）决定于单位时间里通过单位垂直面积的光子数，单位时间里通过金属表面的光子数也就增多，于是，光子与金属中的电子碰撞次数也增多，因而单位时间里从金属表面逸出的光电子也增多，饱和电流也随之增大。

半导体光电效应可分为内光电效应和外光电效应两大类。半导体内的电子在吸收光子后，如能克服表面势垒逸出半导体表面，就会产生外光电效应。光电管、光电倍增管等就是基于外光电效应制成的光电器件。

半导体内的电子吸收光子后不能跃出半导体，则所产生的电学效应称为内光电效应。内光电效应按其工作原理可分为光电导效应和光生伏特效应。内光电效应的种类很多，可据此制成不同的光敏器件。

5.1.1 外光电效应及器件

在光的作用下，物体内的电子逸出物体表面向外发射的现象叫做外光电效应。基于外光电效应的电子元器件有光电管、光电倍增管。

1. 光电管

光电管是基于外光电效应的基本光电转换器件，光电管可使光信号转换成电信号。光电管的图形符号和测量电路如图5-1所示。光电管分为真空光电管和充气光电管两种，光电管的典型结构是将球形玻璃壳抽成真空，在内半球面上涂一层光电材料作为阴极，球心放置小球形或小环形金属作为阳极。若球内充低压惰性气体就成为充气光电管。光电子在飞向阳极的过程中与气体分子碰撞而使气体电离，可增加光电管的灵敏度。用作光电阴极的金属有碱金属、汞、金、银等，可适合不同波段的需要。光电管灵敏度低、体积大、易破损，已被固体光电器件所代替。

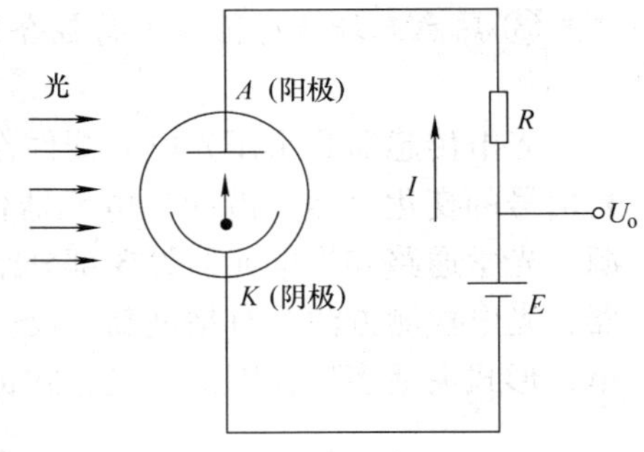

图5-1 光电管的图形符号和测量电路

真空光电管（又称电子光电管）由封装于真空管内的光电阴极和阳极构成。当入射光线穿过光窗照到光阴极上时，由于外光电效应，光电子就从极层内发射至真空。在电场的作用下，光电子在极间作加速运动，最后被高电位的阳极接收，在阳极电路内就可测出光电流，其大小取决于光照强度和光阴极的灵敏度等因素。按照光阴极和阳极的形状和设置的不同，光电管一般可分为5种类型。常用的有中心阳极型和半圆柱面阴极型，如图5-2所示。中心阳极型由于阴极面积大，对入射聚焦光斑的大小限制不大，又由于光电子从光阴极飞向阳极的路程相同，电子渡越时间的一致性好，其缺点是光电子接收特性差，需要较高的阳极电压。半圆柱面阴极型这种结构有利于增加极间绝缘性能和减少漏电流。

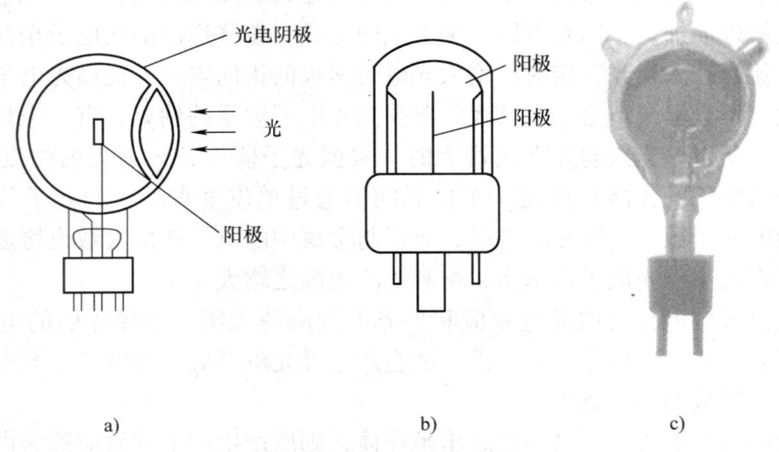

图5-2 真空光电管的结构和实物图

a）中心阳极型 b）半圆柱面阴极型 c）实物图

充气光电管（又称离子光电管）由封装于充气管内的光阴极和阳极构成。它不同于真空光电管的是，光电子在电场作用下向阳极运动时与管中气体原子碰撞而发生电离现象。由电离产生的电子和光电子一起都被阳极接收，正离子却反向运动被阴极接收。因此在阳极电路内形成数倍于真空光电管的光电流。充气光电管的电极结构也不同于真空光电管。

常用的电极结构有中心阴极型、半圆柱阴极型和平板阴极型。充气光电管最大缺点是在工作过程中灵敏度衰退很快，其原因是正离子轰击阴极而使发射层的结构破坏。充气光电管按管内充气不同可分为单纯气体型和混合气体型。

（1）单纯气体型

这种类型的光电管多数充氩气，优点是氩原子量小，电离电位低，管子的工作电压不高。有些管内充纯氦或纯氖，使工作电压提高。

（2）混合气体型

这种类型的管子常选氩氖混合气体，其中氩占10%左右。由于氩原子的存在使处于亚稳态的氖原子碰撞后即能回复常态，因此减少惰性。

2. 光电倍增管

光电倍增管能将一次次闪光转换成一个个放大了的电脉冲，然后送到电子线路去记录下来。当光照射到光阴极时，光阴极向真空中激发出光电子。这些光电子按聚焦极电场进入倍增系统，并通过进一步的二次发射得到的倍增放大。然后把放大后的电子用阳极收集作为信号输出，如图5-3所示。因为采用了二次发射倍增系统，所以光电倍增管在探测紫外、可见和近红外区的辐射能量的光电探测器中，具有极高的灵敏度和极低的噪声。另外，光电倍增管还具有响应快速、成本低、阴极面积大等优点。

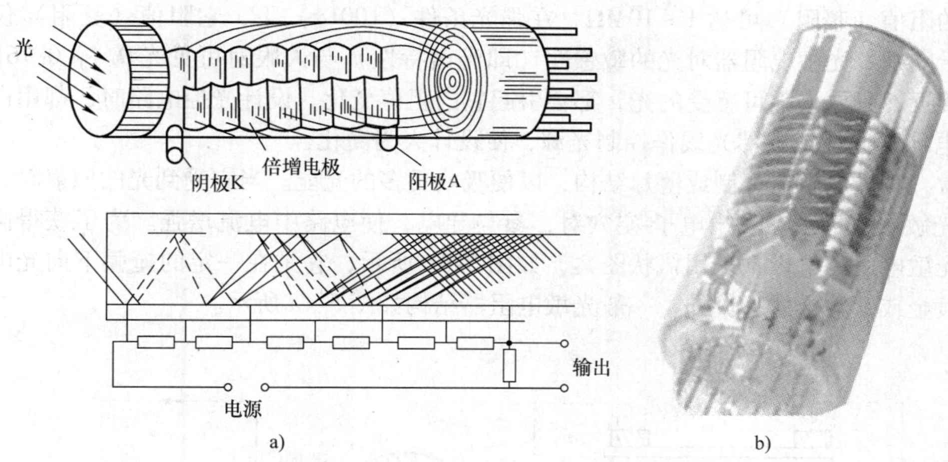

图5-3　光电倍增管的结构和实物图

光电倍增管是依据光电子发射、二次电子发射和电子光学的原理制成的、透明真空壳体内装有特殊电极的器件。光阴极在光子作用下发射电子，这些电子被外电场（或磁场）加速，聚焦于第一次极。这些冲击次极的电子能使次极释放更多的电子，它们再被聚焦在第二次极。这样，一般经十次以上倍增，放大倍数可达到$10^8 \sim 10^{10}$。最后，在高电位的阳极收集到放大了的光电流，输出电流和入射光子数成正比，整个过程时间约8～10s。还有一种利用弯曲铅玻璃管自身内部的二次电子发射构成小巧的倍增管。光电倍增管在全暗条件下，加工作电压时也会输出微弱电流，称为暗流，它主要来源于阴极热电子发射。光电倍增管有两个缺点：

1）灵敏度因强光照射或因照射时间过长而降低，停止照射后又部分地回复，这种现象称为“疲乏”。

2）光阴极表面各点灵敏度不均匀。

5.1.2 内光电效应及器件

当光照在物体上，使物体的电导率发生变化，或产生光生电动势的现象称为内光电效应，内光电效应分为光电导效应和光生伏特效应（光伏效应）。

光电导效应是在光线作用下，电子吸收光子能量从键合状态过渡到自由状态，而引起材料电导率的变化。当光照射到光电导体上时，若这个光电导体为本征半导体材料，且光辐射能量又足够强，光电材料价带上的电子将被激发到导带上去，使光导体的电导率变大。基于这种效应的光电器件有光敏电阻。

光生伏特效应是指在光作用下能使物体产生一定方向电动势的现象。基于该效应的器件有光电池、光敏二极管、光敏晶体管。

1. 光敏电阻

光敏电阻是利用半导体的光电效应制成的一种电阻值随入射光的强弱而改变的电阻，入射光强，电阻减小；入射光弱，电阻增大。光敏电阻器一般用于光的测量、光的控制和光电转换（将光的变化转换为电的变化）。常用的光敏电阻器是硫化镉光敏电阻器，它是由半导体材料制成的。光敏电阻器的阻值随入射光线（可见光）的强弱变化而变化，在黑暗条件下，它的阻值（暗阻）可达1～10MΩ，在强光条件（100Lx）下，它阻值（亮阻）仅有几百至数千欧姆。光敏电阻器对光的敏感性（即光谱特性）与人眼对可见光0.4～0.76μm的响应很接近，只要人眼可感受的光，都会引起它的阻值变化。设计光控电路时，都用白炽灯泡（小电珠）光线或自然光线作控制光源，使设计大为简化。

通常，光敏电阻器都制成薄片结构，以便吸收更多的光能。当它受到光的照射时，半导体片（光敏层）内就激发出电子-空穴对，参与导电，使电路中电流增强。为了获得高的灵敏度，光敏电阻的电极常采用梳状图案，如图5-4b所示，它是在一定的掩膜下向光电导薄膜上蒸镀金或铟等金属形成的，一般光敏电阻器结构如图5-4a所示。

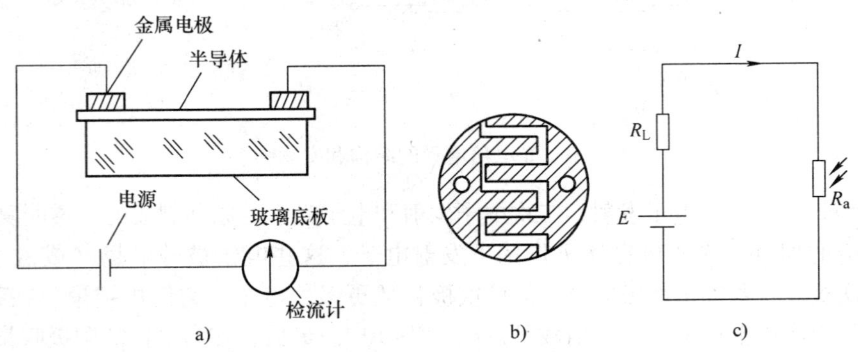

图5-4 光敏电阻

a）光敏电阻结构 b）光敏电阻电极 c）光敏电阻接线图

光敏电阻器通常由光敏层、玻璃基片（或树脂防潮膜）和电极等组成。光敏电阻器在电路中用字母“R”或“R_a”、“R_c”表示。

光敏电阻的工作原理是基于内光电效应。在半导体光敏材料两端装上电极引线，将其封装在带有透明窗的管壳里就构成光敏电阻，为了增加灵敏度，两电极常做成梳状。用于制造光敏电阻的材料主要是金属的硫化物、硒化物和碲化物等半导体。通常采用涂敷、喷涂、烧结等方法在绝缘衬底上制作很薄的光敏电阻体及梳状欧姆电极，接出引线，封装在具有透光镜的密封壳体内，以免受潮影响其灵敏度。在黑暗环境里，它的电阻值很高，当受到光照时，只要光子能量大于半导体材料的禁带宽度，则价带中的电子吸收一个光子的能量后可跃迁到导带，并在价带中产生一个带正电荷的空穴，这种由光照产生的电子–空穴对增加了半导体材料中载流子的数目，使其电阻率变小，从而造成光敏电阻阻值下降。光照愈强，阻值愈低。入射光消失后，由光子激发产生的电子-空穴对将复合，光敏电阻的阻值也就回复原值。在光敏电阻两端的金属电极加上电压，其中便有电流通过，受到一定波长的光线照射时，电流就会随光强的增加而变大，从而实现光电转换。光敏电阻没有极性，纯粹是一个电阻器件，使用时既可加直流电压，也加交流电压。半导体的导电能力取决于半导体导带内载流子数目的多少。

（1）分类

根据光敏电阻的光谱特性，光敏电阻器可分为 3 种。

1）紫外光敏电阻器：对紫外线较灵敏，包括硫化镉、硒化镉光敏电阻器等，用于探测紫外线。

2）红外光敏电阻器：主要有硫化铅、碲化铅、硒化铅。锑化铟等光敏电阻器，广泛用于导弹制导、天文探测、非接触测量、人体病变探测、红外光谱，红外通信等国防、科学研究和工农业生产中。

3）可见光光敏电阻器：包括硒、硫化镉、硒化镉、碲化镉、砷化镓、硅、锗、硫化锌光敏电阻器等。主要用于各种光电控制系统，如光电自动开关门户，航标灯、路灯和其他照明系统的自动亮灭，自动给水和自动停水装置，机械上的自动保护装置和“位置检测器”，极薄零件的厚度检测器，照相机自动曝光装置，光电计数器，烟雾报警器，光电跟踪系统等方面。

（2）光敏电阻的主要参数

1）光电流、亮电阻：光敏电阻器在一定的外加电压下，当有光照射时，流过的电流称为光电流，外加电压与光电流之比称为亮电阻，常用“100Lx”表示。

2）暗电流、暗电阻：光敏电阻在一定的外加电压下，当没有光照射的时候，流过的电流称为暗电流。外加电压与暗电流之比称为暗电阻，常用“0Lx”表示。

3）灵敏度：灵敏度是指光敏电阻不受光照射时的电阻值（暗电阻）与受光照射时的电阻值（亮电阻）的相对变化值。

4）光谱响应：光敏电阻对入射光的光谱具有选择作用，即光敏电阻对不同波长的入射光有不同的灵敏度。光敏电阻的相对光敏灵敏度与入射波长的关系称为光敏电阻的光谱特性，亦称光谱响应。图 5-5 为几种不同材料光敏电阻的光谱特性。对应于不同波长，光敏电阻的灵敏度是不同的，而且不同材料的光敏电阻光谱响应曲线也不同。从图中可见硫化镉光敏电阻的光谱响应的峰值在可见光区域，常被用做光度量测量（照度计）的探头，而硫化铅光敏电阻响应于近红外和中红外区，常用做火焰探测器的探头。

5）光照特性：光照特性指光敏电阻输出的电信号随光照度而变化的特性。从光敏电阻的光照特性曲线可以看出，随着光照强度的增加，光敏电阻的阻值开始迅速下降，相应的电流会增大。若进一步增大光照强度，则电阻值变化减小，然后逐渐趋向平缓。在大多数情况下，该特性为非线性。图 5-6为硫化镉光敏电阻的光照特性。

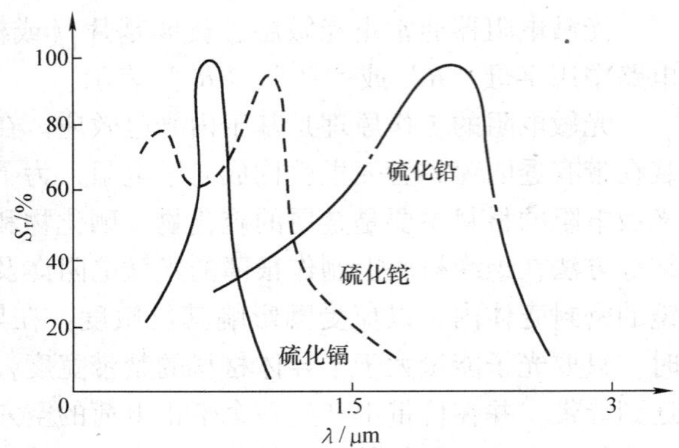

图 5-5 几种不同材料光敏电阻的光谱特性

6）伏安特性曲线：伏安特性曲线用来描述光敏电阻的外加电压与光电流的关系，对于光敏器件来说，其光电流随外加电压的增大而增大。图 5-7 为硫化镉光敏电阻的伏安特性曲线。由图可见，光敏电阻在一定的电压范围内，其 $I-U$ 曲线为直线。说明其阻值与入射光量有关，而与电压电流无关。

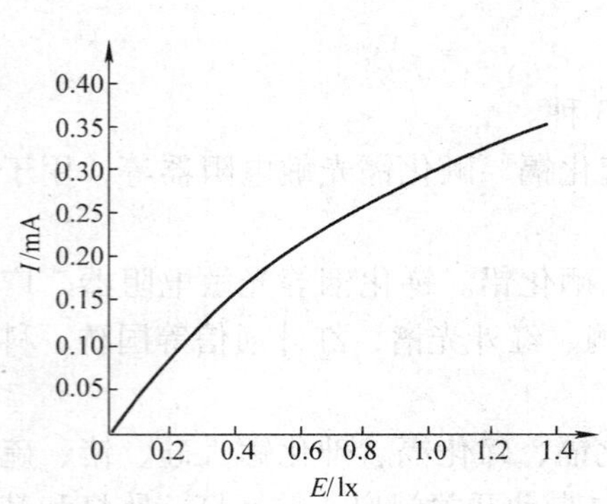

图 5-6 硫化镉光敏电阻的光照特性

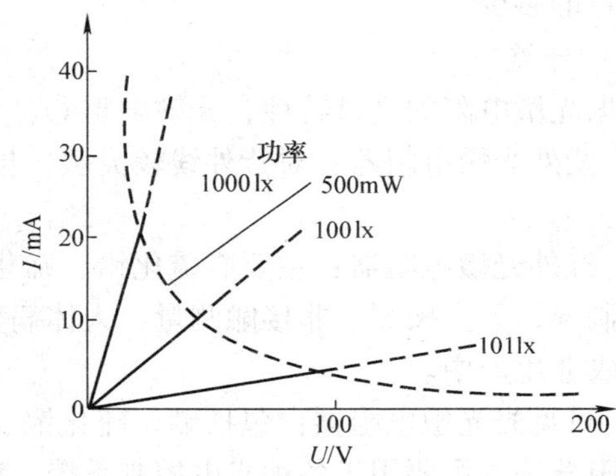

图 5-7 硫化镉光敏电阻的伏安特性曲线

7）温度系数：光敏电阻的光电效应受温度影响较大，部分光敏电阻在低温下的光电灵敏度较高，而在高温下的灵敏度则较低。

8）额定功率：额定功率是指光敏电阻用于某种线路中所允许消耗的功率，当温度升高时，其消耗的功率就降低。

2. 光敏二极管和光敏晶体管

（1）光敏二极管

光敏二极管与半导体二极管在结构上是类似的，如图 5-8 所示，其管芯是一个具有光敏特征的 PN 结，具有单向导电性，因此工作时需加上反向电压。无光照时，有很小的饱和反向漏电流，即暗电流，此时光敏二极管截止。当受到光照时，饱和反向漏电流大大增加，形成光电流，它随入射光强度的变化而变化。当光线照射 PN 结时，可以使 PN 结中产生电子-空穴对，使少数载流子的密度增加。这些载流子在反向电压下漂

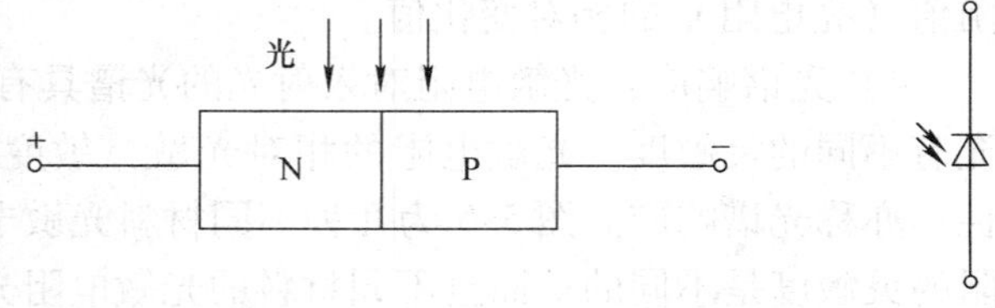

图 5-8 光敏二极管结构示意图和符号

移，使反向电流增加。因此可以利用光照强弱来改变电路中的电流。常见的有 2CU、2DU 等系列。

光敏二极管是将光信号变成电信号的半导体器件。它的核心部分就是一个 PN 结，和普通二极管相比，在结构上不同的是，为了便于接收入射光照，PN 结面积尽量做得大一些，电极面积尽量小些，而且 PN 结的结深很浅，一般小于 1 微米。

（2）光敏晶体管

光敏晶体管具有两个 PN 结，如图 5-9 所示，其发射极一边做得很大，以扩大光的照射面积。光敏晶体管和普通晶体管相似，也有电流放大作用，只是它的集电极电流不只是受基极电路和电流控制，同时也受光辐射的控制，接线如图 5-9 所示。通常基极不引出，但一些光敏晶体管的基极有引出，用于温度补偿和附加控制等作用。当具有光敏特性的 PN 结受到光辐射时，形成光电流，由此产生的光生电流由基极进入发射极，从而在集电极回路中得到一个放大了相当于β倍的信号电流。不同材料制成的光敏晶体管具有不同的光谱特性，与光敏二极管相比，具有很大的光电流放大作用，即很高的灵敏度。

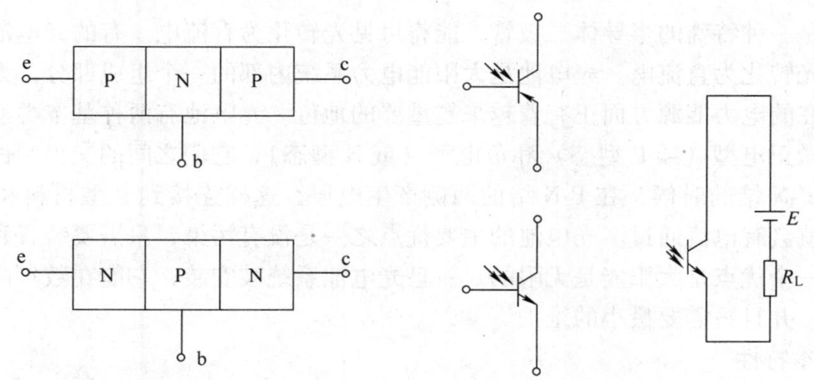

图 5-9　光敏晶体管结构简图、符号和基本电路

光敏二极管、光敏晶体管是电子电路中广泛采用的光敏器件。光敏二极管和普通二极管一样具有一个 PN 结，不同之处是在光敏二极管的外壳上有一个透明的窗口以接收光线照射，实现光电转换，在电路图中文字符号一般为 VD。光敏晶体管除具有光电转换的功能外，还具有放大功能，在电路图中文字符号一般为 VT。光敏晶体管因输入信号为光信号，所以通常只有集电极和发射极两个引脚线。同光敏二极管一样，光敏晶体管外壳也有一个透明窗口，以接收光线照射。

3. 光电池

（1）结构和原理

光电池是一种在光的照射下产生电动势的半导体元器件。光电池是一种直接将光能转换为电能的光电器件。光电池在有光线作用时实质就是电源，电路中有了这种器件就不需要外加电源。光电池的种类很多，常用有硒光电池、硅光电池和硫化铊、硫化银光电池等。主要用于仪表，自动化遥测和遥控方面。有的光电池可以直接把太阳能转变为电能，这种光电池又叫太阳电池。太阳电池作为能源广泛应用在人造地球卫星、灯塔、无人气象站等处。

光电池的工作原理是基于“光生伏特效应”。它实质上是一个大面积的 PN 结，当光照射到 PN 结的一个面，例如 P 型面时，若光子能量大于半导体的禁带宽度，那么 P 型区每吸收一个光子就产生一对自由电子和空穴，电子-空穴对从表面向内迅速扩散，在结电场的作用下，最后建立一个与光照强度有关的电动势。图 5-10 为硅光电池原理图。

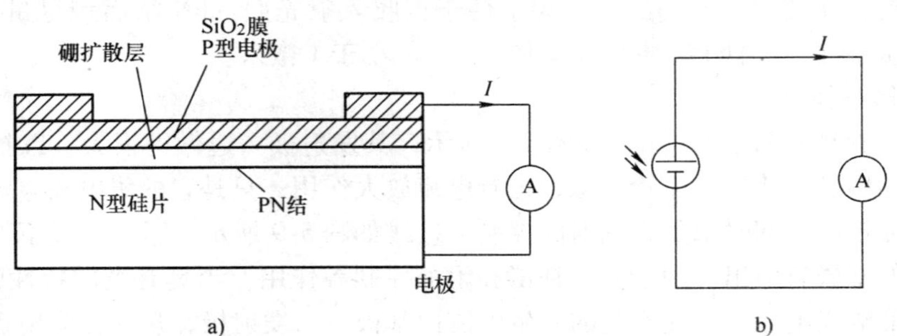

图 5-10　硅光电池原理图

a）结构示意图　b）等效电路

光电池是一种特殊的半导体二极管，能将可见光转化为直流电。有的光电池还可以将红外光和紫外光转化为直流电。光电池是太阳能电力系统内部的一个组成部分，太阳能电力系统在替代现在的电力能源方面正有着越来越重要的地位。光电池有两种基本类型的半导体材料，分别叫做正电型（或 P 型态）和负电型（或 N 型态），它们之间的交界叫做 P-N 结。当光线照射到 P-N 结的时候，在 P-N 结的两侧产生电压，这样连接到 P 型材料和 N 型材料上的电极之间就会有电流通过。光电池的主要优点之一是没有污染，只需要装置和阳光就可工作。另外的一个优点是太阳能是无限的。一旦光电池系统被安装，它能在数年内提供能量而不需要花费，并且只需要最小的维护。

（2）基本特性

1）光谱特性：光电池的光谱特性如图 5-11 所示。从曲线上可看出，硒光电池在可见光谱范围内有较高的灵敏度，峰值波长在 540nm 附近，适宜测可见光。硅光电池的应用范围在 400 ~ 1200nm，峰值波长在 850nm 附近，因此硅光电池可以在很宽的范围内使用。

2）光照特性：硅光电池的光照特性如图 5-12 所示。图中开路（负载电阻 R_L 趋于无限大时）电压曲线是光生电动势与照度之间的特性曲线；短路电流曲线是光电流与照度之间的特性曲线。

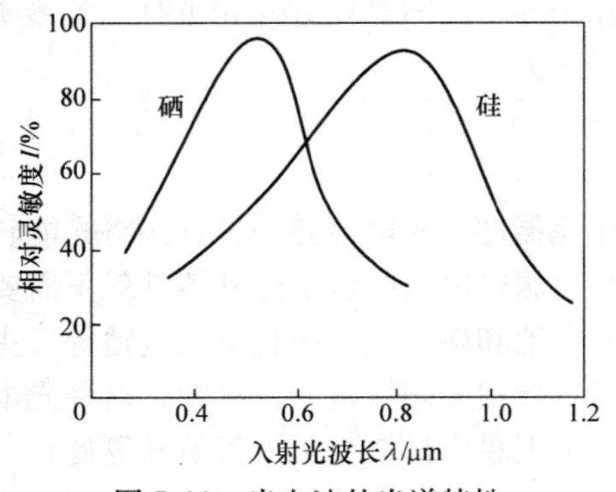

图 5-11　光电池的光谱特性

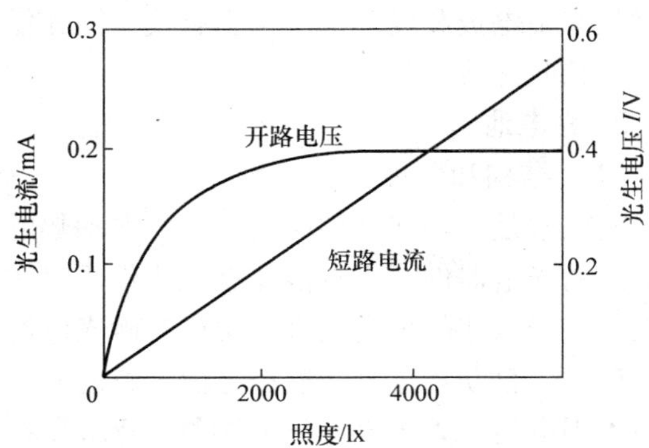

图 5-12　硅光电池的光照特性

光电池作为测量元器件使用时，应当作电流源，不宜作电压源。

3）频率特性：光电池作为测量、计数、接收元器件时，常用调制光输入。光电池的频率特性就是指输出电流随调制光频率变化的关系。

4）温度特性：光电池的温度特性是指开路电压和短路电流随温度变化的关系。为使光电池作为测量元器件时，能保持温度恒定，一般需采取温度补偿措施。

5.1.3 光电器件的应用

1. 光电式浊度计

图 5-13 是采用光电池为探测元器件的光电式浊度计电路示意图。一路光线穿过标准水样 8 到达光电池上，其光电转换信号经放大器放大产生作为标准水样的电信号 U_{o2}，另一路光线穿过被测水样到达光电池上，通过光电池与放大器转换成与浊度成正比的电信号 U_{o1}，再经运算器计算出 U_{o1}、U_{o2} 的比值，并进一步算出被测水的浊度经显示器显示出来。

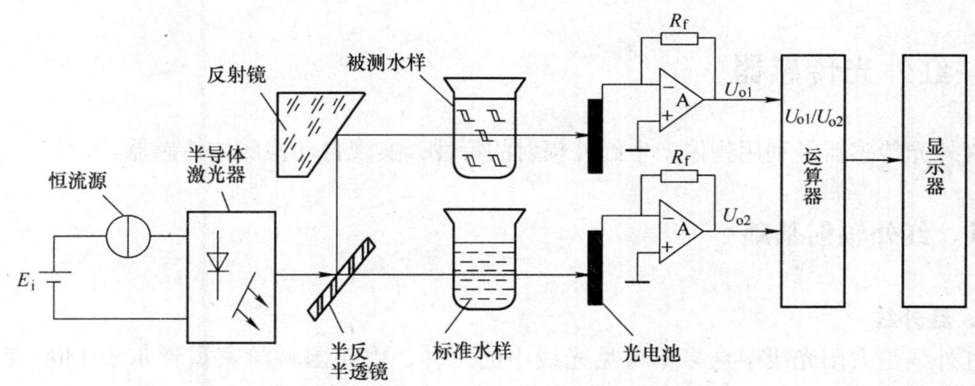

图 5-13 光电式浊度计电路示意图

2. 光电式数字转速表

图 5-14 为光电式数字转速表工作原理图。电动机轴上固装一齿数为 z 的调制盘，当电动机转动时，反光与不反光交替出现，光电元器件间断地接收反射光信号，输出电脉冲。经放大整形电路转换成方波信号，由数字频率计测得电动机的转速。若频率计的计数频率为 f，由下式：

$$n = 60f/z \tag{5-1}$$

即可测得转轴转速 n（r/min）。

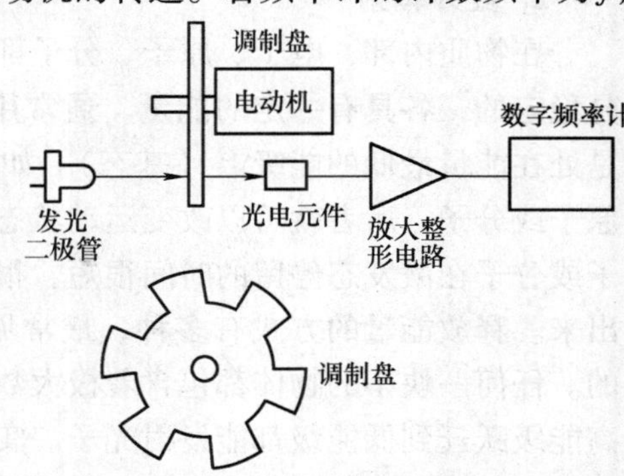

图 5-14 光电式数字转速表工作原理图

3. 太阳电池电源系统

将光电池做光伏器件使用，利用光伏作用直接将太阳能转换为电能，即太阳电池。这是全世界范围内人们所追求、探索新能源的一个重要研究课题。太阳电池电源系统主要由太阳电池方阵、蓄电池组、调节控制和阻塞二极管组成。如果还需要向交流负载供电，则加一个直流-交流变换器，太阳电池电源系统框图如图 5-15 所示。

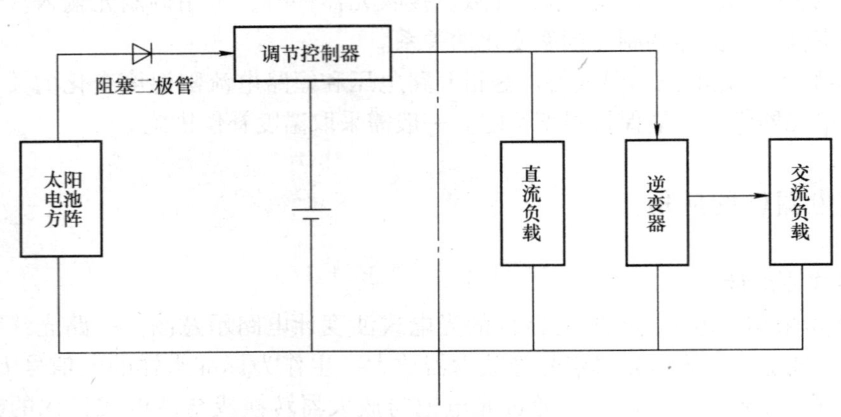

图 5-15　太阳电池电源系统

5.2　红外光传感器

红外光传感器是利用物体产生红外辐射的特性，实现自动检测的传感器。

5.2.1　红外辐射基础

1. 红外线

红外线是太阳光线中众多不可见光线中的一种，由德国科学家霍胥尔于 1800 年发现，又称为红外热辐射，太阳光谱中，红光的外侧必定存在看不见的光线，这就是红外线，也可以当做传输之媒界。太阳光谱上红外线的波长大于可见光线，波长为 0.75 ~ 1000μm。红外线可分为 3 部分，即近红外线，波长为 0.75 ~ 1.50μm；中红外线，波长为 1.50 ~ 6.0μm；远红外线，波长为 6.0 ~ 1000μm。在物理学中，我们已经知道可见光、不可见光、红外光及无线电等都是电磁波，它们之间的差别只是波长（或频率）的不同而已。

2. 红外辐射

在物质内部，电子、原子、分子都在不断地运动，有很多可能的运动状态。这些状态都是稳定的，各具有一定的能量。通常用“能级”来表示这些状态。在正常情况下，物质总是处在能量最低的能级上（基态）。如果有外界的刺激或干扰，把适当的能量传递给电子、原子或分子，后者就可以改变运动状态，进入能量较高的能级（激发态）。但是，电子、原子或分子在激发态停留的时间很短，很快就回复到能量较低的能级中去，把多余的能量释放出来。释放能量的方式有多种，最常见的是发射电磁波。因此，辐射是从物质中发射出来的。任何一块小的物体都包含着极大数目的原子或分子。每个原子或分子都有很多能级，从高能级跃迁到低能级都能发射光子。实际发射出来的电磁波就是这些大量光子的总和。红外辐射是由于物体受热引起内部分子转动及振动向外释放能量而引起的，一般常温下，所有的物体都是红外辐射的发射源。

红外线和所有的电磁波一样，具有反射、折射、散射、干涉及吸收等性质，但它的特点是热效应非常大，红外线在真空中传播的速度 $c=3\times10^{8}\mathrm{m/s}$，而在介质中传播时，由于介质的吸收和散射作用使它产生衰减。红外线的衰减遵循以下规律，即：

$$I=I_0\mathrm{e}^{-Kx} \tag{5-2}$$

式中 I——通过厚度为 x 的介质后的通量；

I_0——射到介质时的通量；

K——与介质性质有关的常数。

金属对红外辐射衰减非常大，一般金属材料基本上不能透过红外线；大多数的半导体材料及一些塑料能透过红外线；液体对红外线的吸收较大，如1mm厚的水对红外线的透明度很小，当厚度达到1cm时，水对红外线几乎完全不透明了；气体对红外辐射也有不司程度的吸收，如大气（含水蒸气、二氧化碳、臭氧、甲醛等）就存在不同程度的吸收，它对波长为1~5μm和8~14μm的红外线是比较透明的，对其他波长的透明度就差了。而介质的不均匀、晶体材料的不纯洁、有杂志或悬浮小颗粒等，都会引起红外辐射的散射。温度越低的物体辐射的红外线波长越长。

用红外线作为检测媒介，来测量某些非电量，比可见光作为媒介的检测方法要好。其优越性表现在：

1）红外线（指中、远红外线）不受周围可见光的影响，故可在昼夜进行测量。

2）由于待测对象发射出红外线，故不必设光源。

3）大气对某些特定波长范围的红外线吸收甚少（2~2.6μm，3~5μm，8~14μm共3个波段称为“大气窗口”），故适用于遥感技术。

5.2.2 红外光传感器的工作原理与结构

红外技术发展到现在，已经为大家所熟知，这种技术已经在现代科技、国防和工农业等领域获得了广泛的应用。红外传感系统是用红外线为介质的测量系统，按照功能分成5类：

1）辐射计，用于辐射和光谱测量。

2）搜索和跟踪系统，用于搜索和跟踪红外目标，确定其空间位置并对它的运动进行跟踪。

3）热成像系统，可产生整个目标红外辐射的分布图像。

4）红外测距和通信系统。

5）混合系统，是指以上各类系统中的两个或者多个的组合。

红外传感器一般由光学系统、探测器、信号调理电路及显示单元等组成。红外探测器是红外传感器的核心。红外探测器是利用红外辐射与物质相互作用所呈现的物理效应来探测红外辐射的。红外探测器的种类很多，按探测机理的不同，分为热探测器（基于热效应）和光子探测器（基于光电效应）两大类。

热探测器是利用辐射热效应，使探测元器件接收到辐射能后引起温度升高，进而使探测器中依赖于温度的性能发生变化。检测其中某一性能的变化，便可探测出辐射。多数情况下是通过热电变化来探测辐射的。当元器件接收辐射，引起非电量的物理变化时，可以通过适当的变换后测量相应的电量变化。这类传感器主要有热释电红外线传感器和红外线温度传感器两大类。

光探测器是利用红外线辐射的光电效应制成的，其核心是光电器件。因此它的响应时间一般比热探测器短得多，最短的可达到毫微秒数量级。此外，要使物体内部的电子改变运动状态，入射辐射的光子能量必须足够大，它的频率必须大于某一值，也就是必须高于截止频率。由于这类传感器以光子为单元起作用，只要光子的能量足够，相同数目的光子基本上具有相同的效果，因此常称其为“光子探测器”。这类传感器主要有红外二极管、晶体管等。

5.2.3 红外光传感器的应用

1. 红外测温仪

红外测温仪是以被测目标的红外辐射能量与温度成一定函数关系而制成的仪器。工作时，如图 5-16 所示，首先把物体发射的红外辐射能量搜集起来转换成电信号。然后，对电信号进行放大、处理，并利用物体温度与其辐射功率大小（目前都表现为信号电压高低）的一一对应关系，显示出物体温度的测量结果。

基本结构包括光学系统、红外探测器、电信号放大及处理系统、结果显示系统和其他附属部分（包括目标瞄准器、供电电源与整体机械结构）等几个主要功能部分。

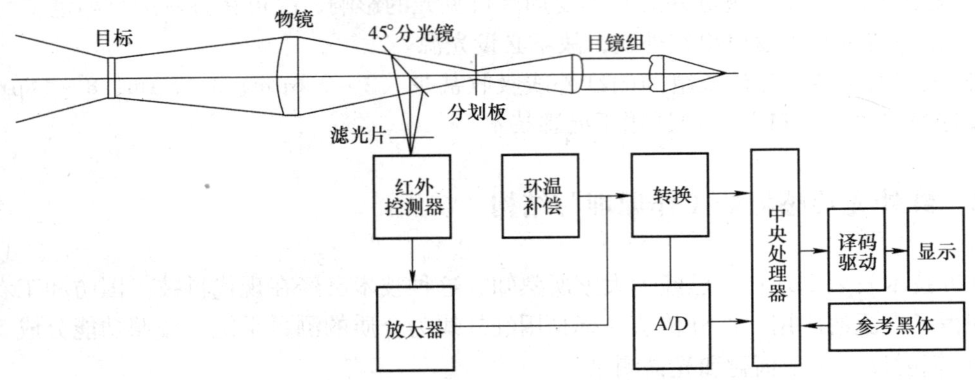

图 5-16 红外测温仪工作原理示意图

在电力系统中主要使用便携式红外测温仪测量高压隔离开关插头和触头的温度、高压线夹的温度、设备引流接点的温度等。在火车和轮船运行过程中，可以用便携式测温仪测量发动机的温升情况，以便及时发现故障。在飞机发动机涡轮叶片、汽车齿轮箱、万向节、制动片、气缸活塞环等的实验室检验工作中也都有专门的红外辐射测温仪。在国防科研和生产中红外辐射测温更是重要的检测手段。

2. 红外热像仪

红外热像仪是利用红外扫描原理测量物体表面温度分布的。它不仅能用于非接触式测温，而且还可实时显示物体表面温度的二维分布与变化情况。

红外热像仪摄取来自被测物体各部分射向仪器的红外辐射通量的分布，利用红外探测器，顺序地直接测量物体各部分发射出的红外辐射，综合起来就得到物体发射红外辐射通量的分布图像，这种图像称为热像图。由于热像本身包含了被测物体的温度信息，也有人称之为温度图。

红外热像仪的基本结构由摄像头、显示记录系统和外围辅助装置等组成，如图 5-17 所示。光机扫描热像仪的摄像头主要包括接收光学系统、光机扫描机构、红外探测器、前置放大器和视频信号预处理电路。

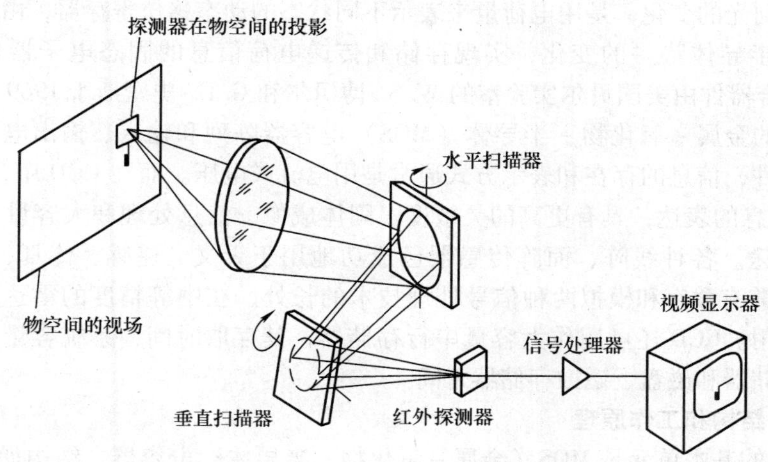

图 5-17 红外热像仪的结构原理图

热像仪在电力工业、机械工业、化学工业上都有应用，主要是观察和监测生产过程中工业设备和工艺流程中物料的热分布和异常情况，如温度场分布、局部过热、设备运转异常发热、工艺流程故障反映的热图变异。

5.3 光固体图像传感器

人们通过感官从自然界提取各种信息，其中以人眼通过视觉提取的信息量为最多，也最为丰富多彩，最为可靠。成语“百闻不如一见”就说明了这个道理。图像传感器可以提高人眼的视觉范围，使人们看到肉眼无法看到的微观世界和宏观世界，看到人们暂时无法到达处发生的事情，看到超出肉眼视觉范围的各种物理、化学变化过程，生命、生理、病变的发生发展过程等等。可见图像传感器在人们的文化、体育、生产、生活和科学研究中起到非常重要的作用。可以说，现代人类活动已经无法离开图像传感器。

固态图像传感器是利用光电器件的光—电转换功能，将其感光面上的光像转换为与光像成相应比例关系的“图像”电信号的一种功能器件。而固态图像传感器是指在同一半导体衬底上布设的若干光敏单元和移位寄存器构成的集成化、功能化的光电器件。固态图像传感器的结构有线列阵和面列阵两种形式，它将光强的空间分布转换为与光强成比例的大小不等的电荷包空间分布，然后通过移位寄存器将这些电荷包形成一系列幅值不等的时序脉冲序列输出。也就是固态图像传感器利用光敏单元的光电转换功能将投射到光敏单元上的光学图像转换成“图像”电信号。固态图像传感器具有体积小、重量轻、析像度高、功耗低和低电压驱动等优点。目前已广泛应用于图像处理、电视、自动控制、测量和机器人等领域。它分为 CCD 和 CMOS 两种。

5.3.1 电荷耦合器件

电荷耦合器（charge-coupled device，CCD）是一种用于探测光的硅片，比传统的底片更能敏感的探测到光的变化，是用电荷量来表示不同状态的动态移位寄存器，由时钟脉冲电压来产生和控制半导体势阱的变化，实现存储和传递电荷信息的固态电子器件，英文简称CCD。电荷耦合器件由美国贝尔实验室的W. S. 博伊尔和G. E. 史密斯于1969年发明，它由一组规则排列的金属－氧化物－半导体（MOS）电容器阵列和输入、输出电路组成。传统的固态电子器件，信息的存在和表示方式通常是用电流或电压。而在CCD中，则是用电荷，因此CCD对信息的表达，具有更高的灵敏度。固体成像、信息处理和大容量存储器是CCD的3大主要用途。各种线阵、面阵传感器已成功地用于天文、遥感、传真、摄像等领域。CCD信号处理兼有数字和模拟两种信号处理技术的长处，在中等精度的雷达和通信系统中得到广泛的应用。CCD还可用作大容量串行存储器，其存取时间、系统容量和制造成本都介于半导体存储器和磁盘、磁鼓存储器之间。

1. CCD的结构和工作原理

构成CCD的基本单元是MOS（金属－氧化物－半导体）电容器，结构如图5-18所示，以P型半导体为衬底，上面覆盖一层SiO_2，再在SiO_2表面依次沉积一层金属电极，称为栅极。

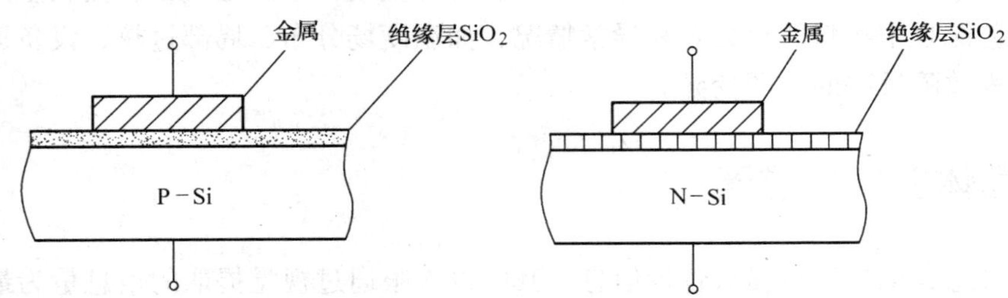

图5-18　MOS电容器的结构图

MOS电容上没有加电压时，半导体的能带从界面层到内部能带都是一样，即所谓平带条件。若在金属－半导体间加正电压，由于电子大量集聚在电极下的半导体处，并具有较低的势能，可形象的说半导体表面形成对电子的势阱，能容纳聚集电荷。如图5-19所示。

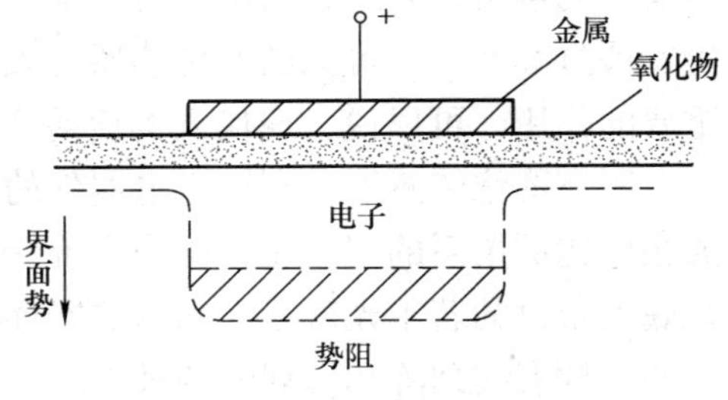

图5-19　MOS电容势阱图

2. 电荷传输原理

在CCD器件里需要用扫描实现各像素信息的串行化。不过CCD器件并不需要复杂的扫描装置，只需外加如图5-20所示的多相脉冲，依次对并列的各个电极施加电压就能办到。图中ϕ_1、ϕ_2、ϕ_3是相位依次相差120°的3个脉冲源，其波形都是前沿陡峭后缘倾斜。若按时刻$t_1 \sim t_4$分别分析其作用，可结合图5-20和图5-21讨论工作原理。

1）当$t = t_1$时，即$\phi_1 = U$，$\phi_2 = 0$，$\phi_3 = 0$，此时只有ϕ_1极下形成势阱，如果有光照，

这些势阱里就会收集到光生电荷，电荷的数量与光照成正比。

2）当 $t=t_2$ 时，即 $\phi_1=0.5U$，$\phi_2=U$，$\phi_3=0$，此时 ϕ_1 极下的势阱变浅，ϕ_2 极下的势阱最深，ϕ_3 极下没有势阱。原选在 ϕ_1 极下的电荷就逐渐向 ϕ_2 极下转移。

3）到 $t=t_3$ 时，ϕ_1 极下的电荷向 ϕ_2 极下转移完毕。

4）在 $t=t_4$ 时，ϕ_2 极下的电荷向 ϕ_3 极下转移，如此下去，势阱中的电荷沿着 $\phi_1 \to \phi_2 \to \phi_3 \to \phi_1$ 方向转移。在它的末端就能依次接收到原先存储在各个 ϕ 极下的光生电荷。

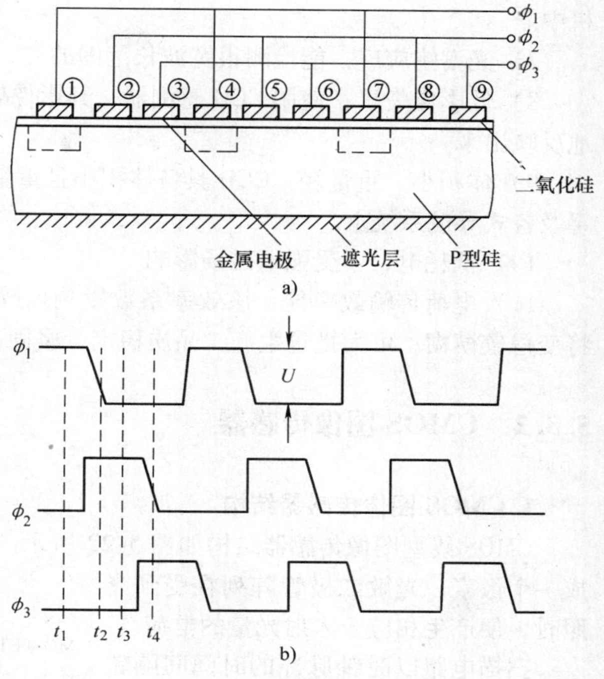

图 5-20　CCD 电荷传输原理

a）CCD 电荷传输原理结构图　b）三相脉冲源

CCD 的基本功能是存储与转移信息电荷，利用 CCD 的光电转移和电荷转移的双重功能，得到幅度与各光生电荷包成正比的电脉冲序列，从而将照射在 CCD 上的光学图像转移成了电信号“图像”。由于 CCD 能实现低噪声的电荷转移，并且所有光生电荷都通过一个输出电路检测，且具有良好的一致性，因此，对图像的传感具有优越的性能。

3. CCD 传感器的优点

1）高解析度：像点的大小为 μm 级，可感测及识别精细物体，提高影像品质。从早期 1 寸、1/2 寸、2/3 寸、1/4 寸到最近推出的 1/9 寸，像素数目从初期的 10 多万增加到现在的 400 万 ~500 万像素。

2）低噪声、高敏感度：CCD 具有很低的读出杂信和暗电流杂信，因此提高了信噪比（SNR），同时又具高敏感度，很低光度的入射光也能侦测到，其信号不会被掩盖，使 CCD 的应用比较不受天气环境的约束。

3）动态范围广：同时侦测及分辨强光和弱光，提高系统环境的使用范围，不因亮度差异大而造成信号反差现象。

4）良好的线性特性曲线：入射光源强度和输出信号大小成良好的正比关系，物体资讯不致损失，降低信号补偿处理成本。

5）高光子转换效率：很微弱的入射光照射都能被记录下来，若配合影像增强管及投光器，即使在暗夜远处的景物仍然还可以侦测得到。

6）大面积感光：利用半导体技术已可制造大面积的 CCD 半导体晶片，目前与传统底片尺寸相当的 35mm 的 CCD 已经开始应用在数码相

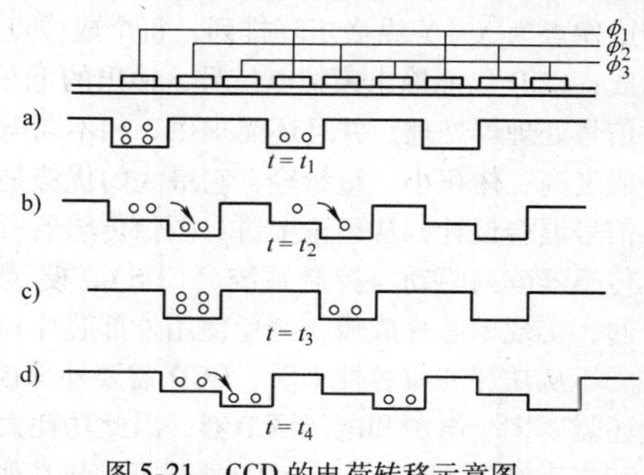

图 5-21　CCD 的电荷转移示意图

机中。

7）光谱响应广：能检测很宽波长范围的光，增加系统使用弹性，扩大系统应用领域。

8）低影像失真：使用CCD感测器，其影像处理不会有失真的情形，使原物体资讯忠实地反映出来。

9）体积小、重量轻：CCD具备体积小且重量轻的特性，因此，可容易地装置在人造卫星及各式导航系统上。

10）低耗电，不受强电磁场影响。

11）电荷传输效率佳：该效率系数影响信噪比、解像率，若电荷传输效率不佳，影像将变得较模糊；可大批量生产，品质稳定，坚固，不易老化，使用方便及保养容易。

5.3.2 CMOS图像传感器

1. CMOS图像传感器结构

CMOS线型图像传感器结构如图5-22所示。一个光敏二极管和一个CMOS型放大器组成一个像素。光敏二极管阵列在受到光照时，便产生相应于入射光量的电荷。

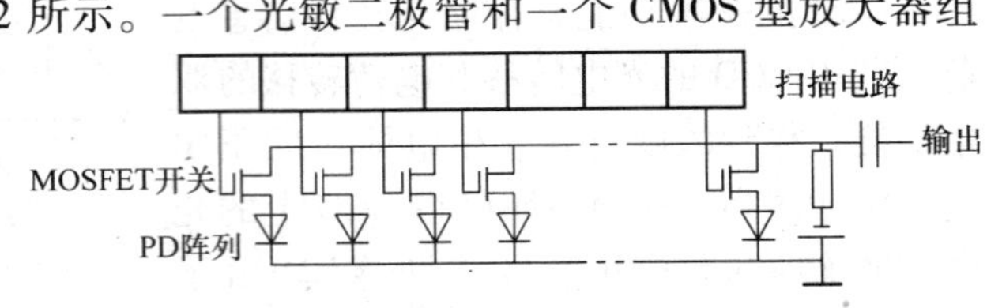

图5-22 CMOS线型图像传感器结构

扫描电路以时钟脉冲的时间间隔轮流给CMOS型放大器阵列的各个栅极加上电压，CMOS型放大器轮流进入放大状态，将光敏二极管阵列产生的光生电荷放大输出。

CMOS线型图像传感器由光敏二极管和CMOS型放大器阵列以及扫描电路集成在一块芯片上制成。

2. CMOS图像传感器和CCD图像传感器比较

与CCD图像传感器相比，CMOS图像传感器具有明显的优势。CCD存储的电荷信息，需在同步信号控制下一位一位地实施转移后读取，电荷信息转移和读取输出需要有时钟控制电路和3组不同的电源相配合，整个电路较为复杂，速度较慢。CMOS光电传感器经光电转换后直接产生电压信号，信号读取十分简单，还能同时处理各单元的图像信息，速度比CCD快得多。

CCD与CMOS两种传感器在“内部结构”和“外部结构”上都是不同的。CCD器件的成像点为X—Y纵横矩阵排列，每个成像点由一个光敏二极管和其控制的一个电荷存储区组成；CCD仅能输出模拟电信号，输出的电信号还需经后续地址译码器、模数转换器、图像信号处理器处理，并且还需提供3相不同电压的电源和同步时钟控制电路。CMOS器件的集成度高、体积小、重量轻，它最大的优势是具有高度系统整合的条件，因为采用数字—模拟信号混合设计，从理论上讲，图像传感器所需的所有功能，如垂直位移、水平位移暂存器、传感器阵列驱动与控制系统（CDS）、模/数转换器（ADC）接口电路等完全可以集成在一起，实现单芯片成像，避免使用外部芯片和设备，极大地减小了器件的体积和重量。

从功耗和兼容性来看，CCD需要外部控制信号和时钟信号来获得满意的电荷转移效率，还需要多个电源和电压调节器，因此功耗大；而CMOS-APS使用单一工作电压，功耗低，仅相当于CCD的1/10～1/100，还可以与其他电路兼容，具有功耗低、兼容性好的特点。

CCD 传感器需要特殊工艺，使用专用生产流程，成本高；而 CMOS 传感器使用与制造半导体器件 90% 的相同基本技术和工艺，且成品率高，制造成本低，目前用于摄像的 50 万像素的 CMOS 传感器不到 10 美元。

5.3.3 图像传感器应用

1. 光学文字识别装置

固态图像传感器可以用作光学文字识别装置的“读取头”，光学文字识别装置（OCR）的光源可用卤素灯。光源与透镜间设置红外滤光片以消除红外光影响。每次扫描时间为 300ns，因此，可做到高速文字识别。图 5-23 为 OCR 的原理图。经 A/D 变换后的二进制信号通过特别滤光片后，文字更加清晰。然后将文字逐个断切出来，经过以上处理后以固定方式对文字进行特征抽取，最后，将抽取所得特征与预先置入的诸文字特征相比较以判断与识别输入的文字。

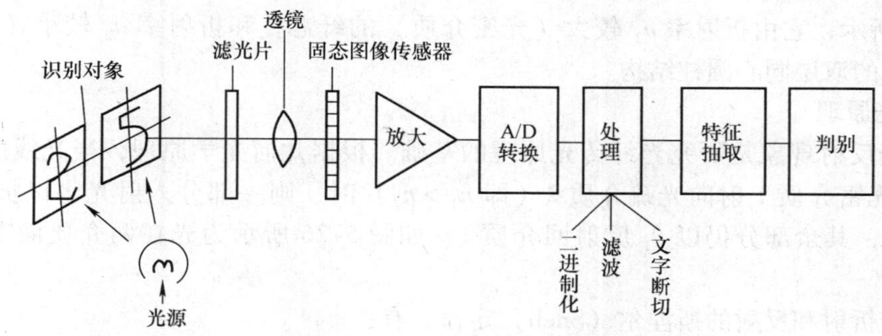

图 5-23　光学文字识别装置原理图

2. 射线成像检测

图 5-24 示出了 *X* 射线成像检测系统。射线经过构件后直接由射线—可见光转换屏转换，而后由 CCD 相机获取转换后的图像，经数字图像处理系统处理后，转换为数字图像进行分析处理和识别，从而完成构件缺路的射线实时检测。

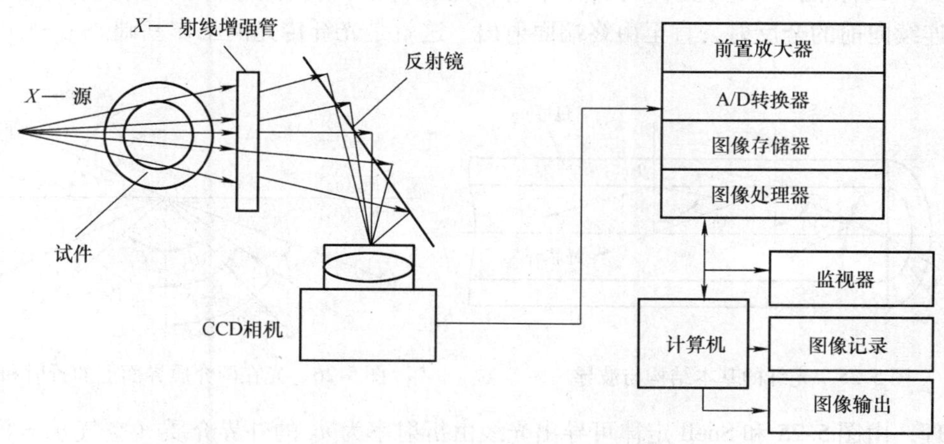

图 5-24　*X* 射线成像检测系统

5.4 光纤传感器

5.4.1 概述

光纤有很多优点，因此用它制成的光纤传感器（FOS）与常规传感器相比也有很多特点：抗电磁干扰能力强、高灵敏度、耐腐蚀、可挠曲、体积小、结构简单以及与光纤传输线路相容等。光纤传感器可应用于位移、振动、转动、压力、弯曲、应变、速度、加速度、电流、磁场、电压、湿度、温度、声场、流量、浓度、pH 值等 70 多个物理量的测量，且具有十分广泛的应用潜力和发展前景。

1. 光纤的结构

光纤是用光透射率高的电介质（如石英、玻璃、塑料等）构成的光通路。光纤的结构如图 5-25 所示，它由折射率 n_1 较大（光密介质）的纤芯，和折射率 n_2 较小（光疏介质）的包层构成的双层同心圆柱结构。

2. 传光原理

光的全反射现象是研究光纤传光原理的基础。根据几何光学原理，当光线以较小的入射角 θ_1 由光密介质 1 射向光疏介质 2（即 $n_1 > n_2$）时，则一部分入射光将以折射角 θ_2 折射入介质 2，其余部分仍以 θ_1 反射回介质 1，如图 5-26 所示为光在两介质面上的折射和反射。

依据光折射和反射的斯涅尔（Snell）定律，有：

$$n_1 \sin\theta_1 = n_2 \sin\theta_2 \tag{5-3}$$

当 θ_1 角逐渐增大，直至 $\theta_1 = \theta_c$ 时，透射入介质 2 的折射光也逐渐折向界面，直至沿界面传播（$\theta_2 = 90°$）。对应于 $\theta_2 = 90°$时的入射角 θ_1 称为临界角 θ_c；由式（5-3）则有：

$$\sin\theta_c = \frac{n_2}{n_1} \tag{5-4}$$

由图 5-25 和图 5-26 可见，当 $\theta_1 > \theta_c$ 时，光线将不再折射入介质 2，而在介质（纤芯）内产生连续向前的全反射，直至由终端面射出，这就是光纤传光的工作基础。

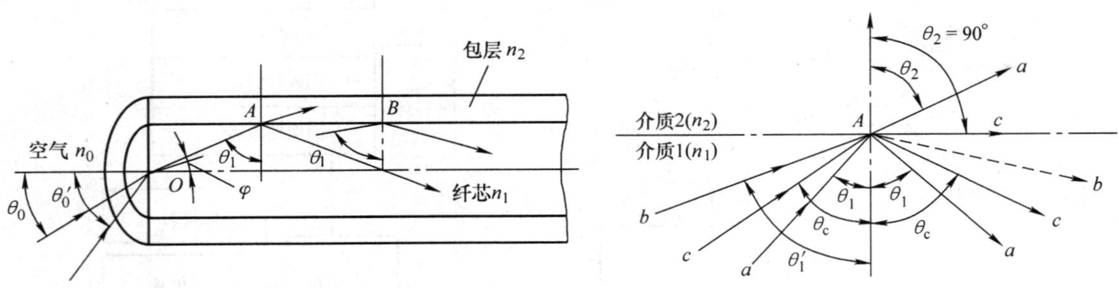

图 5-25　光纤的基本结构与波导　　图 5-26　光在两介质界面上的折射和反射

同理，由图 5-25 和 Snell 定律可导出光线由折射率为 n_0 的外界介质（空气 $n_0 = 1$）射入纤芯时实现全反射的临界角（始端最大入射角）为：

$$\sin\theta_c = \frac{1}{n_0}\sqrt{n_1^2 - n_2^2} = NA \tag{5-5}$$

式中　*NA*——定义为“数值孔径”。

它是衡量光纤集光性能的主要参数。它表示无论光源发射功率多大，只有 $2\theta_c$ 张角内的光，才能被光纤接收、传播（全反射）；*NA* 愈大，光纤的集光能力愈强。产品光纤通常不给出折射率，而只给出 *NA*。石英光纤的 *NA* = 0.2～0.4。

3. 光纤的种类

光纤按纤芯和包层材料性质分类，有玻璃光纤和塑料光纤两类；按折射率分有阶跃型和梯度型二种，如图 5-27 所示。阶跃型光纤纤芯的折射率不随半径而变，但在纤芯与包层界面处折射率有突变；梯度型光纤纤芯的折射率沿径向由中心向外呈抛物线由大渐小，至界面处与包层折射率一致，因此，这类光纤有聚焦作用，光线传播的轨迹近似于正弦波，如图 5-28 所示。

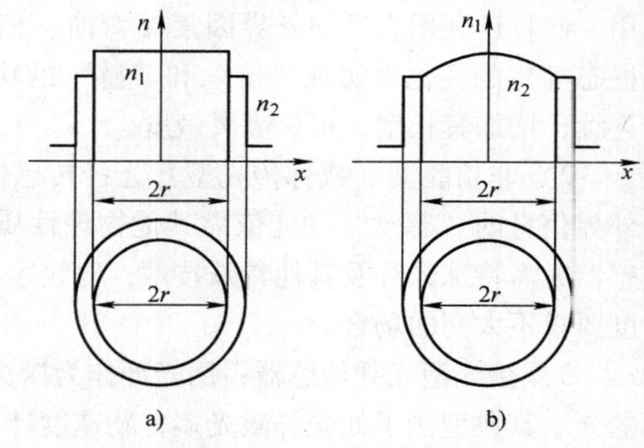

图 5-27　光纤的折射率断面
a）阶跃型　b）梯度型

光纤的另一种分类方法是按光纤的传播模式来分，可分为多模光纤和单模光纤两类。光纤传输的光波，可以分解为沿纵轴轴向传播和沿横轴切向传播的两种平面波成分。后者在纤芯和包层的界面上会产生全反射。当它在横切向往返一次的相位变化为 2π 的整数倍时，将形成驻波。形成驻波的光线组称为模；它是离散存在的，即某种光纤只能传输特定模数的光。通常纤芯直径较粗时，能传播几百个以上的模，纤芯很细时，只能传播一个模。前者称为多模光纤，多用于非功能型（NF）光纤传感器；后者是单模光纤，多用于功能型（FF）光纤传感器。

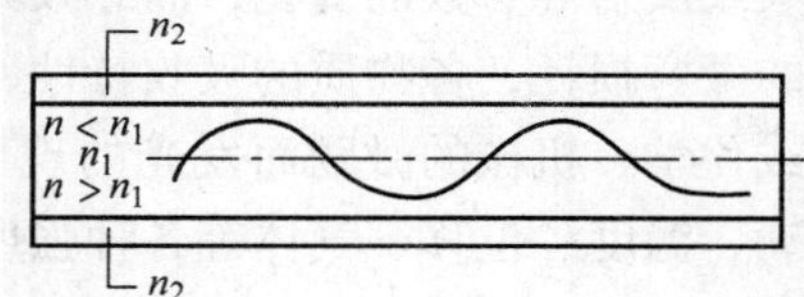

图 5-28　光在梯度型光纤的传输

5.4.2　光纤传感器

1. 结构原理

光纤传感器是一种把被测量的状态转变为可测的光信号的装置。由光发送器、敏感元器件（光纤或非光纤的）、光接收器、信号处理系统以及光纤构成。

由光发送器发出的光经光源光纤引导至敏感元器件。这时，光的某一性质受到被测量的调制，已调光经接收光纤耦合到光接收器，使光信号变为电信号，最后经信号处理得到所期待的被测量，如图 5-29 所示。

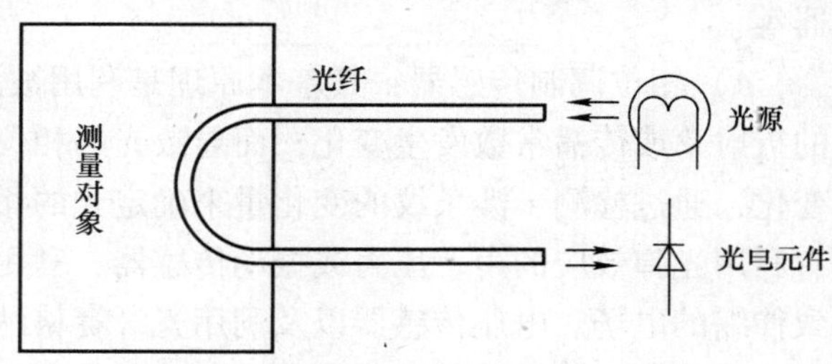

图 5-29　光纤传感器的基本结构原理示意图

2. 光纤传感器的分类

（1）根据光纤在传感器中的作用分类

光纤传感器分为功能型、非功能型和拾光型3大类。

1）功能型（全光纤型）光纤传感器：利用对外界信息具有敏感能力和检测能力的光纤（或特殊光纤）作传感元器件，将“传”和“感”合为一体的传感器。光纤不仅起传光作用，而且还利用光纤在外界因素（弯曲、相变）的作用下，其光学特性（光强、相位、偏振态等）的变化来实现“传”和“感”的功能。因此，传感器中光纤是连续的。由于光纤连续，增加其长度，可提高灵敏度。

2）非功能型（或称传光型）光纤传感器：光纤仅起导光作用，只“传”不“感”，对外界信息的“感觉”功能依靠其他物理性质的功能元器件完成。光纤不连续。此类光纤传感器无需特殊光纤及其他特殊技术，比较容易实现，成本低。但灵敏度也较低，用于对灵敏度要求不太高的场合。

3）拾光型光纤传感器：用光纤作为探头，接收由被测对象辐射的光或被其反射、散射的光。其典型例子如光纤激光多普勒速度计、辐射式光纤温度传感器等。

（2）根据光受被测对象的调制形式分类

按光受被测对象的调制形式，光纤传感器可分为下列4类。

1）强度调制型光纤传感器：是一种利用被测对象的变化引起敏感元器件的折射率、吸收或反射等参数的变化，而导致光照强度变化来实现敏感测量的传感器。其中包括利用光纤的微弯损耗，各物质的吸收特性，振动膜或液晶的反射光强度的变化，物质因各种粒子射线或化学、机械的激励而发光的现象，以及物质的荧光辐射或光路的遮断等来构成压力、振动、温度、位移、气体等各种强度调制型光纤传感器。其优点是结构简单、容易实现，成本低；缺点是受光源强度波动和连接器损耗变化等影响较大。

2）偏振调制光纤传感器：是一种利用光偏振态变化来传递被测对象信息的传感器。其中包括利用光在磁场中媒质内传播的法拉第效应做成的电流、磁场传感器，利用物质的光弹效应构成的压力、振动或声传感器，以及利用光纤的双折射性构成温度、压力、振动等传感器。这类传感器可以避免光源强度变化的影响，因此灵敏度高。

3）频率调制光纤传感器：是一种利用单色光射到被测物体上反射回来的光的频率发生变化来进行监测的传感器。其中包括利用运动物体反射光和散射光的多普勒效应的光纤速度、流速、振动、压力、加速度传感器，利用物质受强光照射时的喇曼散射构成的测量气体浓度或监测大气污染的气体传感器，以及利用光致发光的温度传感器等。

4）相位调制传感器：其基本原理是利用被测对象对敏感元器件的作用，使敏感元器件的折射率或传播常数发生变化，而导致光的相位变化，使两束单色光所产生的干涉条纹发生变化，通过检测干涉条纹的变化量来确定光的相位变化量，从而得到被测对象的信息。通常有利用光弹效应的声、压力或振动传感器，利用磁致伸缩效应的电流、磁场传感器，利用电致伸缩的电场、电压传感器以及利用光纤赛格纳克（Sagnac）效应的旋转角速度传感器（光纤陀螺）等。这类传感器的灵敏度很高，但由于需用特殊光纤及高精度检测系统，因此成本高。

5.4.3　光纤传感器的应用

1. 光纤液位传感器

图 5-30 所示为基于全内反射原理研制的液位传感器。它由 LED 光源，光敏二极管，多模光纤等组成。它的结构特点是，在光纤测头端有一个圆锥体反射器。当测头置于空气中，没有接触液面时，光线在圆锥体内发生全内反射而返回到光敏二极管。当测头接触液面时，由于液体折射率与空气不同，全内反射被破坏，将有部分光线透入液体内，使返回到光敏二极管的光强变弱；返回光强是液体折射率的线性函数。返回光强发生突变时，表明测头已接触到液位。

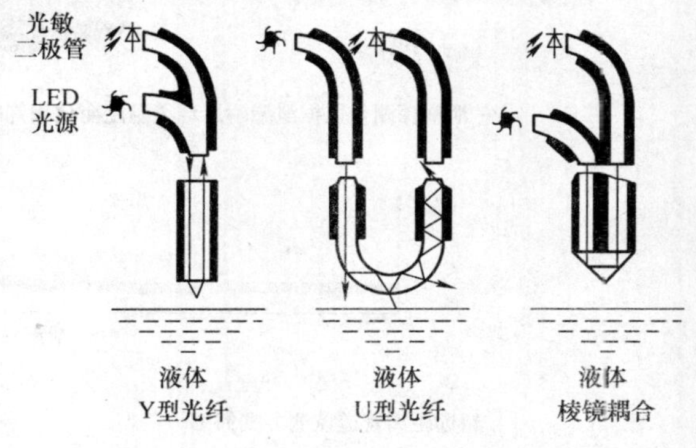

图 5-30　光纤液位传感器

Y 型光纤结构主要是由一个 Y 型光纤、全反射锥体、LED 光源以及光敏二极管等组成。

U 型光纤是一种 U 型结构。当测头浸入到液体内时，无包层的光纤光波导的数值孔径增加，液体起到了包层的作用，接收光强与液体的折射率和测头弯曲的形状有关。为了避免杂光干扰，光源采用交流调制。

棱镜耦合结构中，两根多模光纤由棱镜耦合在一起，它的光调制深度最强，而且对光源和光电接收器的要求不高。由于同一种溶液在不同浓度时的折射率也不同，所以经过标定，这种液位传感器也可作为浓度计。光纤液位计可用于易燃、易爆场合，但不能探测污浊液体以及会粘附在测头表面的粘稠物质。

2. 光纤传感器在石化工业中的应用

工厂的电磁环境和周围空气中带有的诸如重金属、化合物、燃化油蒸汽等物质，不利于常规电式传感器和仪器的工作。由于独特的电绝缘性赋予光纤传感器的抗电磁干扰能力，和在易燃易爆场合的本征安全性，以及快速响应和对腐蚀液体的抗拒性，光纤传感器适用于工厂的工作环境。尤其在属于易燃易爆领域的石化工业，光纤光栅传感器因其本质安全性非常适合在石油化工领域中的应用。

由于光纤光栅传感器具有抗电磁干扰、耐腐蚀等优点，因此，可以替代传统的电传感器广泛应用在海洋石油平台上及油田、煤田中探测储量和地层情况。内置于细钢管中的光纤光栅传感器可用作海上钻探平台的管道或管子温度及延展测量的光缆。采用光纤光栅传感系统可以对长距离油气管道实行分布式实时的在线监测。我们将光纤光栅传感器封装在聚合物丁基合成橡胶中，这种聚合物具有良好的遇油膨胀特性，当管道或储油罐漏油后，传感器被石油浸泡，聚合物膨胀拉伸光纤光栅，使光栅中心波长漂移，通过检测这个漂移达到报警目的。在室温下，设系统存在漏油，20min 内波长漂移量大于 2nm，大大超过了环境温度变化可能引入的波长漂移（0.5nm）。如图 5-31 所示为超远距离管道监测示意图。

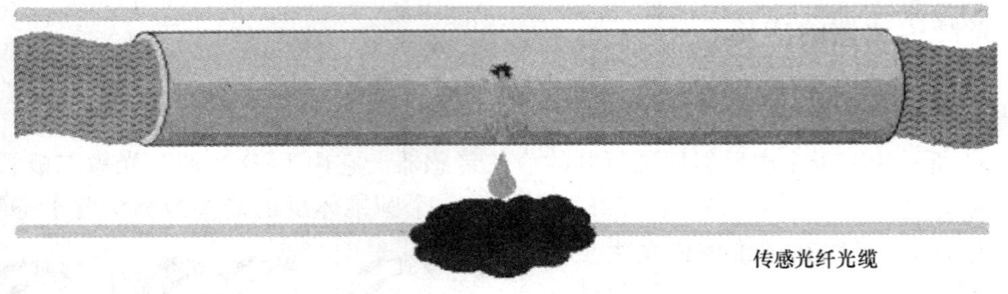

泄漏探测是依据泄漏附近环境温度变化来判断的

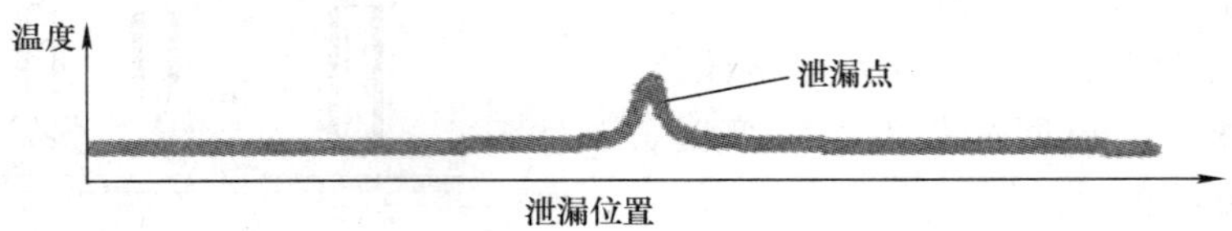

超远距离管道监测方案简图:

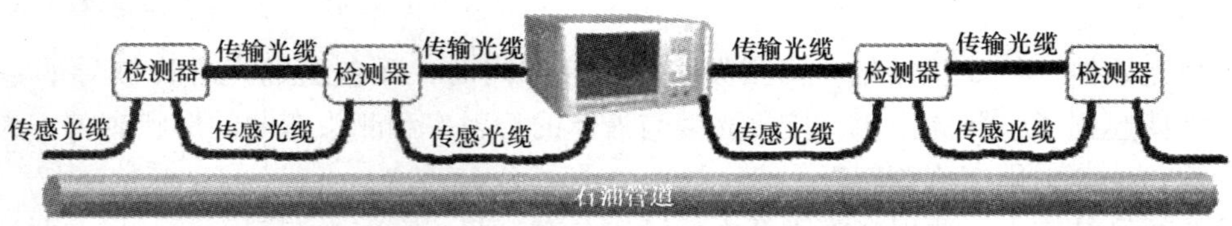

图 5-31　超远距离管道监测示意图

5.5　综合技能实训

5.5.1　实训 1　红外遥控器

1. 实训目的

1）了解红外探测器（光敏晶体管）、红外发射器（发光二极管）的结构特点及使用方法。

2）掌握遥控器数字调制的基本结构。

3）熟悉 555 定时器的使用。

2. 实训设备与器材

（1）面包板或实验板

（2）红外发射器（红色发光二极管）、红外探测器（光敏晶体管）、2N3904 NPN 晶体管

（3）555 定时器

（4）若干电阻、电容

3. 实训原理

（1）555 计时器电路介绍

555 计时器集成电路是 TTL 电路与运放器的混合器件，基本上可以看成一个单稳触发器。通用性强，使用广泛。其引脚排列如图 5-32所示。

典型参数：最大驱动电流 $I<150\text{mA}$；电源电压 $U=4.5\sim18\text{V}$

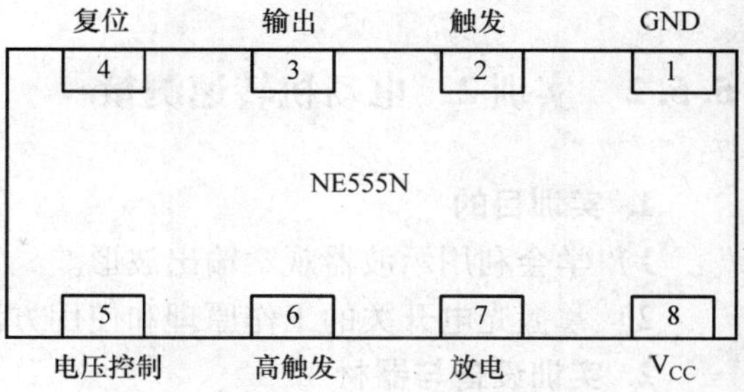

复位 4 | 输出 3 | 触发 2 | GND 1
NE555N
电压控制 5 | 高触发 6 | 放电 7 | V_{CC} 8

图 5-32　555 计时器的引脚排列

（2）红外光遥控器电路构造

红外光遥控器使用一种特殊的编码方式，称为不归零调制 NRZ。高电平由 40kHz 方波信号表示，而低电平则由无信号表示。40kHz 方波信号使用 555 定时器电路发生，如图 5-33所示。数字开关连接至针脚 4［RESET］，这样当开关为 HI 时，方波信号就会生成。而当开关为 LO 时，没有振荡发生。由发光二极管将振荡的电压信号转化为光信号在自由空间传播，然后由光敏晶体管接收光信号，将其转化为电信号。

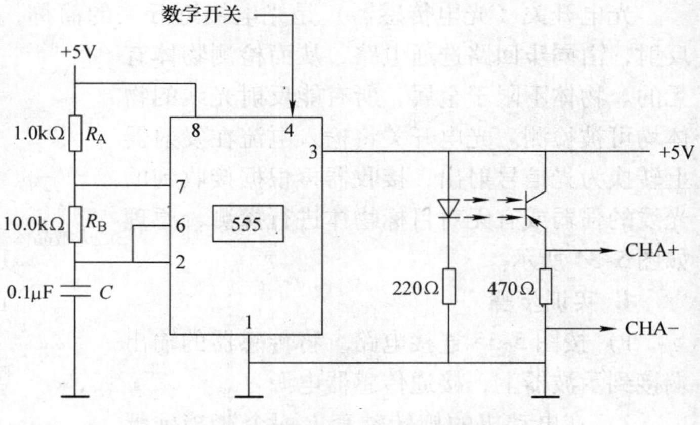

数字开关
+5V
1.0kΩ R_A
10.0kΩ R_B
0.1μF C
8 4 3 7 6 2 1
555
+5V
220Ω
470Ω
CHA+
CHA−

图 5-33　红外遥控器电路图

4. 实训步骤

（1）测试二极管，确定其极性

半导体二极管是一种极性元器件，通常其一端有带状标记注明是负极，另一端称为正极。尽管根据二极管的封装不同，有许多种方法标注极性，但是有一点始终不变——即如果在正极上正电压使二极管正向导通，电流能够流通。可以使用数字万用表判断二极管的极性。试着在两个方向使电流通过发光二极管，如果看到发光二极管发光，二极管中连接到 LO 即黑色插头的一端是负极。

（2）遥控器数字电路构造

完成以下步骤构建振荡器：

1）将 555 定时器芯片的针脚 4 连接至数字开关接口。

2）将振荡器输出针脚 3 连接至红外发光二极管发送器信号源。

3）将接收器电路的输出连接至示波器通道 A。

4）将 555 定时器芯片的针脚 1 连接至地，其他管脚如图所示连接好电阻电容。

5）打开示波器，观察波形。

6）在操作中，每次将数字开关接口设置为高电平，在示波器上就会出现一个 1kHz 信号。当设置为低电平时，不显示任何信号。

5. 实训报告

1）画出红外遥控器的应用电路，并说明电路工作原理。

2）总结光学传感器的应用方法及使用注意事项。

5.5.2 实训2 电动机转速测量

1. 实训目的

1）学会利用示波器观察输出波形。

2）掌握光电开关的工作原理和使用方法。

2. 实训设备与器材

（1）示波器

（2）光电式接近开关

（3）YYJT 型齿轮减速电容运转异步电动机

3. 实训原理

光电开关（光电传感器）是光电接近开关的简称，它是利用被检测物对光束的遮挡或反射，由同步回路选通电路，从而检测物体有无的。物体不限于金属，所有能反射光线的物体均可被检测。光电开关将输入电流在发射器上转换为光信号射出，接收器再根据接收到的光线的强弱或有无对目标物体进行探测，原理如图 5-34 所示。

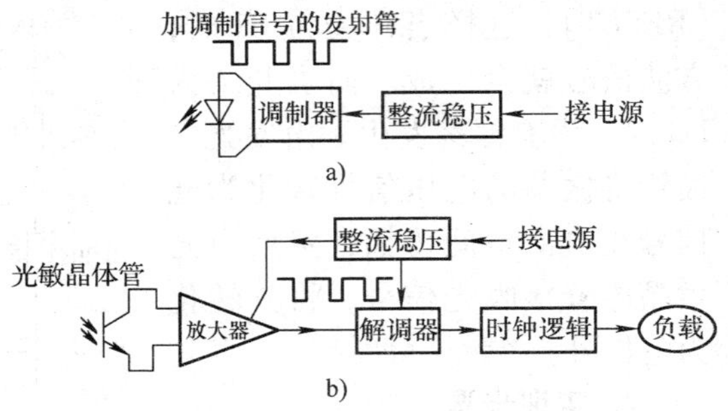

图 5-34 光电开关的工作原理图

a）发射器 b）接收器

4. 实训步骤

1）按图 5-35 连接电路。将传感器的输出端接到示波器上，接通传感器电源。

2）在电动机的旋转轴套上一个遮挡硬纸片，要求一端长一端短，将光电开关靠近遮挡硬纸片的长端，然后接通电动机电源，硬纸片会随着电动机主轴旋转，每旋转一周硬纸片长端遮挡光电开关一次，关电开关的输出电压会跳变一次。

3）通过观察示波器，记录电压跳变的次数，同时使用秒表记录时间，计算出电动机的转速。

光电式接近开关测量：电动机转速________转/min

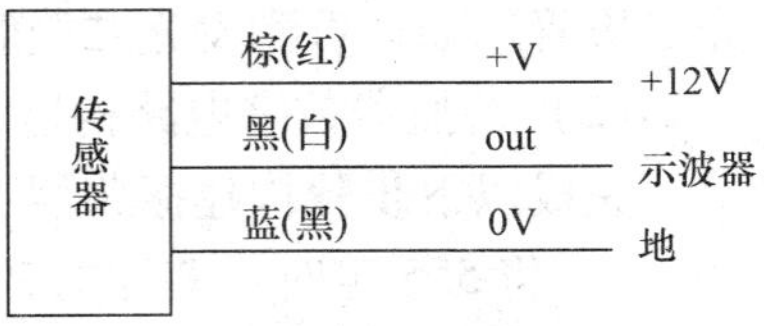

传感器
棕(红) +V +12V
黑(白) out 示波器
蓝(黑) 0V 地

图 5-35 硬件电路图

5. 实训报告

1）记录在测量中遇到的问题及其处理方法。

2）总结光电开关的工作原理和使用方法。

5.6 小结

1）光照射到某些物质上，引起物质的电性质发生变化，也就是光能量转换成电能。这类光致电变的现象被统称为光电效应（Photoelectric effect）。在光的作用下，物体内的电子逸出物体表面向外发射的现象叫做外光电效应。基于外光电效应的电子元器件有光电管、光电倍增管。当光照在物体上，使物体的电导率发生变化，或产生光生电动势的现象称为内光电效应，分为光电导效应和光生伏特效应（光伏效应）。

光电导效应是在光线作用下，电子吸收光子能量从键合状态过渡到自由状态，而引起材料电导率的变化。当光照射到光电导体上时，若这个光电导体为本征半导体材料，且光辐射能量又足够强，光电材料价带上的电子将被激发到导带上去，使光导体的电导率变大。基于这种效应的光电器件有光敏电阻。

光生伏特效应是在光作用下能使物体产生一定方向电动势的现象。基于该效应的器件有光电池和光敏二极管、晶体管。

2）红外光传感器是利用物体产生红外辐射的特性，实现自动检测的传感器。

红外传感器一般由光学系统、探测器、信号调理电路及显示单元等组成。红外探测器是红外传感器的核心。红外探测器是利用红外辐射与物质相互作用所呈现的物理效应来探测红外辐射的。红外探测器的种类很多，按探测机理的不同，分为热探测器（基于热效应）和光子探测器（基于光电效应）两大类。

3）固态图像传感器是利用光电元器件的光—电转换功能，将其感光面上的光像转换为与光像成相应比例关系的“图像”电信号的一种功能器件。固态图像传感器具有体积小、重量轻、析像度高、功耗低和低电压驱动等优点。目前已广泛应用于图像处理、电视、自动控制、测量和机器人等领域。它分为 CCD 和 CMOS 两种。

4）光纤传感器是一种把被测量的状态转变为可测的光信号的装置。由光发送器、敏感元器件（光纤或非光纤的）、光接收器、信号处理系统以及光纤构成。

5.7 习题

1. 什么叫内光电效应、外光电效应、光生伏特效应？
2. 光电元器件有哪几种类型？说明它们的工作原理。
3. 试述光敏电阻简单结构，用哪些参数和特性来表示它的性能？
4. 试述用光敏电阻检测光的原理。
5. 试述光敏电阻、光敏二极管、光敏晶体管和光电池的工作原理，如何正确选用这些器件？举例说明。
6. 红外线传感器有哪些类型？说明它们的工作原理。
7. 光纤传感器由哪几部分组成？各有什么作用？
8. 光纤位移传感器测量位移时对被测物体的表面有些什么要求？
9. 说明光纤液位传感器的工作原理。

第6章　气、湿敏传感技术

学习要点

① 掌握气敏传感器的主要特性、基本工作原理。

② 了解气敏传感器的组成、特性参数，理解它们的测量、应用电路。

③ 掌握湿敏传感器的主要特性、基本工作原理。

④ 了解湿敏传感器的组成，理解它们的测量、应用电路。

气体与人类的日常生活密切相关，对气体的检测已经是保护和改善生态居住环境不可缺少的手段，气敏传感器发挥着极其重要的作用。气敏传感器是用来检测气体浓度和成分的传感器，它对于环境保护和安全监督方面起着极重要的作用。

随着现代工农业技术的发展及生活条件的提高，湿度的检测与控制成为生产和生活中必不可少的手段。

6.1　气敏传感器

气敏传感器是暴露在各种成分的气体中使用的，由于检测现场温度、湿度的变化很大，又存在大量粉尘和油雾等，所以其工作条件较恶劣，而且气体对传感元器件的材料会产生化学反应物，附着在元器件表面，往往会使其性能变差。所以对气敏传感器有下列要求：能够检测报警气体的允许浓度和其他标准数值的气体浓度，能长期稳定工作，重复性好，响应速度快，共存物质所产生的影响小等。常用的气体传感器主要有半导体气敏传感器和红外吸收式气敏传感器等。

6.1.1　半导体气敏传感器

由于被测气体的种类繁多，性质各不相同，不可能用一种传感器来检测所有气体，所以气敏传感器的种类也有很多。近年来随着半导体材料和加工技术的迅速发展，实际使用最多的是半导体气敏传感器，这类传感器一般多用于气体的粗略鉴别和定性分析，具有结构简单、使用方便等优点。

半导体气敏传感器是利用待测气体与半导体（主要是金属氧化物）表面接触时，产生的电导率等物性变化来检测气体。按照半导体与气体相互作用时产生的变化只限于半导体表面或深入到半导体内部，可分为表面控制型和体控制型。第一类，半导体表面吸附的气体与半导体接触，使半导体的电导率等物性发生变化，但内部化学组成不变；第二类，半导体与气体的反应，使半导体内部组成（晶格缺陷浓度）发生变化，而使电导率改变。按照半导体变化的物理特性，又可分电阻型和非电阻型两类。电阻型半导体气敏元件是利用敏感材料接触气体时，其阻值变化来检测气体的成分或浓度；非电阻型半导体气敏元件是利用其他参数，如二极管伏安特性和场效应晶体管的阈值电压变化来检测被测气体。SnO_2（氧化锡）是目前应用最多的一种气敏元件。

半导体气敏元件有N型和P型之分。N型在检测时阻值随气体浓度的增大而减小；P型阻值随气体浓度的增大而增大。像SnO_2金属氧化物半导体气敏材料，属于N型半导体，在200~300℃时它吸附空气中的氧，形成氧的负离子吸附，使半导体中的电子密度减少，从而使其电阻值增加。当遇到有能供给电子的可燃气体（如CO等）时，原来吸附的氧脱附，而由可燃气体以正离子状态吸附在金属氧化物半导体表面，氧脱附放出电子，可燃性气体以正离子状态吸附也要放出电子，从而使氧化物半导体电子密度增加，电阻值下降。可燃性气体不存在了，金属氧化物半导体又会自动回复氧的负离子吸附，使电阻值升高到初始状态。这就是半导体气敏元件检测可燃气体的基本原理。

半导体气敏传感器的种类如表6-1所示。

表6-1　半导体气敏传感器的种类

	主要物理特性		传感器举例	工作温度	典型被测气体
电阻式	电阻	表面控制型	氧化银、氧化锌	室温~450℃	可燃性气体
		体控制型	氧化钛、氧化钴、氧化镁、氧化锡	700℃以上	酒精、氧气、可燃性气体
非电阻式	表面电位		氧化银	室温	硫醇
	二极管整流特性		铂/硫化镉、铂/氧化钛	室温~200℃	氢气、一氧化碳、酒精
	晶体管特性		铂栅MOS场效应晶体管	150℃	氢气、硫化氢

1. 电阻型气敏元器件

电阻型气敏元器件目前使用比较广泛。按其结构可分为烧结型、薄膜型和厚膜型3种，下面分别予以介绍。

（1）烧结型

烧结型气敏元器件的制作是将一定配比的敏感材料（SnO_2、ZnO）及掺杂剂（Pt、Pb）等以水或粘合剂调和，经研磨后使其均匀混合，然后将已均匀混合的膏状物滴入模具内，用传统的制陶方法进行烧结。烧结时埋入加热丝和测量电极，最后将加热丝和测量电极焊在管座上，加特制外壳构成元器件。这种元器件一般分为直热式和旁热式两种结构，如图6-1、图6-2所示。

直热式元器件管芯体积一般都很小，加热丝直接埋在金属氧化物半导体材料内，兼作一个测量板，该结构制造工艺简单。其缺点是：

1）热容量小，易受环境气流的影响。

2）测量电路和加热电路之间相互影响。

3）加热丝在加热和不加热状态下产生胀、缩，容易造成与材料接触不良的现象。

旁热式气敏元器件的管芯是在陶瓷管内放置高阻加热丝，在瓷管外涂梳状金电极，再在金电极外涂气敏半导体材料。这种结构形式克服了内热式元器件的缺点，使器件稳定性有明显提高。

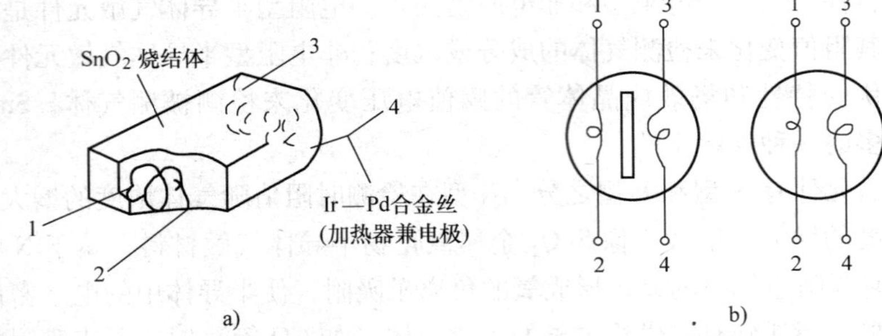

图 6-1　直热式气敏元器件

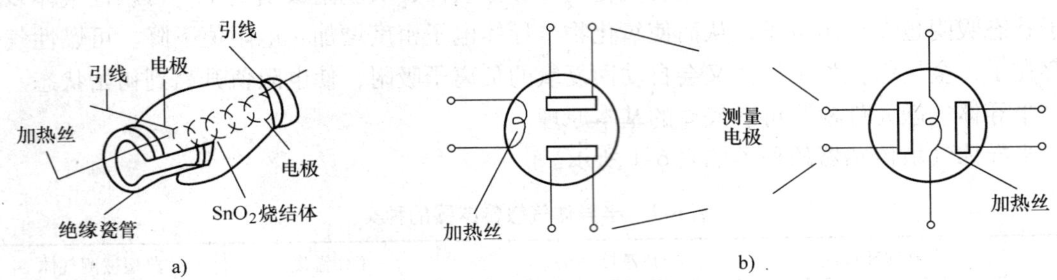

图 6-2　旁热式气敏元器件

（2）薄膜型

薄膜型气敏元器件的制作首先须处理基片（玻璃石英式陶瓷），焊接电极，然后采用蒸发或溅射方法在石英基片上形成一薄层氧化物半导体薄膜。实验测得 SnO_2 和 ZnO 薄膜的气敏特性较好。

薄膜型气敏元器件外形结构如图 6-3 所示。这种元器件具有较高的机械强度，而且具有互换性好，产量高、成本低等优点。

（3）厚膜型

为解决器件一致性问题，1977 年发展了厚膜型器件。它是由 SnO_2 和 ZnO 等材料与 3% ~15%（重量）的硅凝胶混合制成能印刷的厚膜胶，把厚膜胶用丝网印制到事先安装有铂电极的 Al_2O_3 基片上，以 400 ~800℃烧结 1 小时制成。其结构如图 6-4 所示。厚膜工艺制成的元器件一致性较好，机械强度高，适于批量生产，是一种有前途的器件。

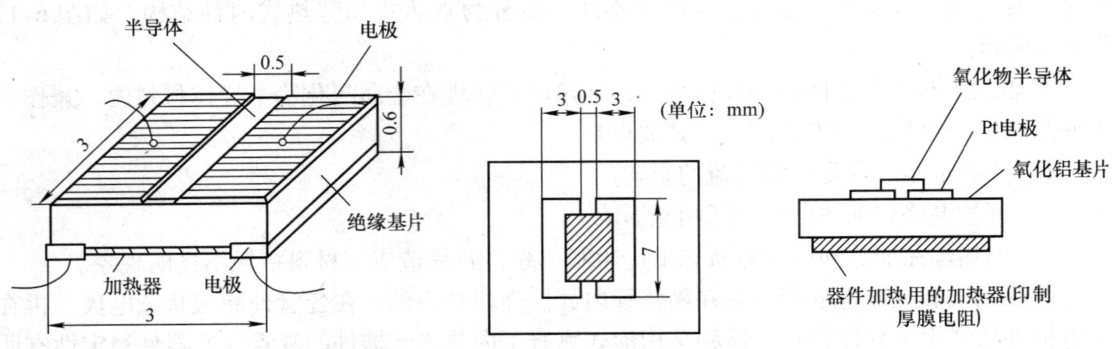

图 6-3　薄膜型气敏元器件结构图　　图 6-4　厚膜型气敏元器件的结构

以上3种气敏元器件都附有加热器。在实际应用时，加热器能使附着在测控部分上的油雾，尘埃等烧掉，同时加速气体的吸附，从而提高了器件的灵敏度和响应速度，一般加热到200～400℃，具体温度视所掺杂质不同而异。

这种气敏元器件的优点是：工艺简单，价格便宜，使用方便；对气体浓度变化时的响应快；即使在低浓度（3000mg/kg）下，灵敏度也很高。其缺点是：稳定性差，老化较快，气体识别能力不强，各元器件之间的特性差异大等。

2. 非电阻型气敏器件

（1）二极管气敏传感器

如果二极管的金属与半导体的界面吸附有气体，而这种气体又对半导体的禁带宽度（反映了价电子被束缚强弱程度的一个物理量，也就是产生本征激发所需要的最小能量）或金属的功函数（表示一个起始能量为费米能级的电子由金属内部逸出到真空中所需最小能量）有影响的话，则其整流特性就会发生变化。在掺铟的硫化镉上，薄薄地蒸发一层钯薄膜，就形成了钯硫化镉二极管气敏传感器，这种传感器可用来检测氢气。氢气对这种二极管整流特性的影响如下：在氢气浓度急剧增高的同时，正向偏置条件下的电流也急剧增大。所以在一定的偏置下，通过测量电流值就能知道氢气的浓度。电流值之所以增大，是因为吸附在钯表面的氧气由于氢气浓度的增高而解吸，从而使肖特基势垒（金属－半导体边界上形成的具有整流作用的区域）降低的缘故。

（2）MOS二极管气敏器件

金属－氧化物－半导体（MOS）二极管的结构和等效电路如图6-5所示。它是利用MOS二极管的电容－电压特性的变化制成的MOS半导体气敏器件。在P型半导体硅芯片上，采用热氧化工艺生长一层厚度为50～100nm的SiO_2层，然后再在其上蒸发一层钯金属薄膜，作为栅电极。SiO_2层电容C_a是固定不变的，Si－SiO_2界面电容C_s是外加电压的函数。所以总电容C是栅极偏压的函数。其函数关系称为该MOS管的$C-U$（电容－电压）特性。由于钯对氢气（H_2）特别敏感，在吸附H_2以后，会使钯的功函数降低。这将引起MOS管的$C-U$特性向负偏压方向平移，如图6-6所示，由此可测定H_2的浓度。

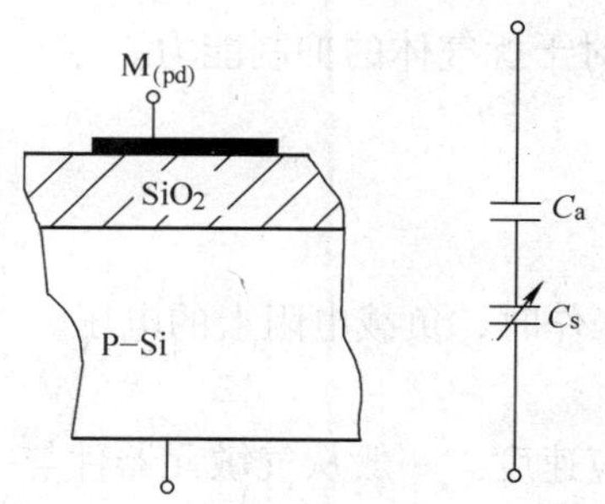

图6-5　MOS气敏器件的结构和等效电路

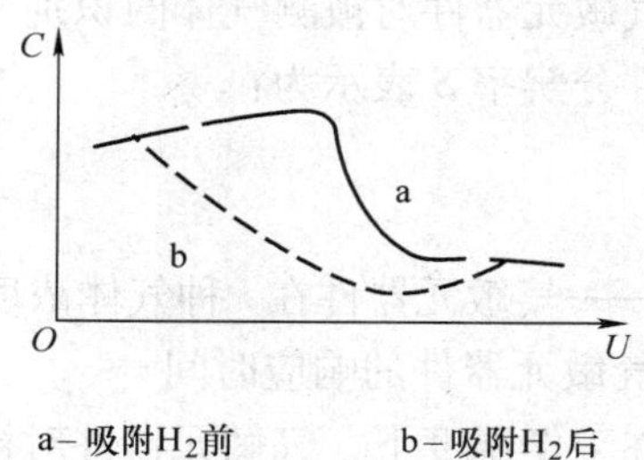

图6-6　MOS结构的C-U特性和等效电路

（3）Pd-MOSFET气敏器件

这种器件是利用MOS场效应晶体管（MOSFET）的阈值电压的变化做成的半导体气敏器件。Pd-MOSFET与普通MOSFET的主要区别在于用Pd薄膜取代Al膜作为栅极。因为钯对H_2吸附能力强，而H_2在钯上的吸附将导致钯的功函数降低。阈电压U_T的大小与金属和半导体之间的功函数差有关。Pd-MOSFET 气敏器件正是利用 H_2 在钯栅上吸附后引起阈电压 U_r 下降这一特性来检测 H_2 浓度的。

由于目前大多数气敏器件的选择性并不理想，而钯膜只对 H_2 敏感，所以 MOSFET 对氢有独特的高选择性。由于这类器件的性能尚不太稳定，作为定量检测氢气浓度还存在一些问题。

3. 半导体气敏元器件的特性参数

(1) 气敏元器件的电阻值

将电阻型气敏元器件在常温下洁净空气中的电阻值，称为气敏元器件（电阻型）的固有电阻值，表示为 R_a。一般其固有电阻值在 $10^3 \sim 10^5 \Omega$ 范围。

(2) 气敏元器件的灵敏度

表征气敏元器件对于被测气体的敏感程度的指标。它表示气体敏感元器件的电参量（如电阻型气敏元器件的电阻值）与被测气体浓度之间的关系。

表示的方法有 3 种：

1) 电阻比灵敏度 K：

$$K = \frac{R_a}{R_g} \tag{6-1}$$

式中 R_a——气敏元器件在洁净空气中的电阻值；

R_g——气敏元器件在规定浓度的被测气体中的电阻值。

2) 气体分离度 α：

$$\alpha = \frac{R_{c1}}{R_{c2}} \tag{6-2}$$

式中 R_{c1}——气敏元器件在浓度为 c_1 的被测气体中的阻值；

R_{c2}——气敏元器件在浓度为 c_2 的被测气体中的阻值；通常 $c_1 > c_2$。

3) 输出电压比灵敏度 K_V

$$K_V = \frac{V_a}{V_g} \tag{6-3}$$

式中 V_a——气敏元器件在洁净空气中工作时，负载电阻上的电压输出；

V_g——气敏元器件在规定浓度被测气体中工作时，负载电阻上的电压输出。

(3) 气敏元器件的分辨率

表示气敏元器件对被测气体的识别（选择）以及对干扰气体的抑制能力。

气敏元器件分辨率 S 表示为：

$$S = \frac{\Delta V_g}{\Delta V_{gi}} = \frac{V_g - V_a}{V_{gi} - V_a} \tag{6-4}$$

式中 V_{gi}——气敏元器件在 i 种气体浓度为规定值中工作时，负载电阻上的电压。

(4) 气敏元器件的响应时间

表示在工作温度下，气敏元器件对被测气体的响应速度。一般从气敏元器件与一定浓度的被测气体接触时开始计时，直到气敏元器件的阻值达到在此浓度下的稳定电阻值的 63% 时为止，所需时间称为气敏元器件在此浓度下的被测气体中的响应时间，通常用符号 t_r 表示。

(5) 气敏元器件的回复时间

表示在工作温度下，被测气体由该元器件上解吸的速度，一般从气敏元器件脱离被测气体时开始计时，直到其阻值回复到在洁净空气中阻值的 63% 时所需时间。

（6）初期稳定时间

长期在非工作状态下存放的气敏元器件，因表面吸附空气中的水分或者其他气体，导致其表面状态的变化，在加上电负荷后，随着元器件温度的升高，发生解吸现象。因此，使气敏元器件回复正常工作状态，需要一定的时间，称为气敏元器件的初期稳定时间。

（7）气敏元器件的加热电阻和加热功率

气敏元器件一般工作在200℃以上高温。为气敏元器件提供必要工作温度的加热电路的电阻（指加热器的电阻值）称为加热电阻，用 R_H 表示。直热式的加热电阻值一般小于5Ω；旁热式的加热电阻大于20Ω。

气敏元器件正常工作所需的加热电路功率，称为加热功率，用 P_H 表示，一般在0.5～2.0W范围。

6.1.2 红外吸收式气敏传感器

1. 测量原理

通常，一束红外光的强度在通过一个气体容器时将会减少，而光照强度损失是一定体积内活动气体分子数量的函数，它将用来表示气体浓度的函数。

而气体与红外光的相互作用只在红外光的特定波长发生，与这一事实结合，可以设计一种强有力的工具用来测量特定气体的密度，即使在有别的气体存在的情况下也可以实现该功能。

光是由一系列单色光组成，红外光即是由一系列处于红外频率的单色光组成。大部分非对称双原子和多原子分子气体（如 CH_4，H_2O，NH_3，CO，C_2H_2，SO_2，NO和 NO_2 等）在红外区都有自己特征频率的吸收频率。每种气体都有吸收自己对应频率红外光能量的性质，气体吸收红外光最强的频率就称为该气体的特征吸收频率。光穿过气体时，特征频率谱线光能就会被气体吸收，从而使该频率的光的能量减弱。每种气体在红外辐射波段都有一条或若干条自己的特征吸收谱线。表6-2给出了部分气体的特征红外吸收波长的数值。

表6-2 部分气体的特征红外吸收波长表

气体	特征红外吸收波长	气体	特征红外吸收波长
CO	4.65μm	SO_2	7.3μm
CO_2	2.7μm，4.24μm，14.5μm	NH_3	2.3μm，2.8μm，6.1μm，9μm
CH_4	2.4μm，3.3μm，7.65μm	H_2S	7.6μm
NO	5.3μm	HCL	3.4μm
NO_2	6.13μm	HCN	3μm，6.25μm，16.6μm
N_2O	4.53μm	HBr	4μm

特征频率并非一个单一频率的光线，它是由一定频率范围内的光组成的。也就是说，特征吸收频率是有带宽的。带宽范围内的各个频率被吸收的程度也是不一样的，计算红外光穿过气体被吸收的能量，需要计算带内各个频率光线被吸收能量的总和。为了方便计算吸收能量的总和，因而建立了各种吸收模型。光线能量减弱的程度与气体浓度和光线在气体中经过的路程成比例，而这个关系服从朗伯—比尔定律。

当一定频率强度为 I_0 的入射红外光穿过气体时，气体吸收自己特征频率红外光的能量后，从而使出射光能量减弱为 I，即：

$$I = I_0 e^{(-\mu CL)} \tag{6-5}$$

式中　μ——气体吸收系数；

C——待测气体浓度；

L——光程长度。

这就是朗伯一比尔定律。

公式表明，光强在气体介质中随浓度 C 及厚度 L 按指数规律衰减。吸收系数取决于气体特性，各种气体的吸收系数 μ 互不相同。对同一气体，μ 则随入射波长而变。若吸收介质中含 i 种吸收气体，则式（6-5）应改为：

$$I = I_0 e^{(-L\sum \mu_i c_i)}$$

因此对于多种混合气体，为了分析特定组分，应该在传感器或红外光源前安装一个适合分析气体吸收波长的窄带滤光片，使传感器的信号变化只反映被测气体浓度变化。

2. 优点分析

（1）选择性好

每种气体都有自己的特征红外吸收频率。在对混合气体检测时，各种气体吸收各自对应的特征频率光谱，它们是互相独立，互不干扰的。这为测量混合气体中某种特定气体的浓度提供了条件。因此采用红外吸收检测气体具有选择性好的优点。

（2）不易受有害气体的影响而中毒、老化

每种仪器都有自己的测量范围，当待测气体浓度过高地超过测量范围时，会造成载体催化类元器件中毒失效，测量结果发生很大的偏差。甚至有时再回到正常浓度也不能正常工作，造成检测元器件的永久中毒。采用红外吸收原理检测气体，不会受有毒气体的影响而中毒、老化。

（3）响应速度快、稳定性好

气体检测系统在开机后，都要预热一段时间才能正常工作。而红外吸收原理检测气体是采用光信号，自身不会引起检测系统发热。测量系统不会受温度的变化而受影响，系统工作稳定性好。

（4）防爆性好

红外吸收原理采用光信号作为检测工作的信号，它和以往采用的电信号不同。它需要的电压低，在矿井、煤气站等有混合爆炸气体的场合，不会成为爆炸的点火因素，具有较好的防爆性。

（5）信噪比高，使用寿命长、测量精度高

采用红外吸收原理，产生的干扰信号小，有用信号明显，系统的信噪比高。同时系统具有零点自动补偿与灵敏度自动补偿功能，因而不用定时校准，具有使用寿命长的优点。

（6）应用范围广

红外吸收原理除了可以应用于气体检测，在石油、纺织行业中对石油成分和比例分析，纺织产品的定性、定量分析，以及在红外热成像技术，红外机械无损探测探伤、物体的识别都得到广泛的运用；在军事上的红外夜视，红外制导、导航，红外隐身，红外遥测遥感技术等方面都取得了很好的效果。

6.1.3 气敏传感器的应用举例

1. 半导体气敏传感器应用举例

综合半导体气敏传感器的应用情况，主要有以下几种用途：

（1）有毒和可燃性气体检测

有毒和可燃性气体检测是气敏传感器最大的市场。主要应用于石油、采矿、半导体工业等工矿企业以及家庭中环境检测和控制。在石油、石化、采矿工业中，硫化氢、一氧化碳、氯气、甲烷和可燃的碳氢化合物是主要检测气体；在半导体工业中最主要是检测磷、砷和硅烷；家庭中主要是检测煤气和液化气的泄漏以及是否通风。

1）家用煤气、液化石油气泄漏报警器。这种家用煤气、液化石油气泄漏报警器有不少型号可供选择。如图 6-7 所示为一种简单、廉价的家用煤气、液化石油气报警器电路。该电路能承受较高的交流电压，因此，可直接由 220V 市电供电，且不需要增加复杂的放大电路，就能驱动蜂鸣器等来报警。由该电路的组成可见，蜂鸣器与气敏传感器 QM－N6 的等效电阻构成了简单串联电路，当气敏传感器探测到泄漏气体（如煤气、液化石油气）时，随着气体浓度的增大，气敏传感器 QM－N6 的等效电阻降低，回路电流增大，超过危险的浓度时，蜂鸣器发声报警。

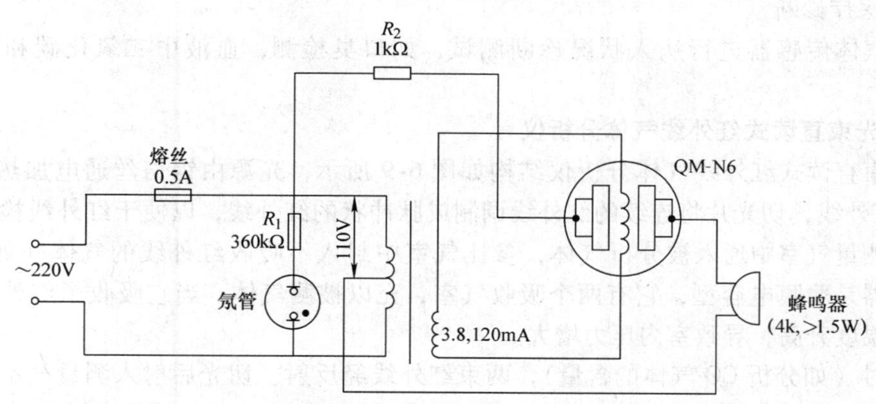

图 6-7 家用煤气、液化石油气泄漏报警器

2）酒精检测报警器。本探测器采用酒精气体敏感元器件作为探头，由一块集成电路对信号进行比较放大，并驱动一排发光二极管按信号电压高低依次显示。对刚饮过酒的人，只要向探头吹一口气，探测仪就能显示出酒精气体的浓度高低。若把探头靠近酒瓶口，它也能轻而易举地识别出瓶内盛的是白酒还是黄酒，能相对地区分出酒精含量的高低。酒精检测报警器的电路原理如图 6-8 所示。

该电路采用稳定的 5V 电压作为气敏传感器 MQ-3 和集成电路 LM3914 的共同电源，同时也作为 10 个共阳极发光二极管的电源。因此，外部电路相当简单。气敏传感器采用国产的 MQ-3 型，输出信号送至集成电路 LM3914 的输入端（5 脚），通过比较放大，驱动发光二极依次发光。10 个发光二极管按 LM3914 的引脚（10～18、1）次序排成一条，对输入电压作线性 10 级显示。

(2) 燃烧控制

汽车工业是气体传感器又一重要市场。采用氧传感器检测和控制发动机的空燃比，使燃烧过程最佳化。在大型工业锅炉燃烧过程中采用带有气体传感器的控制以提高燃烧效率减少废气排出，节省能源。气体传感器还可以用来检测汽车或烟囱中排出的废气量。这些废气包括二氧化碳、二氧化硫和一氧化碳。

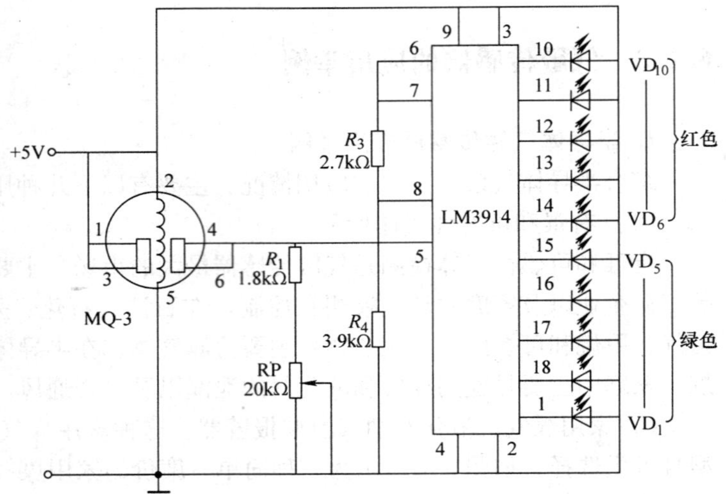

图 6-8 酒精检测报警器电路

(3) 食品和饮料加工

在食品和饮料加工过程中，二氧化硫传感器是极有用的器件。二氧化硫常用于许多食品和饮料的保存和检测，使之含有保持特定的味道和香味所需最小的二氧化硫浓度。另外，气体传感器还被用来检测葡萄酒、啤酒、高粱酒的发酵程度以保证产品均匀性和降低成本。

(4) 医疗诊断

可用气体传感器进行病人状况诊断测试，如口臭检测，血液中二氧化碳和氧浓度检测等。

2. 双光束直读式红外线气体分析仪

双光束直读式红外线气体分析仪结构如图 6-9 所示，光源由镍铬丝通电加热发出 3 ~ 10μm 的红外线，切光片将连续的红外线调制成脉冲状的红外线，以便于红外线检测器信号的检测。测量气室中通入被分析气体，参比气室中封入不吸收红外线的气体（如 N_2 等）。红外检测器是薄膜电容型，它有两个吸收气室，充以被测气体，当它吸收了红外辐射能量后，气体温度升高，导致室内压力增大。

测量时（如分析 CO 气体的含量），两束红外线经反射、切光后射入测量气室和参比气室，由于测量气室中含有一定量的 CO 气体，该气体对 4.65μm 的红外线有较强的吸收能力，而参比气室中气体不吸收红外线，这样射入红外探测器的两个吸收气室的红外线光造成能量差异，使两吸收室压力不同，测量边的压力减小，于是薄膜偏向定片方向，改变了薄膜电容两电极间的距离，也就改变了电容 C。如被测气体的浓度愈大，两束光强的差值也愈大，则电容的变化量也愈大，因此电容变化量反映了被分析气体中被测气体的浓度。

如图 6-10 所示结构中还设置了滤波气室，其目的是为了消除干扰气体对测量结果的影响。所谓干扰气体，是指与被测气体吸收红外线波段有部分重叠的气体，如 CO 气体和 CO_2 在 4 ~ 5μm 波段内红外吸收光谱有部分重叠，则 CO_2 的存在对分析 CO 气体带来影响，这种影响称为干扰。为此在测量边和参比边并设置了一个封有干扰气体的滤波气室，它能将与 CO_2 气体对应的红外线吸收波段的能量全部吸收，因此左右两边吸收气室的红外能量之差只与被测气体（如 CO）的浓度有关。

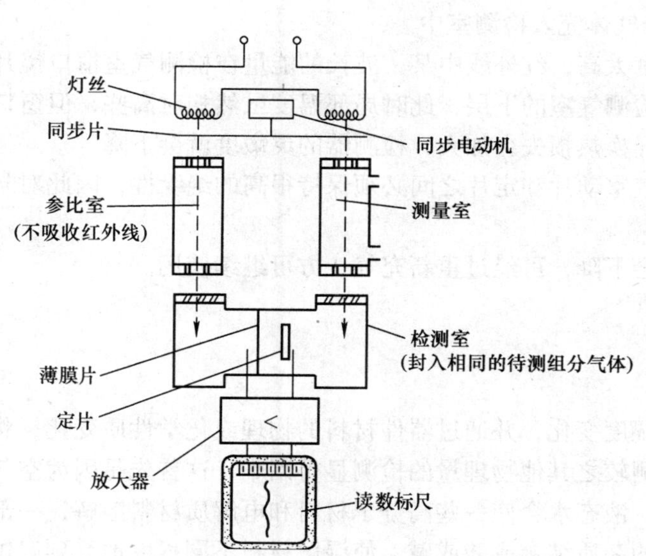

图 6-9 双光束直读式红外线气体分析仪结构图

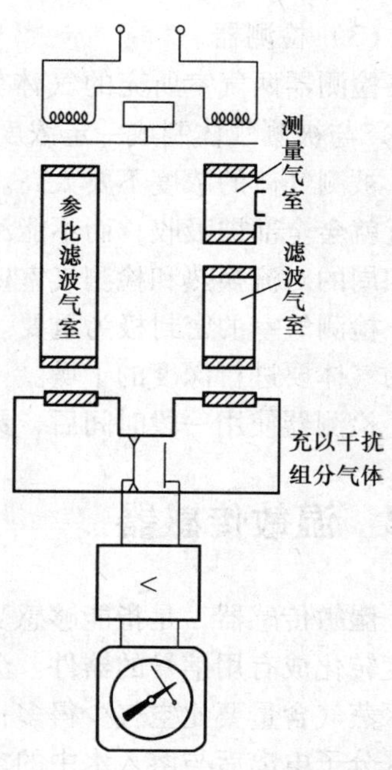

图 6-10 带滤波气室的双光束直读式红外线气体分析仪结构

（1）光源和调制器

光源产生具有一定调制频率（2～12Hz）、两束能量相等且稳定的平行红外光束。结构如图 6-11 所示。

（2）气室和滤光器

气室包括测量气室、参比气室和滤光气室。结构圆筒形，除测量气室有气样进出口之外，参比气室和过滤气室都是密封的，所有气室内壁非常光洁，要求不吸收红外线，不能吸附气体，对气体不起任何化学作用。测量气室长度与浓度成反比。滤光气室封入一定浓度的干扰成分，它的长度由封入干扰成分的浓度决定，有的分析仪不采用滤光气室，而用滤光片将干扰成分特征吸收波长全部滤去，这种结构较简单。

气室两端用透光材料密封，它既保证气室的密封性，又具有良好的透光性，并且因各种透光材料允许透过光波长的不同，又起到了滤光作用。

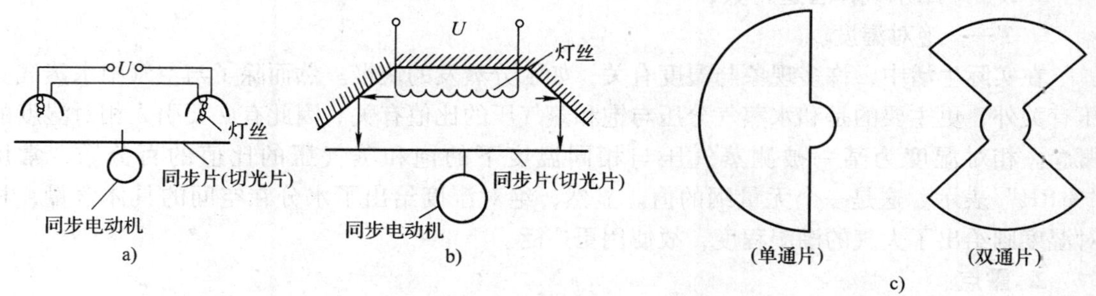

图 6-11 光源和调制器

a）光源及调制部分（双光源） b）光源及调制部分（单光源） c）切光片

(3) 检测器

检测器两气室所充的气体就是需要测量的气体，一般用中性气体氮气（N_2）或氩气（Ar）与被测气体制成一定浓度的混合气体充入检测室中。

被测气体的浓度不要太高。若浓度太高，红外线中某一波长的能量在检测气室窗口镜片附近就会全部被吸收，而不能深入到检测气室的下层，此时局部温度虽然相对高些，但窗口向四周的对流换热和检测气室壁的传导换热损失会加大，检测器的灵敏度就会下降。

检测气室的密封极为重要。检测气室动片和定片之间必须保持很高的绝缘性，因此对封入的气体要进行深度的干燥。

检测器使用一段时间后，灵敏度会下降，可经过重新充气，方可继续使用。

6.2 湿敏传感器

湿敏传感器，是指能够感受外界湿度变化，并通过器件材料的物理或化学性质变化，将湿度转化成有用信号的器件。湿度检测较之其他物理量的检测显得困难，这首先是因为空气中水蒸气含量要比空气少得多；另外，液态水会使一些高分子材料和电解质材料溶解，一部分水分子电离后与溶入水中的空气中的杂质结合成酸或碱，使湿敏材料不同程度地受到腐蚀和老化，从而丧失其原有的性质；再者，湿信息的传递必须靠水对湿敏器件直接接触来完成，因此湿敏器件只能直接暴露于待测环境中，不能密封。通常，对湿敏器件有下列要求：在各种气体环境下稳定性好、响应时间短、寿命长、有互换性、耐污染和受温度影响小等。微型化、集成化及廉价是湿敏器件的发展方向。

1. 绝对湿度与相对湿度

所谓湿度，是指大气中所含的水蒸气量。它有两种最常用的表示方法，即绝对湿度和相对湿度。绝对湿度是指一定大小空间中水蒸气的绝对含量，可用“kg/m^3”表示。绝对湿度也称水气浓度或水汽密度。

绝对湿度也可用水的蒸气压来表示。设空气的水汽密度为ρ_v，与之相应的水蒸气分压为p_v，根据理想气体状态方程，可以得出其关系式为：

$$\rho_v = \frac{p_v m}{RT} \tag{6-6}$$

式中 m——水气的摩尔质量；

R——摩尔气体普适常数；

T——绝对温度。

在实际生活中，许多现象与湿度有关，如水分蒸发的快慢。然而除了与空气中水蒸气分压有关外，更主要的是和水蒸气分压与饱和蒸气压的比值有关。因此有必要引入相对湿度的概念。相对湿度为某一被测蒸气压与相同温度下的饱和蒸气压的比值的百分数，常用“%RH”表示。这是一个无量纲的值。显然，绝对湿度给出了水分在空间的具体含量，相对湿度则给出了大气的潮湿程度，故使用更广泛。

2. 露点

温度越高的气体，含水蒸气越多，若将其气体冷却，即使其中所含水蒸气量不变。相对湿度将逐渐增加，降低到某一温度时，相对湿度达到100%，呈饱和状态，再冷却时，蒸气的一部分凝聚生成露，把这个温度称为露点温度。即空气在气压不变下为了使其所含水蒸气达到饱和状态时所必须冷却到的温度称为露点温度。气温和露点的差越小，表示空气越接近饱和。

人们早就发现了人的头发随大气湿度变化而伸长或缩短的现象，因而制成了毛发湿度计。这类早期的湿度计的响应速度、灵敏度、准确性等指标都不高。20 世纪 50 年代以后，人们研制出了电阻湿度计，近年来又研制出了半导体湿敏器件。

3. 湿敏传感器分类

湿敏元器件主要分为两大类：水分子亲和力型湿敏元器件和非水分子亲和力型湿敏元器件。利用水分子有较大的偶极矩，易于附着并渗透入固体表面的特性制成的湿敏元器件称为水分子亲和力型湿敏元器件。例如，利用水分子附着或浸入某些物质后，其电气性能（电阻值、介电常数等）发生变化的特性可制成电阻式湿敏元器件、电容式湿敏元器件；利用水分子附着后引起材料长度变化，可制成尺寸变化式湿敏元器件，如毛发湿度计。金属氧化物是离子型结合物质，有较强的吸水性能，不仅有物理吸附，而且有化学吸附，可制成金属氧化物湿敏元器件。这类元器件在应用时附着或浸入被测的水蒸气分子，与材料发生化学反应生成氢氧化物，或一经浸入就有一部分残留在元器件上而难以全部脱出，使重复使用时元器件的特性不稳定，测量时有较大的滞后误差和较慢的反应速度。目前应用较多的均属于这类湿敏元器件。另一类非亲和力型湿敏元器件利用其与水分子接触产生的物理效应来测量湿度。例如，利用热力学方法测量的热敏电阻式湿度传感器，利用水蒸气能吸收某波长段的红外线的特性制成的红外线吸收式湿度传感器等。

（1）电解质湿敏元器件

利用潮解性盐类受潮后电阻发生变化制成的湿敏元器件。最常用的是电解质氯化锂（LiCl）。氯化锂元器件具有滞后误差较小，不受测试环境的风速影响，不影响和破坏被测湿度环境等优点，但因其基本原理是利用潮解盐的湿敏特性，经反复吸湿、脱湿后，会引起电解质膜变形和性能变劣，尤其遇到高湿及结露环境时，会造成电解质潮解而流失，导致元器件损坏。

（2）半导体陶瓷湿敏传感器

许多金属氧化物如氧化铝、四氧化三铁、钽氧化物等都有较强的吸脱水性能，将它们制成烧结薄膜或涂布薄膜可制作多种湿敏元器件。这种湿敏元器件称为金属氧化物膜湿敏元器件。

将极其微细的金属氧化物颗粒在高温 1300℃下烧结，可制成多孔体的金属氧化物陶瓷，在这种多孔体表面加上电极，引出接线端子就可做成陶瓷湿敏元器件。

（3）高分子材料湿敏元件

利用有机高分子材料的吸湿性能与膨润性能制成的湿敏元器件。吸湿后，介电常数发生明显变化的高分子电介质，可做成电容式湿敏元器件。吸湿后电阻值改变的高分子材料，可做成电阻变化式湿敏元器件。常用的高分子材料是醋酸纤维素、尼龙和硝酸纤维素等。高分子湿敏元器件的薄膜做得极薄，一般约 5000 埃，使元器件易于很快的吸湿与脱湿，减少了滞后误差，响应速度快。这种湿敏元器件的缺点是不宜用于含有机溶媒气体的环境，元器件也不能耐 80℃以上的高温。

（4）热敏电阻式湿度传感器

利用热敏电阻作湿敏元器件。传感器中有组成桥式电路的珠状热敏电阻 R_1 和 R_2，如

图6-12所示，电源供给的电流使 R_1、R_2 保持在200℃左右的温度。其中 R_2 装在密封的金属盒内，内部封装着干燥空气，R_1 置于与大气相接触的开孔金属盒内。将 R_1 先置于干燥空气中，调节电桥平衡，使输出端 U_o 电压为零，当 R_1 接触待测含湿空气时，含湿空气与干燥空气产生热传导差，使 R_1 受冷却，电阻值增高，输出电压 U_o 的值与湿度变化有关。热敏电阻式湿敏传感器的输出电压与绝对湿度成比例，因而可用于测量大气的绝对湿度。传感器是利用湿度与大气导热率之间的关系作为测量原理的，当大气中混入其他特种气体或气压变化时，测量结果会有程度不同的影响。此外，热敏电阻的位置对测量也有很大影响。但这种传感器从可靠性、稳定性和不必特殊维护等方面来看，很有特色，现已用于空调机湿度控制，或制成便携式绝对湿度表、直读式露点计、相对湿度计、水分计等。

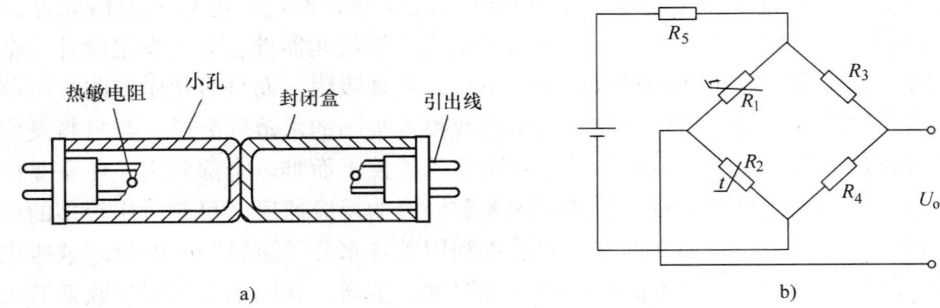

图6-12 热敏电阻式湿度传感器

a）R_1 结构图 b）测量电路

（5）红外线吸收式湿度传感器

利用水蒸气能吸收某波段的红外线制成的湿度传感器。这种传感器采用装有 λ_0 滤光片和 λ 滤光片的旋转滤光片，当光源通过旋转滤光片时，轮流地选择波长为 λ_0 和 λ 的红外光束，两条光束通过被测湿度的样气抵达光敏元件，由于波长为 λ_0 的光束不被水蒸气吸收，其光强仍为 I_0，波长为 λ 的光束被水蒸气部分吸收，光强衰减为 I。根据光照强度的变化，将光敏元器件上的信号处理后可获得正比于水蒸气浓度的电信号。红外线吸收式湿度传感器属非水分子亲和力型湿敏元器件，测量精度和灵敏度较高，能够测量高温或密封场所的气体湿度，也能解决其他湿度传感器不能解决的大风速或通风孔道环境中的湿度测量问题。缺点是结构复杂，光路系统存在温度漂移现象。

（6）微波式湿度传感器

利用微波电介质共振系统的品质因数随湿度变化的机理制成的传感器。微波共振器采用氧化镁－氧化钙－二氧化钛陶瓷体，共振器与耦合环构成共振系统，含水蒸气的气体进入传感器腔体后改变原共振系统的品质因数，其微波损失量与湿度呈线性关系。这种传感器的测湿范围为相对湿度40%～95%，在温度0℃～50℃时，精度可达±2%。微波式湿度传感器具有非水分子亲和力型湿敏元件的优点，又由于采用陶瓷材料作共振系统，故可加热清洗，且坚固耐用。缺点是对微波电路稳定性要求甚高。

（7）超声波式湿度传感器

超声波在空气中的传播速度与温度、湿度有关，利用这一特性可制成超声波式湿度传感器。传感器由超声波气温计和铂丝电阻测温计组成，前者的测量数据与湿度有关，后者的测量数据只与温度有关，按照超声波在干燥空气和含湿空气中的传播速度可计算出空气的绝对湿度。超声波湿度传感器有很多优点，它的测湿数据比较准确，响应速度快，可以测出某一极小范围的绝对湿度而不受辐射热的影响。这种传感器尚处于研制阶段。

4. 湿敏传感器的选型

国内外各厂家的湿敏传感器产品水平不一，质量价格都相差较大，用户如何选择性能价格比最优的理想产品确有一定难度，需要在这方面作深入的了解。湿敏传感器具有如下特点：

（1）精度和长期稳定性

湿敏传感器的精度应达到 ±2% ~ ±5% RH，达不到这个水平很难作为计量器具使用，湿敏传感器要达到 ±2% ~ ±3% RH 的精度是比较困难的，通常产品资料中给出的特性是在常温（20℃ ±10℃）和洁净的气体中测量的。在实际使用中，由于尘土、油污及有害气体的影响，使用时间一长，会产生老化，精度下降，湿敏传感器的精度水平要结合其长期稳定性去判断，一般来说，长期稳定性和使用寿命是影响湿敏传感器质量的头等问题，年漂移量控制在 1% 水平的产品很少，一般都在 ±2% 左右，甚至更高。

（2）湿敏传感器的温度系数

湿敏元件除对环境湿度敏感外，对温度亦十分敏感，其温度系数一般在 0.2% ~ 0.8%/℃范围内，而且有的湿敏元件在不同的相对湿度下，其温度系数又有差别。温漂非线性，这需要在电路上加温度补偿式。采用单片机软件补偿，或无温度补偿的湿度传感器是保证不了全温范围的精度的，湿度传感器温漂曲线的线性化直接影响到补偿的效果，非线性的温漂往往补偿不出较好的效果，只有采用硬件温度跟随性补偿才会获得真实的补偿效果。湿敏传感器工作的温度范围也是重要参数。多数湿敏元件难以在 40℃以上正常工作。

（3）湿敏传感器的供电

金属氧化物陶瓷，高分子聚合物和氯化锂等湿敏材料施加直流电压时，会导致性能变化，甚至失效，所以这类湿度传感器不能用直流电压或有直流成分的交流电压。必须是交流电供电。

（4）互换性

目前，湿敏传感器普遍存在着互换性差的现象，同一型号的传感器不能互换，严重影响了使用效果，给维修、调试增加了困难，有些厂家在这方面作出了种种努力，取得了较好效果。

（5）湿度校正

校正湿度要比校正温度困难得多。温度标定往往用一根标准温度计作标准即可，而湿度的标定标准较难实现，干湿球温度计和一些常见的指针式湿度计是不能用来作标定的，精度无法保证，因其要求环境条件非常严格，一般情况，（最好在湿度环境适合的条件下）在缺乏完善的检定设备时，通常用简单的饱和盐溶液检定法，并测量其温度。

下面介绍一些至今发展比较成熟的几类湿敏传感器。

6.2.1 氯化锂湿敏传感器

氯化锂湿敏电阻是利用吸湿性盐类潮解，离子导电率发生变化而制成的测湿元器件。典型的氯化锂湿度传感器有登莫（Dunmore）式和浸渍式两种。登莫式传感器是在聚苯乙烯圆管上做出两条相互平行的钯引线做电极，在该聚苯乙烯管上涂覆一层经过碱化处理的聚乙烯醋酸盐和氯化锂水溶液的混合液，以形成均匀薄膜。如图 6-13 所示为登莫式传感器的结构。图中 A 为聚苯乙烯包封的铝管；B 为用聚乙烯醋酸覆盖在 A 上的钯丝。

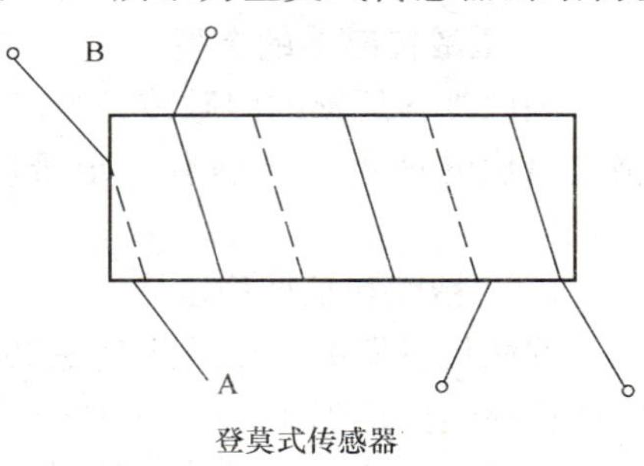

图 6-13　登莫式传感器的结构

浸渍式传感器是在基本材料上直接浸渍氯化锂溶液构成的。这类传感器的浸渍基片材料为天然树皮。这种方式与图 6-13 登莫式传感器结构不同，它部分地避免了高温度下所产生的湿敏膜的误差。由于采用了表面积大的基片材料，并直接在基片上浸渍氯化锂溶液，因此这种传感器具有小型化的特点。它适用于微小空间的湿度检测。

氯化锂是典型的离子晶体。其湿敏机理可如下解释：高浓度的氯化锂溶液中，Li 和 Cl 仍以正、负离子形式存在；而溶液中的离子导电能力与溶液的浓度有关。实践证明，溶液的当量电导随着溶液的增加而下降。当溶液置于一定温度的环境中时，若环境的相对湿度高，溶液将因吸收水分而浓度降低；其溶液电阻率增高，反之，环境的相对湿度低，则溶液的浓度就高，其溶液电阻率下降。因此，氯化锂湿敏电阻的阻值将随环境相对湿度的改变而变化，从而实现了湿度的测量。

氯化锂湿度传感器具有稳定性、耐温性和使用寿命长多项重要的优点，氯化锂湿敏传感器已有了 50 年以上的生产和研究的历史，有着多种多样的产品型式和制作方法。

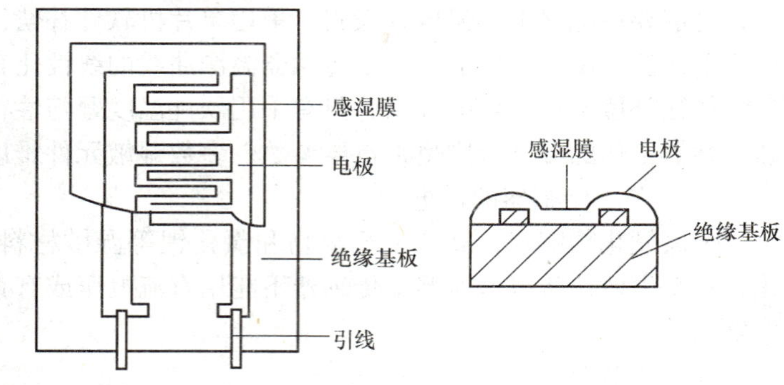

图 6-14　氯化锂湿敏电阻结构

图 6-14 是一种新型氯化锂湿敏电阻的结构图。它是在聚碳酸酯基片上制成一对梳状金电极，然后在电极上涂一层氯化锂和聚氯乙烯醇等配制的感湿膜。由于聚氯乙烯醇是一种粘合性很强的多孔性物质，因此它与氯化锂结合后，水分子会很容易在感湿膜中吸附与释放，从而使湿敏电阻的电阻值发生迅速变化。为了提高湿敏电阻的抗污染能力，还在湿敏电阻的表面涂覆一层多孔性的保护膜。同样，要求测量范围大时，需将多个湿敏电阻组合使用才行。这种湿敏电阻的优点是长期工作稳定性好。制作湿度测量仪时会有较高的精度，响应迅速。其缺点是有结露时易失效，它特别适合空调系统使用。

6.2.2　半导体陶瓷湿敏传感器

1. 半导瓷湿敏材料的导电机理

关于半导瓷湿敏材料的导电机理有多种理论。一般认为，作为湿敏材料的多晶陶瓷，由于晶粒间界的结构不够致密与缺乏规律性，不仅载流子浓度远比晶粒内部小，而且载流子迁移率也要低得多。所以，一般半导瓷的晶粒间界电阻要比体内高得多。因而半导瓷的晶粒间界便成了半导瓷中传导电流的主要障碍。正由于这种高阻效应的存在，使半导瓷具有良好的湿敏特性。

水分子中的氢原子具有很强的正电场。当水在半导瓷表面附着时，就可能从半导瓷表面俘获电子，使半导瓷表面带负电，相当于表面电势变负。如果该半导瓷是P型的，则由于水分子的吸附使表面电势下降，这类材料就是负特性湿敏半导瓷。它的阻值随着湿度的增加可以下降3至4个数量级。

对于阻值随湿度增加而增大的这类正特性湿敏半导瓷，其机理的解释可认为是由于这类材料的结构、电子能量状态与负特性有所不同。当水分子的附着使表面电势变负时，造成表面层电子浓度的下降，但还不足以使表面层的空穴浓度增加到出现反型的程度，此时仍以电子导电为主。于是表面电阻将由于电子浓度的下降而增大，这类半导瓷材料的表面层电阻将随环境湿度的增加而加大。如果对于某一种半导瓷，它的晶粒间界电阻与体内电阻相比并不很大，那么表面层电阻的加大对总电阻将不起多大作用。不过，通常湿敏半导瓷材料都是多孔型的，表面电阻占的比例很大，故表面层电阻的升高，必将引起总阻值的明显升高。但由于晶体内部低阻支路依然存在，所以总阻值的升高不像负特性材料中的阻值下降那么明显。

2. 典型半导瓷湿敏电阻

半导瓷湿敏电阻具有较好的热稳定性，较强的抗沾污能力，能在恶劣、易污染的环境中测得准确的湿度数据，而且还有响应快、使用湿度范围宽（可在150℃以下使用）等优点，在实用中占有很重要的位置。

（1）烧结型湿敏电阻

烧结型半导瓷湿敏电阻的结构如图6-15所示。其湿敏陶瓷片为$MgCr_2TiO_2$多孔陶瓷，气孔率达30%~40%。金属电极的材料为RuO_2，RuO_2的热膨胀系数与陶瓷相同，因而有良好的附着力。RuO_2通过丝网印刷到陶瓷片的两面，在高温下烧结形成多孔性的电极，孔的平均尺寸>1μm。$MgCr_2$属于甲型半导体，其特点是感湿灵敏度适中，电阻率低，阻值湿度特性好。为改善烧结特性和提高元器件的机械强度及抗热骤变特性，在原料中加入30% mol的TiO_2。这样在1300℃的空气中可烧结成相当理想的瓷体。器件安装在一种高致密、疏水性的陶瓷基片上。

（2）涂覆膜型Fe_3O_4湿敏元器件

除上述烧结型陶瓷外还有一种由金属氧化物微粒经过堆积、黏结而成的材料，它也具有较好的感湿特性。用这种材料制作的湿敏器件，一般称为涂覆膜型或瓷粉型湿敏元器件。这种湿敏元器件有很多品种，其中比较典型且性能较好的是Fe_3O_4湿敏元器件。

Fe_3O_4湿敏元器件采用滑石瓷做基片，在基片上用丝网印刷工艺印制成梳状金电极。将纯净的Fe_3O_4胶粒，用水调制成适当黏度的浆料，然后将其涂覆在已有金电极的基片上，经低温烘干后，引出电极即可使用，结构如图6-16所示。

涂覆膜型Fe_3O_4湿敏元器件的感湿膜是结构松散的Fe_3O_4微粒的集合体。它与烧结陶瓷相比，缺少足够的机械强度。Fe_3O_4微粒之间，依靠分子力和磁力的作用，构成接触型结合。虽然Fe_3O_4微粒本身的体电阻较小，但微粒间的接触电阻却很大，这就导致Fe_3O_4感湿膜的整体电阻很高。当水分子透过松散结构的感湿膜而吸附在微粒表面上时，将扩大微粒间的面接触，导致接触电阻的减小，因而这种器件具有负感湿特性。

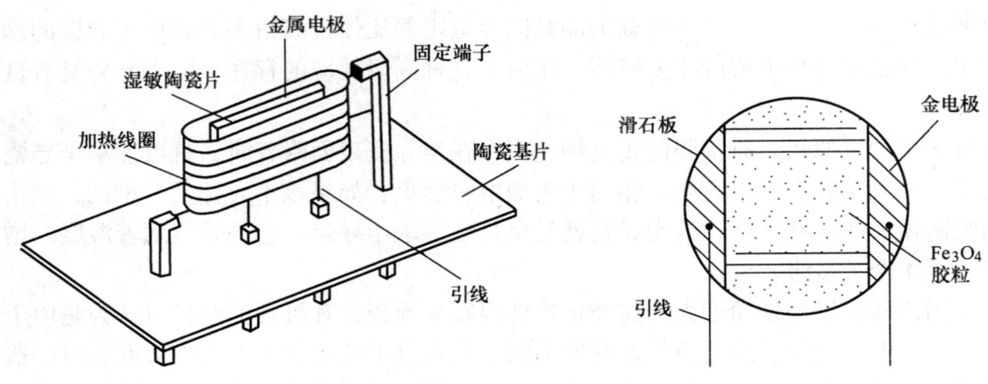

图 6-15　烧结型湿敏电阻的结构　　图 6-16　Fe_3O_4 湿敏元器件的结构

Fe_3O_4 湿敏元器件的主要优点是在常温、常湿下性能比较稳定，有较强的抗结露能力。在全湿范围内有相当一致的湿敏特性，而且其工艺简单，价格便宜。其主要缺点是响应缓慢，并有明显的湿滞效应。

6.2.3　湿敏传感器的应用举例

1. 直读式湿度计

图 6-17 所示是直读式湿度计电路，其中 RH 为氯化锂湿度传感器。由 VT_1（3AX31）、VT_2（3AX31）、T_1 等组成测湿电桥的电源，其振荡频率为 250 ~ 1000Hz。电桥的输出经变压器 T_2、电容 C_1，耦合到 VT_3（3DG6），信号经 VT_3 放大后，通过桥式整流，输入给微安表，指示出由于相对湿度的变化引起的电流的改变，经标定并把湿度刻画在微安表盘上，就成为一个简单而实用的直读式湿度计了。

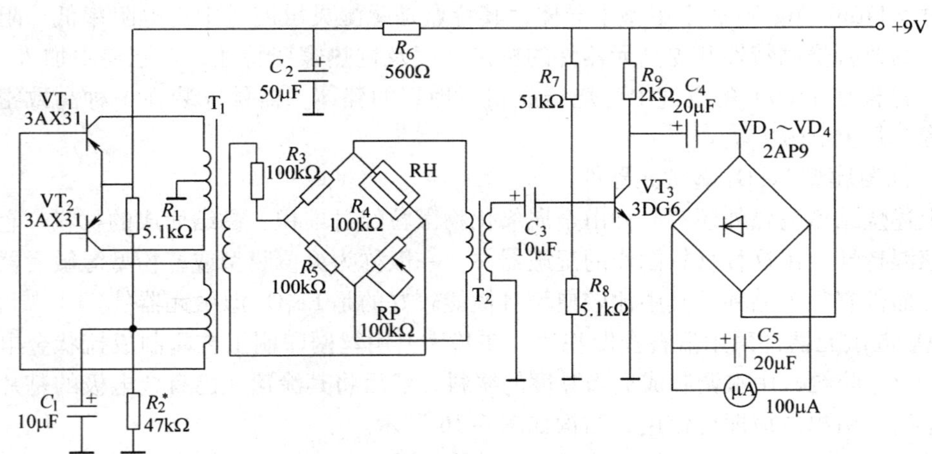

图 6-17　直读式湿度计电路

2. 自动烹调系统中的湿度检测控制电路

如图 6-18 所示，R_S 为湿敏元器件，电热器用来将湿敏元器件加热至 550℃ 工作温度。在高温环境中，当湿敏元器件加上直流电时，很容易发生电极材料的迁移（极化），影响传感器的正常工作。所以湿敏元器件一般采用振荡器产生的交流电供电。R_0 为固定电阻，与传感器电阻 R_s 构成分压电路。交－直流变换器的直流输出信号经运算单元运算，输出与湿度成比例的直流电信号，并显示。

图 6-18 中 U_r 是比较器用来判断是否停止加热的基准信号。比较器的输出可用来对烹调设备的加热进行控制。

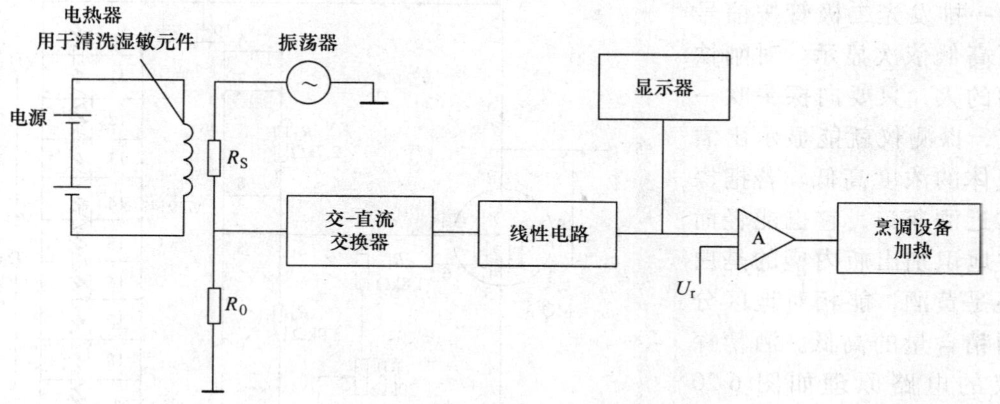

图 6-18　湿度检测控制系统原理框图

如图 6-19 所示为采用湿敏传感器的高频电子食品加热器，湿敏传感器安装在烹调设备的排气口，检测烹调时食品产生的气体湿度；接通电热器电源，使湿敏元器件的温度升高到要求的工作温度，然后启动烹调设备，对食品加热，依据湿度变化来控制烹调过程的进行。

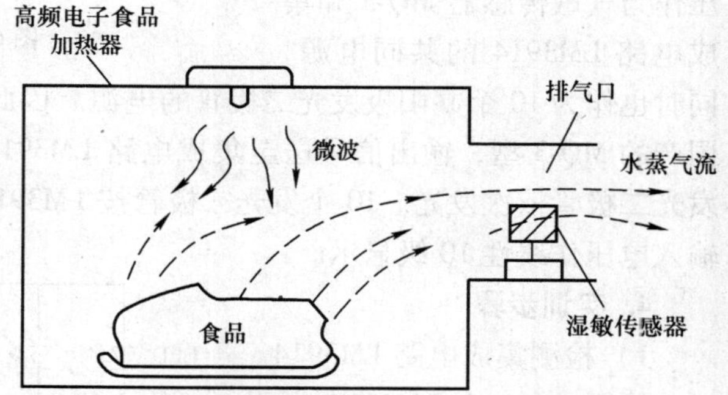

图 6-19　采用湿敏传感器的高频电子食品加热器

6.3　综合技能实训

6.3.1　实训 1　气敏电阻的应用——酒精探测仪

1. 实训目的

1）复习常用气敏传感器的结构原理，弄清楚各种气敏传感器的性能特点和适用场合，会正确选用这类传感器。

2）掌握 MQ-3 型气敏传感器的使用。

2. 实训设备

（1）面包板或实验板

（2）气敏传感器 MQ-3

（3）集成电路 LM3914

（4）电阻、电容、发光二极管

3. 实训原理

本探测器采用酒精气体敏感元器件作为探头，由一块集成电路对信号进行比较放大，并驱动一排发光二极管按信号电压高低依次显示。对刚饮过酒的人，只要向探头吹一口气，探测仪就能显示出酒精气体的浓度高低。若把探头靠近酒瓶口，它也能轻而易举地识别出瓶内盛的是白酒还是黄酒，能相对地区分出酒精含量的高低。酒精探测仪的电路原理如图 6-20 所示。

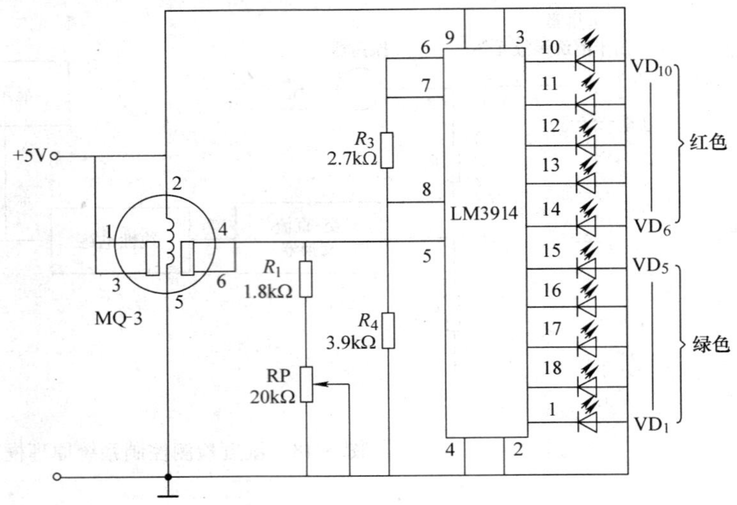

图 6-20 酒精探测仪的电路原理图

该电路采用稳定的 5V 电压作为气敏传感器 MQ-3 和集成电路 LM3914 的共同电源，同时也作为 10 个共阳极发光二极管的电源。因此，外部电路就相当简单。气敏传感器采用国产的 MQ-3 型，输出信号送至集成电路 LM3914 的输入端（5 脚），通过比较放大，驱动发光二极管依次发光。10 个发光二极管按 LM3914 的引脚（10 ~ 18、1）次序排成一条，对输入电压作线性 10 级显示。

4. 实训步骤

1）检测集成电路 LM3914。

按图 6-21 中 LM3914 应用部分的接线方式，在实验接插板（面包板）上用数字万用表对 LM3914 单独作检测。输入信号电压用直流 3V 经 10kΩ 电位器分压连续可调取代。测定结果（取近似值）如表 6-3 所示。而且当电源电压在 4 ~ 7V 范围内改变时，LM3914 的输入和输出关系以及总的工作电流均能保持一致，重复性好，否则就有问题。

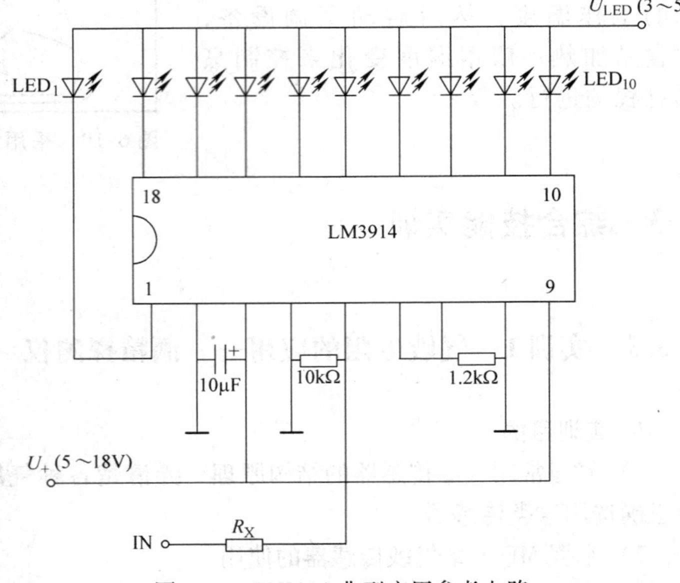

图 6-21 LM3914 典型应用参考电路

表 6-3　LM3914 输入电压与显示关系

输入电压/V	LED 显示（序号）	输入电压/V	LED 显示（序号）
<0.13	无	0.75 ~ 0.88	1 ~ 6
0.13 ~ 0.24	1	0.89 ~ 1.00	1 ~ 7
0.27 ~ 0.37	1、2	1.01 ~ 1.12	1 ~ 8
0.40 ~ 0.50	1 ~ 3	1.13 ~ 1.24	1 ~ 9
0.52 ~ 0.62	1 ~ 4	>1.27	1 ~ 10
0.63 ~ 0.74	1 ~ 5		

2）对气敏传感器 MQ-3 的检测。采用如图 6-22 所示的简单电路可以检查 MQ-3 型气敏传感器的好坏。当电源开关 S 断开时，传感器加热电流为零，实测 A、B 之间电阻 >20MΩ。S 开关接通，则 f_1、f_2 之间电流由开始时 155mA 降至 153mA 而稳定。加热开始几秒钟后，A、B 间电阻迅速下降至 1MΩ 以下，然后又逐渐上升至 20MΩ 以上后并保持不变。此时，若将内盛酒精棉花的小瓶瓶口靠近传感器，立即可以看到数字万用表显示值马上由原来大于 20MΩ（溢出显示为左端“1”）降至 1 ~ 0.5MΩ 以下。移开小瓶过 15 ~ 40s 后，A、B 间电阻又回复至大于 20MΩ。此种反应可以重复试验，但要注意使空气回复到洁净状态。

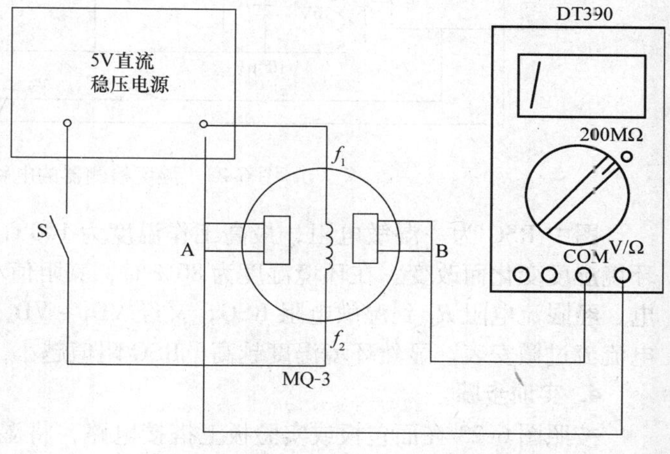

图 6-22　数字万用表检测气敏传感器

3）对照实训电路（见图 6-20），将电路连接好，使用可调电源为电路提供 +5V 电源，调节 RP 至最大值。调节电位器 RP 的阻值可以调整探测仪的灵敏度，RP 阻值越小灵敏度越低。

4）将探测仪在无酒气环境中预热 5 ~ 10min 后，LED_1 ~ LED_{10} 均不发光，然后取酒精瓶打开盖逐渐靠近探头，可以看到 10 个发光二极管 LED_1 ~ LED_{10} 将依次点亮。

5. 实训报告

1）画出酒精探测仪的应用电路，并说明电路工作原理。

2）总结气敏传感器的应用方法。

6.3.2　实训 2　湿敏电阻的应用——湿度检测器

1. 实训目的

1）掌握湿敏电阻的工作特性。

2）了解湿敏电阻在工程中的应用。

2. 实训设备

（1）面包板或实验板

（2）湿敏电阻

（3）电阻、电容、二极管

3. 实训原理

该检测器能广泛用于对湿度有一定要求的地方，如车间、实验室、档案室、仓库等场合。电原理图如图 6-23 所示。微安表可纵直观地读出限度的数值。

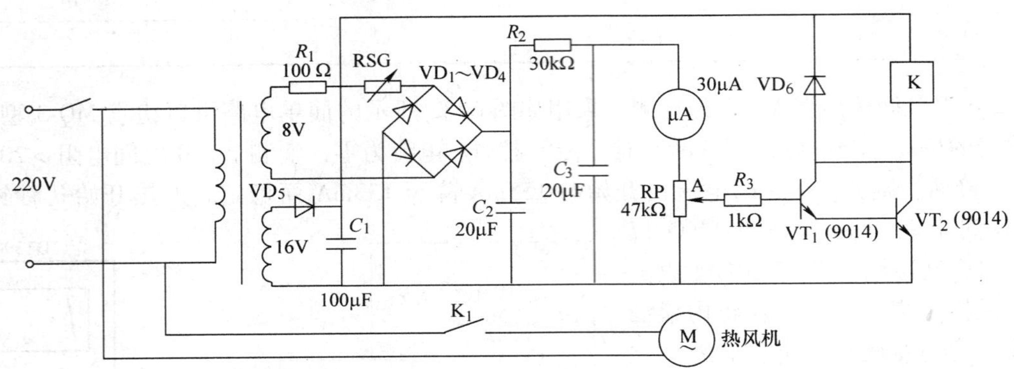

图 6-23　湿度检测器的电路原理图

图中 RSG 为一湿敏电阻，最高工作温度为 100℃，测湿范围为 30% ~95%，其阻值随环境湿度变化而改变。在环境湿度为 80% 时，其阻值小于 40Ω，这种电阻必须用交流 8V 供电，经限流电阻 R_1 到湿敏电阻 RSG，又经 VD_1 ~ VD_4 整流，C_1、C_2、R_2 滤波，于是有直流电流流过微安表。显然环境温度越高，RSG 阻值越小，流过微安表的电流就越大。

4. 实训步骤

按照图 6-23 在面包板或实验板上搭接电路，将湿敏电阻用导线引出靠近加热的电烙铁观察微安表上的数值是否变化，若无变化则检查电路。将湿敏电阻用导线引出与干湿温度计一起固定在距电烙铁（或热风机）3m 左右的地方，使电烙铁通电，根据干湿温度计的数值，在微安表上刻度，填入表 6-4 中。

表 6-4　湿度检测器实训测试数据表格

环境湿度/%				
微安表/μA				

5. 实训报告

1）画出湿度检测器的应用电路，并说明电路工作原理。

2）写出测量结果。

3）总结湿敏电阻的应用方法。

6.4　小结

1）气敏传感器是用来检测气体浓度和成分的传感器，它对于环境保护和安全监督方面起着极重要的作用。气敏传感器是暴露在各种成分的气体中使用的，由于检测现场温度、湿度的变化很大，又存在大量粉尘和油雾等，所以其工作条件较恶劣，而且气体对传感元器件的材料会产生化学反应物，附着在元器件表面，往往会使其性能变差。所以对气敏传感器有下列要求：能够检测报警气体的允许浓度和其他标准数值的气体浓度，能长期稳定工作，重复性好，响应速度快，共存物质所产生的影响小等。常用的气体传感器主要有接触燃烧式气体传感器、电化学气敏传感器和半导体气敏传感器等。

2）湿敏传感器，是能够感受外界湿度变化，并通过器件材料的物理或化学性质变化，将湿度转化成有用信号的器件。湿敏传感器其应用范围较为广泛，经常应用于农业、档案、纺织等行业有湿度要求的场所湿度控制。

6.5　习题

1. 简述半导体气敏传感器的分类？
2. 电阻型气敏器件为什么都附有加热器？
3. 简述红外式气敏传感器的测量原理？
4. 什么是绝对湿度和相对湿度？
5. 简述几种湿敏传感器的组成、工作原理及特性。

第 7 章　数字传感技术

学习要点

① 理解光栅传感器、磁栅传感器、码盘式传感器及感应同步器的概念

② 掌握数字传感器的结构、主要参数及基本电路

③ 了解数字传感器的工程应用，通过实训了解使用方法。

数字式传感器是一种能把被测模拟量直接转换为数字量输出的装置，可直接与计算机系统连接。与模拟式传感器相比，数字式传感器具有如下的特点：

1）测量精度和分辨率高。

2）抗干扰能力强，稳定性好。

3）易于和计算机接口，便于信号处理和实现自动化测量。

4）适宜于远距离传输等。

按照输出信号的形式，常用的数字式传感器可分为 3 类：脉冲输出式数字传感器，如栅式数字传感器、感应同步器、增量编码器等；编码输出式数字传感器，如绝对编码器等；频率输出式数字传感器。

7.1　光栅传感器

采用光栅莫尔条纹原理测量位移的传感器称为光栅传感器。光栅是在一块长条形的光学玻璃上刻有密集等间距平行的刻线，刻线密度为 10～100 线/毫米。由光栅形成的莫尔条纹具有光学放大作用和误差平均效应，因而能提高测量精度。传感器由标尺光栅、指示光栅、光路系统和测量系统 4 部分组成。标尺光栅相对于指示光栅移动时，便形成大致按正弦规律分布的明暗相间的莫尔条纹。这些条纹以光栅的相对运动速度移动，并直接照射到光电元器件上，在它们的输出端得到一串电脉冲，通过放大、整形、辨向和计数系统产生数字信号输出，直接显示被测的位移量。

7.1.1　光栅的结构与类型

光栅是由很多等齿距的透光缝隙和不透光的刻线均匀相间排列构成的光电器件。按照工作原理，光栅可分为物理光栅和计量光栅，物理光栅基于光栅的衍射现象，常用于光谱分析和光波长测量等；计量光栅是利用光栅的莫尔条纹现象进行测量的器件，常用于位移的精密测量。

按用途和结构形式，计量光栅又可分为测量线位移的长光栅和测量角位移的圆光栅。根据栅线形式的不同，长光栅分为黑白光栅和闪烁光栅，黑白光栅是指只对入射光波的振幅或光强进行调制的光栅，闪烁光栅是对入射光波的相位进行调制。根据栅线刻划的方向，圆光

栅分为径向光栅和切向光栅，径向光栅栅线的延长线全部通过光栅盘得圆心，切向光栅的全部栅线与一个和光栅盘同心的小圆相切。

实际应用时，计量光栅又有透射光栅和反射光栅之分，透射光栅是在透明光学玻璃上均匀刻制出平行等间距的条纹形成的，而反射光栅则是在不透光的金属载体上刻制出等间距的条纹所形成。本节主要讨论透射式计量光栅。图 7-1 给出了计量光栅的分类。

透射光栅的结构如图 7-2 所示，a 为刻线（不透光）宽度，b 为缝隙（透光）宽度，$W=a+b$ 称为光栅的栅距，一般 $a=b$，也可做成 $a:b=1.1:0.9$。常用的透射光栅的刻线密度一般为每毫米 10、25、50、100 条线，刻线的密度由测量精度决定。

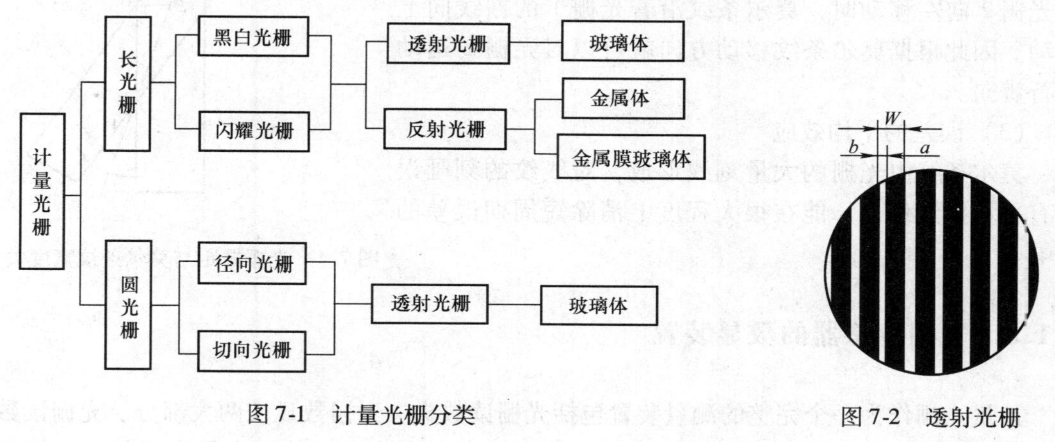

图 7-1 计量光栅分类

图 7-2 透射光栅

7.1.2 光栅传感器的基本工作原理

把两块栅距相等的光栅（光栅 1、光栅 2）叠合在一起，如图 7-3 所示，中间留有很小的间隙，并使两者的栅线之间形成一个很小的夹角 θ，这样就可以看到在近于垂直栅线方向上出现明暗相间的条纹，这些条纹叫莫尔条纹。在 $d-d$ 线上，两块光栅的栅线重合，透光面积最大，形成条纹的亮带，它是由一系列四棱形图案构成的；在 $f-f$ 线上，两块光栅的栅线错开，形成条纹的暗带，它是由一些黑色叉线图案组成的。因此莫尔条纹的形成是由两块光栅的遮光和透光效应形成的。

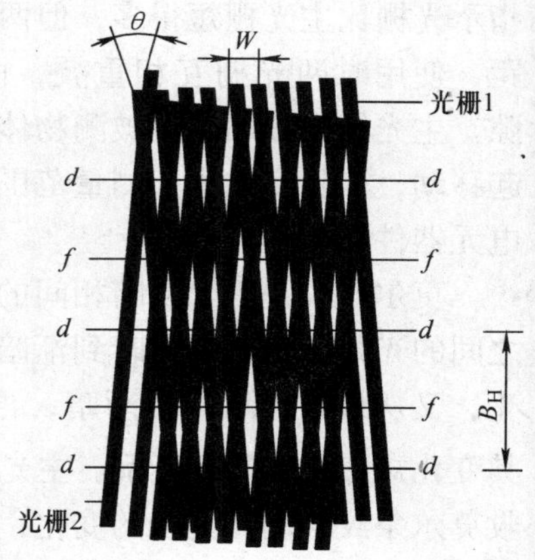

图 7-3 莫尔条纹

莫尔条纹测位移具有以下 3 个方面的特点。

（1）位移的放大作用

当光栅每移动一个光栅栅距 W 时，莫尔条纹也跟着移动一个条纹宽度 B_H，如图 7-4 所示。莫尔条纹的间距 B_H 与两光栅线纹夹角 θ 之间的关系为：

$$B_H=\frac{\frac{W}{2}}{\sin\frac{\theta}{2}}\approx\frac{W}{\theta} \tag{7-1}$$

θ越小，B_H越大，这相当于把栅距 W 放大了 $1/\theta$ 倍。例如，$W=0.02\text{mm}$，$\theta=1.8°$则 $B_H=\dfrac{0.02\text{mm}\times180°}{1.8°\times\pi}=0.637\text{mm}$，其 $1/\theta\approx32$。即莫尔条纹宽度 B_H 是栅距 W 的 32 倍，这相当于把栅距放大了 32 倍，因此光栅具有位移放大作用，从而提高了测量的灵敏度。

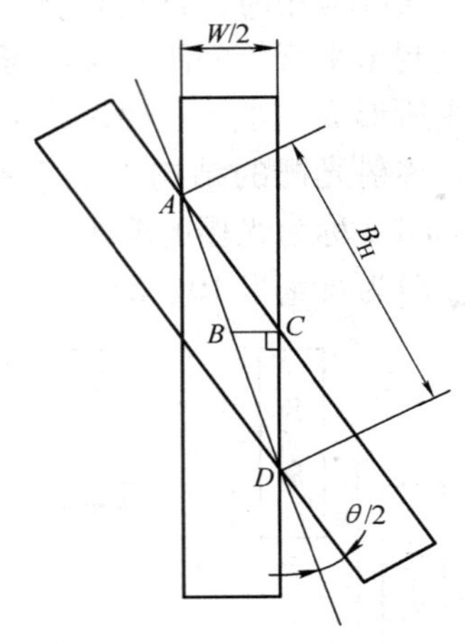

图 7-4　光栅栅距与莫尔条纹宽度关系

（2）莫尔条纹的移动方向

如图 7-3 所示，若光栅 2 沿着刻线垂直方向向右移动时，莫尔条纹将沿着光栅 1 的栅线向下移动；反之，当光栅 2 向左移动时，莫尔条纹沿着光栅 1 的栅线向上移动。因此根据莫尔条纹移动方向就可以对光栅 2 运动进行辨向。

（3）误差的平均效应

莫尔条纹由光栅的大量刻线形成，对线纹的刻画误差有平均抵消作用，能在很大程度上消除短周期误差的影响。

7.1.3　光栅传感器的数显装置

计量光栅作为一个完整的测量装置包括光栅读数头、光栅数显表两大部分。光栅读数头利用光栅原理把输入量（位移量）转换成响应的电信号。光栅数显表是实现细分、辨向和显示功能的电子系统。

光电转换装置（光栅读数头）如图 7-5 所示，主要由主光栅、指示光栅、光路系统和光电元器件等组成。主光栅的有效长度即为测量范围。指示光栅比主光栅短得多，但两者一般刻有同样的栅距，使用时两光栅互相重叠，两者之间有微小的空隙。主光栅一般固定在被测物体上，且随被测物体一起移动，其长度取决于测量范围，指示光栅相对于光电元器件固定。

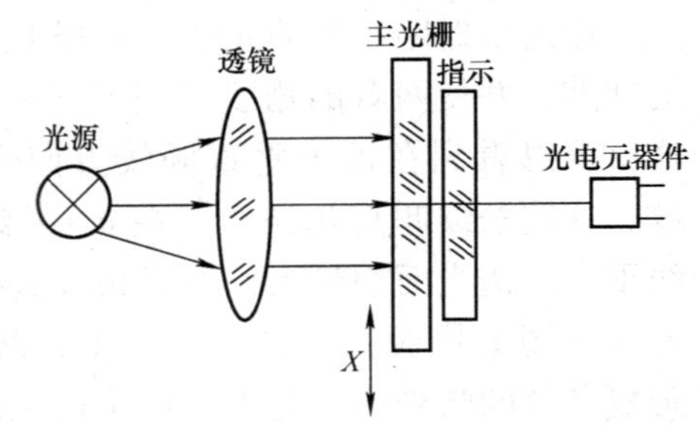

图 7-5　光栅读数头结构示意图

莫尔条纹是一个明暗相间的带。两条暗带中心线之间的光强变化是从最暗到渐暗，到渐亮，一直到最亮，又从最亮经渐亮到渐暗，再到最暗的渐变过程，其变化规律如图 7-6 所示。主光栅移动一个栅距 W，光强变化一个周期，若用光电元器件接收莫尔条纹移动时光强的变化，则将光信号转换为电信号，接近于正弦周期函数，如以电压输出，即：

$$u=U_o+U_m\sin\left(\frac{\pi}{2}+\frac{2\pi x}{W}\right) \tag{7-2}$$

输出电压反映了位移量的大小。其输出波形如图 7-7 所示。

光栅读数头实现了位移量由非电量转换为电量，位移是向量，因而对位移量的测量除了确定大小之外，还应确定其方向。

为了辨别位移的方向，进一步提高测量的精度，以及实现数字显示的目的，必须把光栅读数头的输出信号送入数显表作进一步的处理。

前面已讲过的用莫尔条纹的数量来确定位移量，其分辨率为光栅栅距。为了提高分辨率和测量比栅距更小的位移量，可采用细分技术。所谓细分，就是在莫尔条纹信号变化一个周期内，发出若干个脉冲，以减小脉冲当量，如一个周期内发出 n 个脉冲，即可使测量精度提高到 n 倍，而每个脉冲相当于原来栅距的 $1/n$。

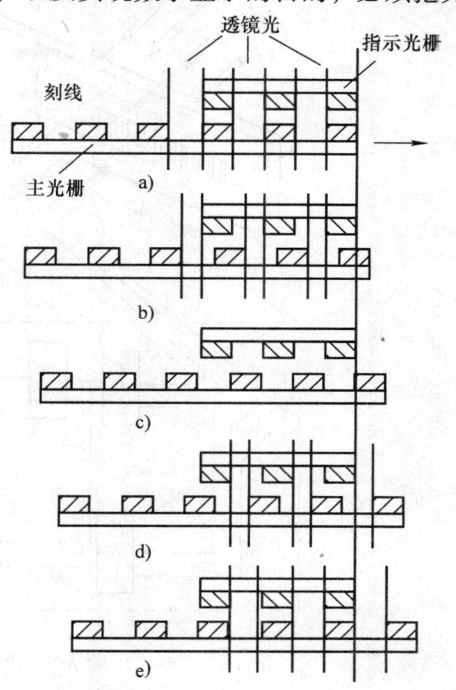

图 7-6　光栅移动时莫尔条纹变化规律

a）最亮　b）半亮　c）最暗　d）半亮　e）最亮

7.1.4　光栅传感器的应用

1. 光栅式万能测长仪

万能测长仪是一种带有长度基准，且测量范围较小（通常为 100mm）的长度计量仪器，用计量光栅作仪器长度基准，长度基准溯源性好，精度高。广泛应用于机械制造业、工具、量具制造业及仪器仪表制造业等企业的计量室和各级专业计量鉴定部门。光栅式万能测长仪原理图如图 7-8所示。

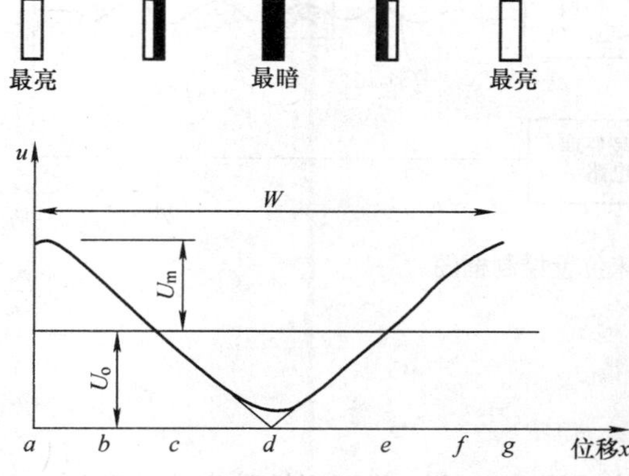

图 7-7　光电元器件输出信号波形

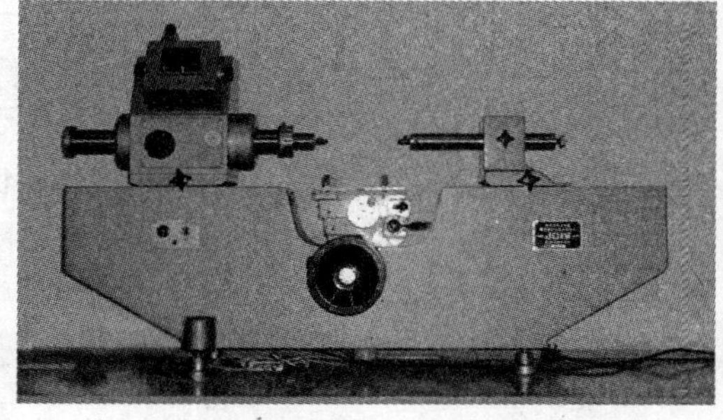
图 7-8　光栅式万能测长仪原理图

测长仪结构中带有长度标尺，光栅尺即作为长度标尺。测量时，此尺作为标准尺与被测长度做比较，如图 7-9 所示，再通过测量转换电路及显示装置读数得到测量结果。

2. 数控机床位置控制

光栅是用于数控机床的精密检测装置，是一种非接触式测量。光栅位置检测装置的主要作用是检测位移量，如图 7-10 所示，并将检测的反馈信号和数控装置发出的指令信号相比较，若有偏差，经放大后控制执行部件，使其向着消除偏差的方向运动，直到偏差为零。

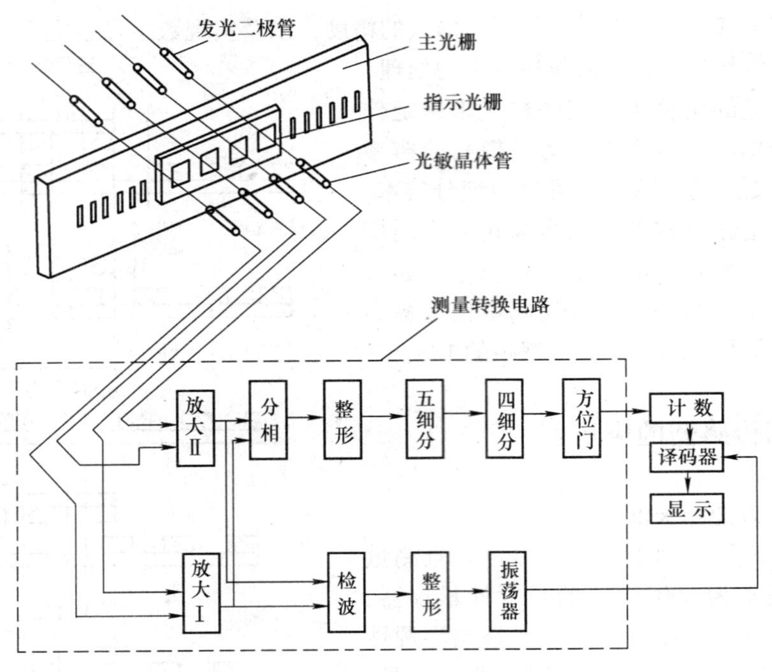

图 7-9　光栅式万能测长仪检测图

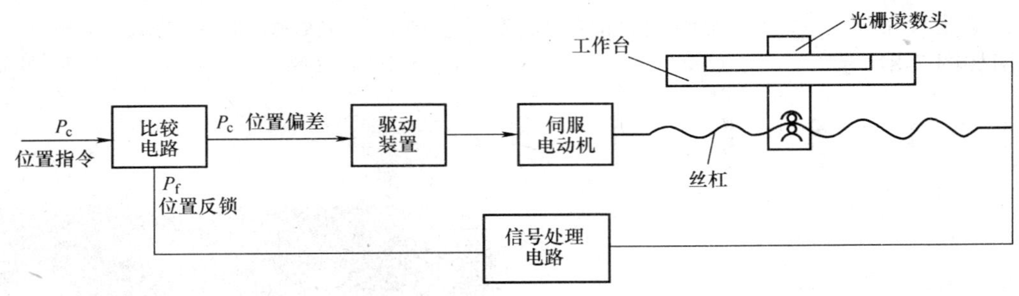

图 7-10　数控机床位置控制框图

7.2　磁栅传感器

利用磁栅与磁头的磁作用进行测量的位移传感器。它是一种新型的数字式传感器，成本较低且便于安装和使用。当需要时，可将原来的磁信号（磁栅）抹去，重新录制，还可以安装在机床上后再录制磁信号，这对于消除安装误差和机床本身的几何误差，以及提高测量精度都是十分有利的。并且可以采用激光定位录磁，而不需要采用感光、腐蚀等工艺，因而精度较高，可达 ±0.01mm/m，分辨率为 1 ~ 5μm。

7.2.1　磁栅的结构与类型

磁栅式传感器由磁栅、磁头和检测电路组成，如图 7-11 所示。磁栅是在不导磁材料制成的栅基上镀一层均匀的磁膜，并录上间距相等、极性正负交错的磁信号栅条制成的。图中 N/N 和 S/S 分别为正负极性的栅条。

磁头有动态磁头（速度响应式磁头）和静态磁头（磁通响应式磁头）两种。动态磁头有一个输出绕组，只有在磁头和磁栅产生相对运动时才能有信号输出，故不适用于速度不均匀，时走时停的机床。静态磁头有激磁和输出两个绕组，它与磁栅相对静止时也能有信号输出。

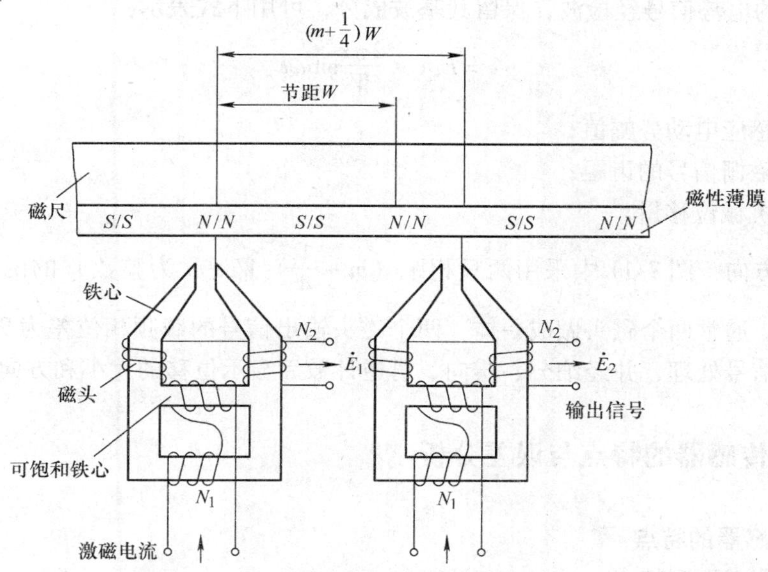

图 7-11　磁栅传感器示意图

磁栅分为长磁栅和圆磁栅两类。前者用于测量直线位移，后者用于测量角位移。

7.2.2　磁栅传感器的基本工作原理

以静态磁头为例来叙述磁栅传感器的工作原理。静态磁头的结构如图 7-11 所示，它有两个绕组，一组为励磁绕组 N_1，另一组为输出绕组 N_2。当绕组 N_1 通入励磁电流时，磁通的一部分通过铁心，在 N_2 绕组中产生电势信号。如果铁心空隙中同时受到磁栅剩余磁通的影响，那么由于磁栅剩余磁通极性的变化，N_2 中产生的电势振幅就受到调制。

实际上，静态磁头中的 N_1 绕组起到磁路开关的作用。当励磁绕组 N_1 中不通电流时，磁路处于不饱和状态，磁栅上的磁力线通过磁头铁心而闭合。这时，磁路中的磁感应强度决定于磁头与磁栅的相对位置。如在绕组 N_1 中通入交变电流，当交变电流达到某一幅值时，铁心饱和（铁心的磁阻很大）而使磁路“断开”，磁栅上的剩磁通就不能在磁头铁心中通过。反之，当交变电流小于额定值时，可饱和铁心不饱和，磁路被“接通”，则磁栅上的剩磁通就可以在磁头铁心中通过，随着励磁交变电流的变化，可饱和铁心这一磁路开关不断地“通”和“断”，进入磁头的剩磁通就时有时无。这样，在磁头铁心的绕组

N_2 中就产生感应电势，它主要与磁头在磁栅上所处的位置有关，而与磁头和磁栅之间的相对速度关系不大。

由于在励磁突变电流变化中，不管它在正半周或负半周，只要电流幅值超过某一额定值，它产生的正向或反向磁场均可使磁头的铁心饱和，这样在它变化的一个周期中，可使铁心饱和两次，磁头输出绕组中输出电压信号为非正弦周期函数，所以其基波分量角频率 ω 是输入频率的两倍。

磁头输出的电势信号经检波，保留其基波成分，可用下式表示：

$$e = E_m \cos\frac{2\pi x}{W}\sin\omega t \tag{7-3}$$

式中 E_m——感应电动势幅值；

W——磁栅信号的齿距；

x——机械位移量。

为了辨别方向，图 7-11 中采用两只相距 $(m+\frac{1}{4})W$（m 为整数）的磁头，为了保证距离的准确性，通常两个磁头做成一体，两个磁头输出信号的载频相位差为 90°。经鉴相信号处理或鉴幅信号处理，并经细分、辨向、可逆计数后显示位移的大小和方向。

7.2.3 磁栅传感器的特点与误差分析

1. 磁栅传感器的特点

磁栅传感器有下列特点：

1）录制方便，成本低廉。当发现所录磁栅不合适时可抹去重录。

2）使用方便，可在仪器或机床上安装后再录制磁栅，因而可避免安装误差。

3）可方便地录制任意齿距的磁栅。例如检查蜗杆时希望基准量中含有 π 因子，可在齿距中考虑。

2. 磁栅传感器的误差分析

磁栅传感器的误差包括零位误差与细分误差两项。

（1）影响零位误差的主要因素

1）磁栅的齿距误差。

2）磁栅的安装与变形误差。

3）磁栅剩磁变化所引起的零位漂移。

4）外界电磁场干扰等。

（2）影响细分误差的主要因素

1）由于磁膜不均匀或录磁过程不完善造成磁栅上信号幅度不相等。

2）两个磁头间距偏离 1/4 齿距较远。

3）两个磁头参数不对称引起的误差。

4）磁场高次谐波分量和感应电动势高次谐波分量的影响。

上述两项误差应限制在允许范围内，若发现超差，应找出原因并加以解决。要注意对磁栅传感器的屏蔽。磁栅外面应有防尘罩，防止铁屑进入，不要在仪器未接地时插拔磁头引线插头，以防止磁头磁化。

7.2.4 磁栅传感器的应用

磁栅传感器有两个方面的应用。

1）可以作为高精度的测量长度和角度的测量仪器。由于可以采用激光定位录磁，而不需要采用感光、腐蚀等工艺，因而可以得到较高的精度，目前可以做到系统精度为±0.01mm/m，分辨率可达1~5μm。

2）可以用于自动化控制系统中的检测元器件（线位移）。例如在3坐标测量机、程控数控机床及高精度、中型机床控制系统中的测量装置，均得到了应用。

如图7-12所示为国产ZCB-101鉴相型磁栅数显表的原理框图。鉴相型磁栅数显表的原理是利用输出信号的相位大小来反映磁头的位移量或磁尺的相对位置的信号处理方式。感应电动势e的幅值恒定，其相位变化正比于位移量，该信号经带通滤波、整形、鉴相细分电路后产生脉冲信号，由可逆计数器计数，显示器显示相应的位移量，如图7-12所示。其中鉴相细分是对调制信号的一种细分方法，其实现手段可参见有关书籍。

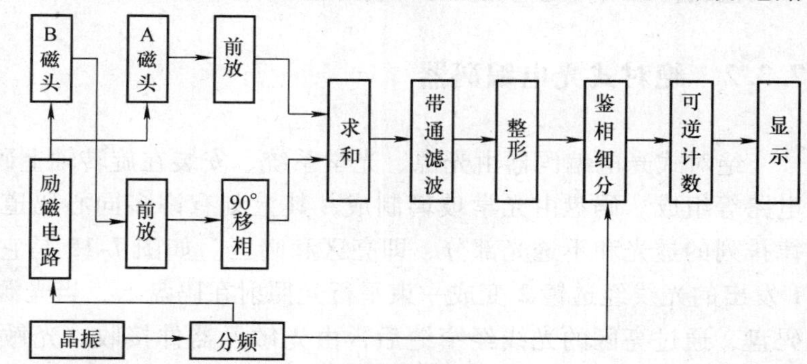

图7-12 ZCB-101鉴相型磁栅数显表原理框图

目前磁栅数显表已采用微机来实现图7-12的功能。这样，硬件的数量大大减少，而功能却优于普通数显表。通常由微型计算机控制的磁栅数显表都具有位移显示功能、直径/半径和公制/英制转换及显示功能、数据预置功能、断电记忆功能、超限报警功能、非线性误差修正功能、故障自检功能等。并且同时测量x、y、z 3个方向的位移，通过计算机软件程序对3个坐标轴的数据进行处理，分别显示3个坐标轴的位移数据。

7.3 码盘式传感器

将机械转动的模拟量（位移）转换成以数字代码形式表示的电信号，这类传感器称为编码器。编码器以其高精度、高分辨率和高可靠性被广泛用于各种位移的测量，编码器分类如图7-13所示。

角编码器又称为码盘，它能够将角度转换为数字编码，是一种数字式的传感器。码盘按结构可以分为接触式、电磁式和光电式3种，后两种为非接触式测量，在这里只讨论光电式码盘传感器，也称为光电编码器。

编码器
- 接触式编码器
- 电磁式编码器
- 光电式编码器
  - 绝对式光电编码器
  - 增量式光电编码器

图7-13 编码器分类

7.3.1 增量式光电编码器

增量式编码器又称脉冲编码器，是一种旋转式脉冲发生器。它把机械转角变成电脉冲，是一种常用的角位移传感器。

增量式编码器结构简单，一般只有 3 个码道，不能直接产生几位编码输出，如图 7-14 所示。它是一个被划分成若干个交替透明和不透明扇形区的圆盘，最外圈的码道是用来产生计数脉冲的增量码道，内圈码道与外圈码道的扇形区数目相同，但错开半个扇形区，作为辨向码道，其辨向方法与光栅的辨向原理相同。另有一条码道常开有一个（或一组）特殊的窄缝，用于产生定位或零位信号。

当光电码盘随工作轴一起转动时，在光源的照射下，透过光电码盘和光栏板狭缝形成忽暗忽明的光信号，光敏元器件把此光信号转换成电脉冲信号，通过信号处理电路的整形、放大、细分、辨向后由数码管直接显示角位移量。增量式编码器的分辨力以每转计数表示，亦即码盘旋转一周，光电检测可产生的脉冲数。

7.3.2 绝对式光电编码器

绝对式光电编码器由光源、光学系统、安装在旋转轴上码盘、光电接收元器件、处理电路等组成。码盘由光学玻璃制成，其上刻有许多同心码道，每位码道上都有按一定规律排列的透光和不透光部分，即亮区和暗区。如图 7-15 是它的工作原理示意图。由光源 1 发出的光线经透镜 2 变成一束平行光照射在码盘上，当光源将光投射在码盘上时，转动码盘，通过亮区的光线经窄缝后，由光敏元器件接收。光敏元器件的排列与码道一一对应，对应于亮区和暗区的光敏元器件输出的信号，前者为“1”，后者为“0”。当码盘旋至不同位置时，光敏元器件输出信号的组合，反映出按一定规律编码的数字量，代表了码盘轴的角位移大小。

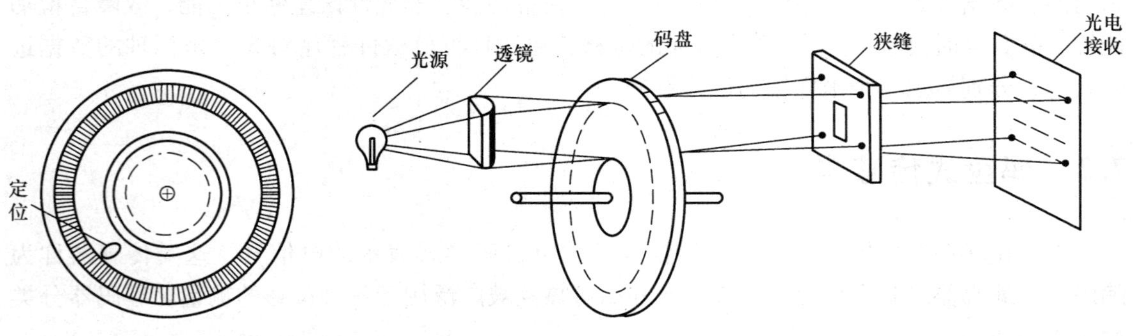

图 7-14　增量式编码器　　　　图 7-15　光电式编码盘工作原理示意图

编码器码盘按其所用码制可分为二进制码、十进制码、循环码等。4 位二进制码盘如图 7-16所示，最内层 2 等分；外面层依次 2 倍等分；每个码道对应二进制数的 1 位，内层为高位，外层为低位。n 位（n 个码道）的二进制码盘具有 2^n 个不同编码，称其容量为 2^n。

例如图 7-16 所示其中一个编码输出为：C4C3C2C1 = 1110。二进制码盘所能分辨的角度为$\alpha = \frac{360°}{2^n}$，若 $n=4$，则$\alpha = 22.5°$。

图 7-17a 为标准二进制编码的码盘，这种编码方式直接取自二进制累进过程，也被称为 8421 码盘。在实际应用中采用二进制编码器时，对码盘的刻度要求十分严格，任何微小的制作误差，都可能造成读数的非单值性误差。如由位置 0111 过渡到位置 1000 时，即由 7 变为 8 时，如果刻度机械加工误差，此时就可能会出现 8～15 的某个数字。为了消除这种非单值性误差，可采用二进制循环码盘（格雷码盘），如图 7-17b 所示。

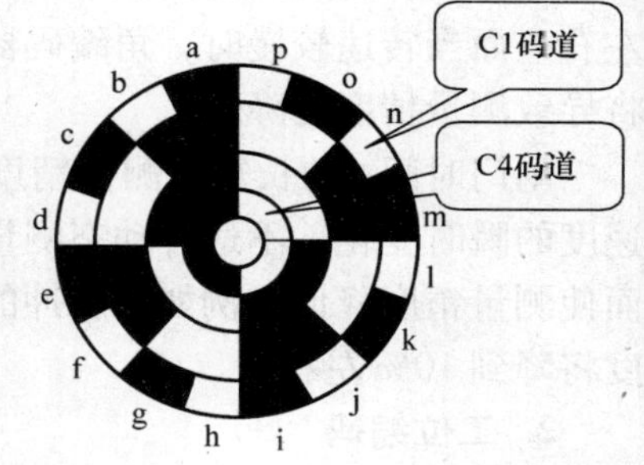

图 7-16　4 位二进制编码盘

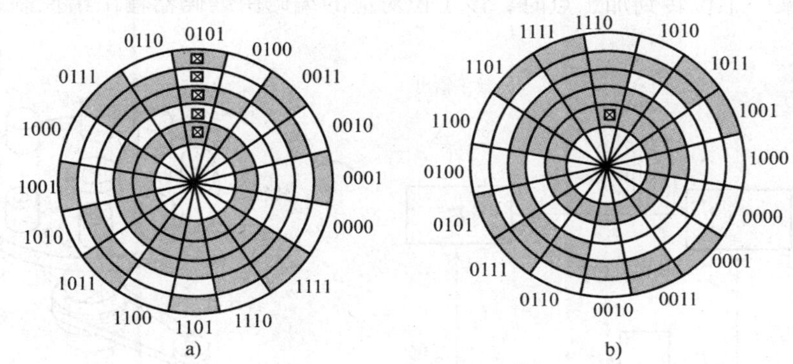

图 7-17　绝对式光电码盘

a）4 位 8421 二进制码盘　b）4 位格雷码码盘

图 7-17b 为 4 位格雷码码盘，与图 7-17a 4 位 8421 二进制码盘相比，它的相邻数的编码只有一位变化，因此就能把误差控制在最小单位内，避免了非单值性误差。格雷码在本质上是一种对二进制的加密处理，每位不再具有固定的权值，因此必须经过解码过程将格雷码转换成二进制码，然后才能得到位置信息。解码过程可通过硬件解码器或软件来实现。

7.3.3　光电式编码器的应用

1. 脉冲频率法测转速

角编码器除了能直接测量角位移或间接测量直线位移外，还有数字测速。由于增量式角编码器的输出信号是脉冲形式，因此，可以通过测量脉冲频率或周期的方法来测量转速。角编码器可代替测速发电机的模拟测速，而成为数字测速装置，如图 7-18 所示。

若角编码器每转产生 N 个脉冲，在一定时间间隔 t 内得到 N_1 个脉冲，则角编码器所产生的脉冲频率 f 为：$f=\frac{N_1}{t}$

则转速 n（单位为 r/min）为：

$$n=\frac{N_1}{N}\cdot\frac{60}{t} \tag{7-4}$$

适合于脉冲频率法测速的场合通常是要求转速较快，否则计数值将较少，测量准确度将较低。例如，角编码器的输出脉冲频率 $f=1000\text{Hz}$，闸门时间 $t=1\text{s}$ 时，测量精度可达 0.1% 左右；而当转速较慢时，角编码器输出的脉冲频率较低，±1 误差（多或少计数一个脉冲）将导致测量精度的降低。

闸门时间 t 的长短对测量精度的影响较大，t 取得较长时，测量精度较高，但不能反应速度的瞬时变化，不适合动态测量；t 也不能取得太小，以至于在 t 时段内得到的脉冲太少，而使测量精度降低。例如，脉冲的频率 f 仍为 1000Hz，t 缩短到 0.01s 时，此时的测量准确度将降到 10% 左右。

2. 工位编码

由于绝对式编码器每一转角位置均有一个固定的编码输出，若编码器与转盘同轴相连，则转盘上每一工位安装的被加工工件均可以有一个编码相对应，转盘工位编码如图 7-19 所示。当转盘上某一工位转到加工点时，该工位对应的编码由编码器输出给控制系统。

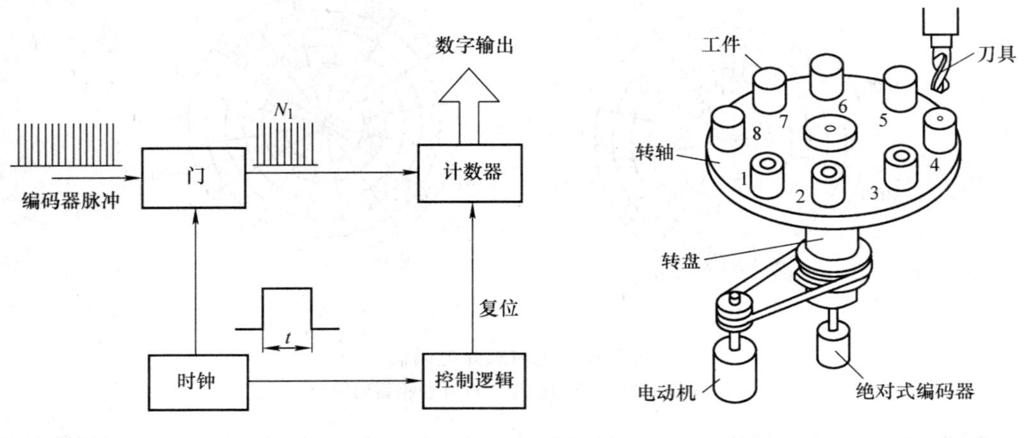

图 7-18 脉冲频率法测转速

图 7-19 转盘工位编码

若要使处于工位 4 上的工件转到加工点等待钻孔加工，计算机就控制电动机通过带轮带动转盘逆时针旋转。与此同时，绝对式编码器（假设为 4 码道）输出的编码不断变化。设工位 1 的绝对二进制码为 0001，当输出从工位 3 的 0011，变为 0100 时，表示转盘已将工位 4 转到加工点，电动机停转。

7.4 感应同步器

感应同步器是利用电磁原理将线位移和角位移转换成电信号的一种装置。根据用途，可将感应同步器分为直线式和旋转式两种，分别用于测量线位移和角位移。

7.4.1 感应同步器的结构

1. 直线式感应同步器

直线式感应同步器的结构如图 7-20 所示，它由定尺和滑尺两部分组成，长尺为定尺，短尺为滑尺。感应同步器的定尺被安装在固定部件上（如机床的台座），而滑尺则与运动部件或被定位装置（如机床刀架）一起沿定尺移动。定尺和滑尺的材料、结构和制造工艺相同，都是由基板、绝缘黏合剂、平面绕组和屏蔽层等部分组成。

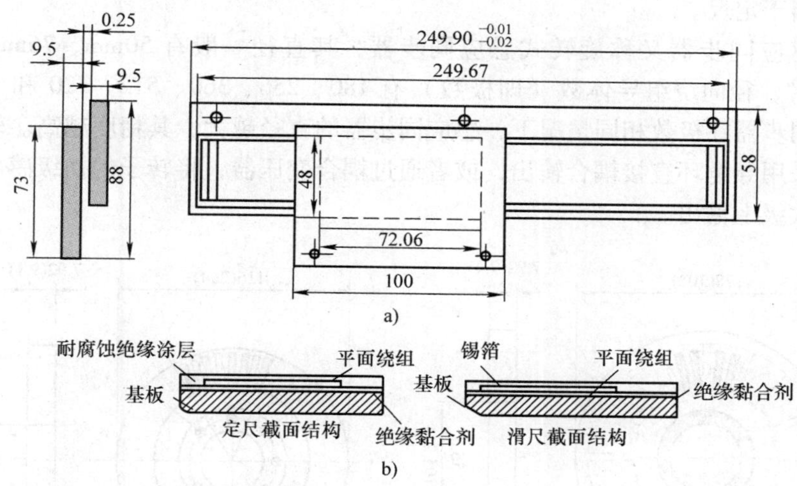

图 7-20　直线式感应同步器的外形及定尺与滑尺的截面结构

a）外形　b）截面结构

直线式感应同步器定尺和滑尺绕组的结构如图 7-21 所示。定尺和滑尺上的绕组均为矩形绕组，定尺绕组为单相连续绕组，齿距为 $W_2 = 2(a_2 + b_2)$。滑尺上分布有两组间断绕组，两绕组相差 90° 相位角，分别称为正弦绕组和余弦绕组，两相绕组齿距相同，均为 $W_1 = 2(a_1 + b_1)$。通常滑尺的齿距 W_1 与定尺的齿距 W_2 相等。

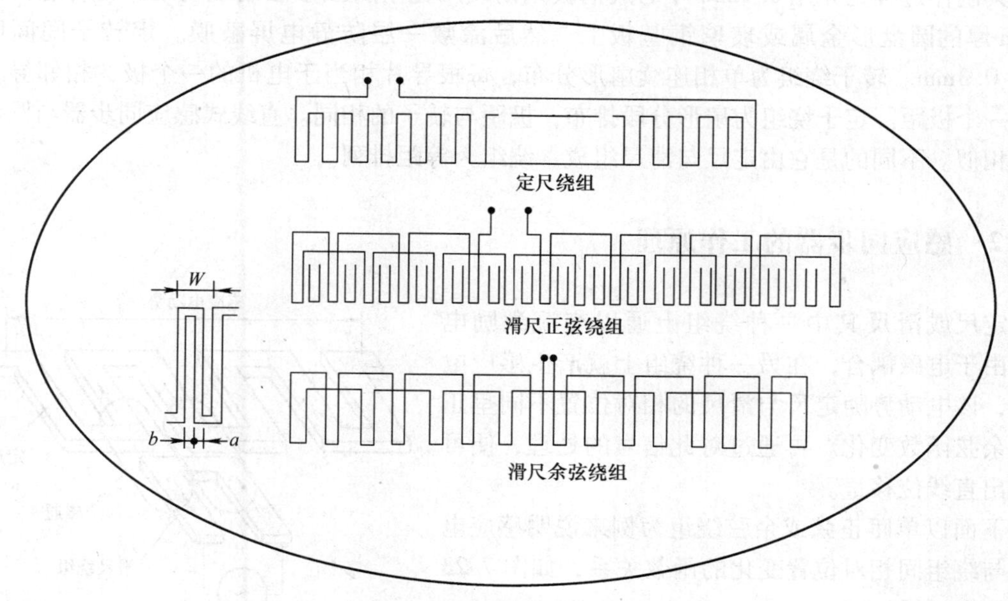

图 7-21　直线式感应同步器的绕组结构

2. 圆盘式感应同步器

圆盘式感应同步器由定子和转子组成，形状呈圆片形，如图 7-22 所示。圆盘感应同步器定子和转子绕组的制造工艺与直线式感应同步器相同，定子相当于直线式感应同步器的滑尺，转子相当于定尺。

圆盘式感应同步器又称旋转式感应同步器，其直径一般有 50mm、76mm、178mm 和 302mm 等几种，径向绕组导体数（即极数）有 180、256、360、512、720 和 1080 等数种。圆盘式感应同步器在极数相同情况下，感应同步器的直径越大，其精度越高。转子是绕转轴旋转，通常采用导电环直接耦合输出，或者通过耦合变压器，将转子的初级感应电势经气隙耦合到定子次级上输出。

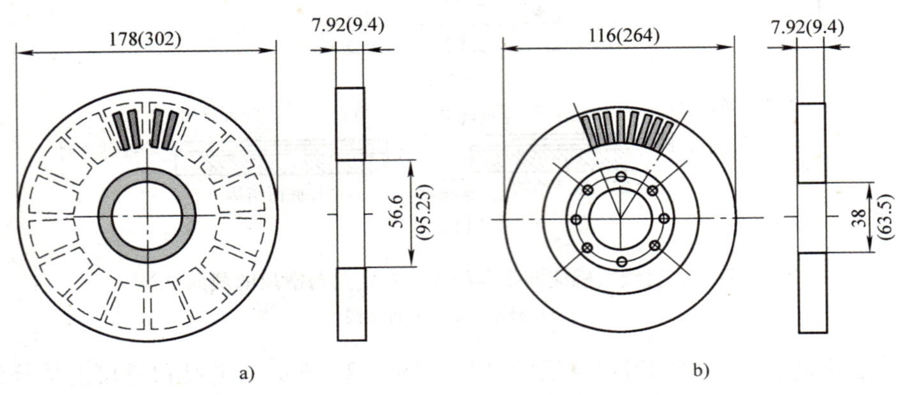

图 7-22　圆盘式感应同步器的结构

a）定子　b）转子

其制作过程是先用 0. 1mm 厚的敷铜板刻制或用化学腐蚀方法制成绕组，再将它固定到 10mm 厚的圆盘形金属或玻璃钢基板上，然后涂敷一层防静电屏蔽膜。定转子间间隙为 0. 2 ~0. 3mm。转子绕组为单相连续扇形分布，每根导片相当于电机的一个极，相邻导片间距为一个极距。定子绕组为扇形分段排布，极距与转子的相同。直线式感应同步器与圆盘式结构相似。不同的是它由定尺与滑尺组成，绕组为等距排列。

7. 4. 2　感应同步器的工作原理

定尺或滑尺其中一种绕组上通以交流激励电压，由于电磁耦合，在另一种绕组上就产生感应电动势，该电动势随定尺与滑尺的相对位置不同呈正弦、余弦函数变化。再通过对此信号的处理，便可测量出直线位移量。

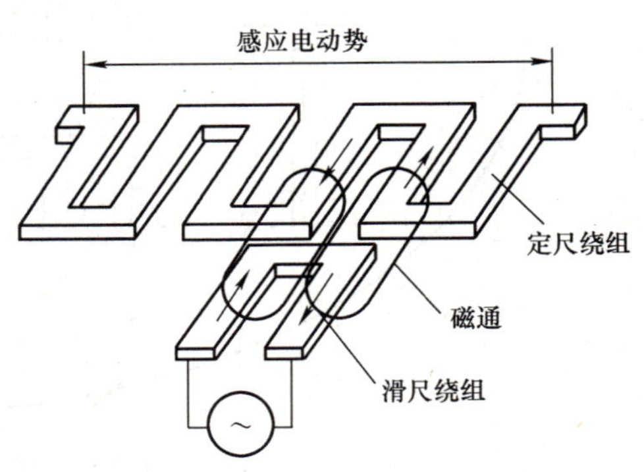

图 7-23　感应同步器的工作原理

下面以单匝正弦或余弦绕组为例来说明感应电动势与绕组间相对位置变化的函数关系，如图 7-23 和图 7-24 所示。

为了说明感应电动势和位置的关系，由图 7-24

可知，当滑尺上的正弦绕组 S 和定尺上的绕组位置重合时（*A* 点），耦合磁通最大，感应电动势最大；当继续平行移动滑尺时，感应电动势慢慢减小，当移动到 1/4 齿距位置处（*B* 点），在感应绕组内的感应电动势相抵消，总电动势为零；继续移动到半个齿距时（*C* 点），可得到与初始位置极性相反的最大感应电动势；在 3/4 齿距处（*D* 点）又变为零；移动到下一个齿距时（*E* 点），又回到与初始位置完全相同的耦合状态，感应电动势为最大；这样感应电动势随着滑尺相对定尺的移动而呈周期性变化。

同理可以得到定尺绕组与滑尺上余弦绕组 C 之间的感应电动势周期变化曲线，如图 7-24 下部曲线 2 所示。

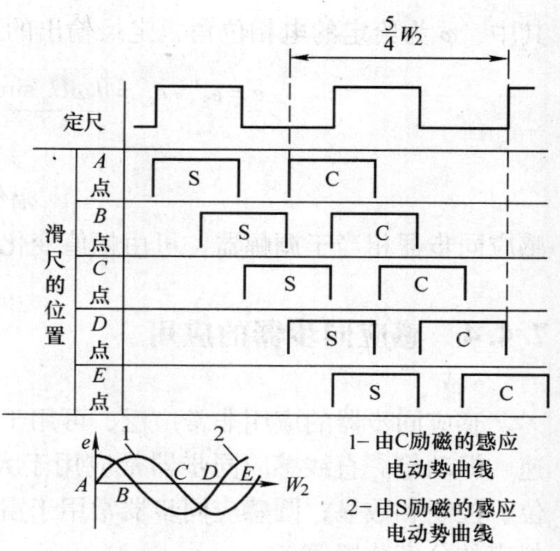

图 7-24　感应同步器不同励磁方式电动势曲线

7.4.3　感应同步器的信号处理

感应同步器的励磁方式可分为两大类：一类是以滑尺（或定子）励磁，由定尺（或转子）取出感应电动势信号；另一类以定尺（或转子）励磁，由滑尺（或定子）取出感应电动势信号。目前在实用中多数用前一类励磁方式。

其信号处理方式可分为鉴相方式和鉴幅方式两种，分别用输出感应电动势的相位或幅值来进行处理。

1. 鉴相法——根据感应电动势的相位来鉴别位移量

在滑尺的正弦、余弦绕组上供给频率相同、相位差为 90°的交流电压励磁即：

$$\left.\begin{aligned} u_S &= U_m \sin\omega t \\ u_C &= -U_m \cos\omega t \end{aligned}\right\} \tag{7-5}$$

定尺输出的总感应电势为：

$$e = e_S + e_C = k\omega U_m \sin(\omega t - \theta)\text{，其中 } \theta = \frac{2\pi}{W}x \tag{7-6}$$

式中　k——电磁耦合系数；

θ——机械位移相位角，又称机械角，单位为 rad；

W——定尺节距；

x——机械直线位移。

通过鉴别感应电动势的相位，例如同励磁电压比较相位，即可测出定尺和滑尺之间的相对位移。

2. 鉴幅法——根据感应电动势的幅值来鉴别位移量

在滑尺的正、余弦绕组上施加频率和相位相同、但幅值不同的正弦激励电压，即：

$$\left.\begin{aligned} u_S &= U_S \sin\omega t \\ u_C &= -U_C \sin\omega t \end{aligned}\right\} \leftarrow \left.\begin{aligned} U_S &= U_m \sin\varphi \\ U_C &= -U_m \cos\varphi \end{aligned}\right\} \tag{7-7}$$

其中，φ 为给定的电相位角，定尺输出的总感应电势为：

$$e = e_S + e_C = \boxed{k\omega U_m \sin(\varphi - \theta)} \sin\omega t，其中 \theta = \frac{2\pi}{W}x \tag{7-8}$$

↑

幅值

感应同步器相当于调幅器，可由幅值变化测量位移量。

7.4.4 感应同步器的应用

感应同步器的应用非常广泛，可用于测量线位移、角位移以及与其相关的物理量，如转速、振动等。直线感应同步器常应用于大型精密坐标镗床、坐标铣床及其他数控机床的定位、控制和数显；圆感应同步器常用于雷达天线定位跟踪、导弹制导、精密机床或测量仪器仪表的分度装置等。

如图 7-25 所示为感应同步器鉴相型数字位移测量装置框图。脉冲发生器输出频率一定的脉冲系列，经过脉冲 - 相位变换器进行分频后，输出参考信号方波 θ_0 和指令信号方波 θ_1。参考信号方波 θ_0 经过励磁供电线路，转换成振幅和频率相同的正弦、余弦电压，给感应同步器滑尺的正弦、余弦绕组励磁。感应同步器定尺绕组中产生的感应电压，经放大和整形后成为反馈信号方波 θ_2。指令信号 θ_1 和反馈信号 θ_2 同时送给鉴相器，鉴相器既判断 θ_2 和 θ_1 相位差的大小，又判断指令信号 θ_1 的相位超前还是滞后于反馈信号 θ_2 的相位。

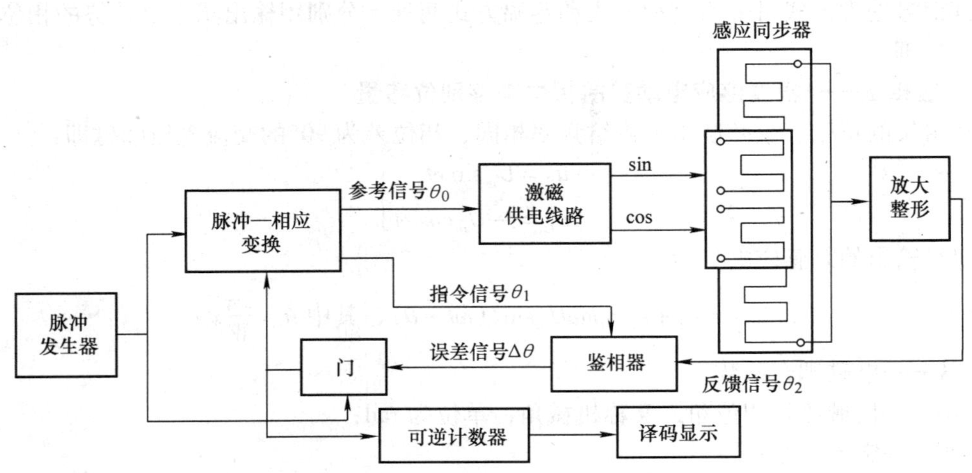

图 7-25　鉴相型数字位移测量装置框图

假定开始时 $\theta_1 = \theta_2$，当感应同步器的滑尺相对定尺平行移动时，将使定尺绕组中的感应电压相位（即反馈信号的相位）发生变化，此时 $\theta_1 \neq \theta_2$。由鉴相器判别之后，将相位差 $\Delta\theta = \theta_2 - \theta_1$ 作为误差信号，由鉴相器输出给门电路。此误差信号 $\Delta\theta$ 控制门电路"开门"的时间，使门电路允许脉冲发生器产生的脉冲通过。通过门电路的脉冲，一方面送给可逆计数器去计数并显示出来；另一方面作为脉冲 - 相位变换器的输入脉冲。在此脉冲作用下，脉冲–相位变换器将修改指令信号的相位 θ_1，使 θ_1 随 θ_2 变化。当 θ_1 再次与 θ_2 相等时，误差信号 $\Delta\theta=0$，从而门被关闭。当滑尺相对定尺继续移动时，又有 $\Delta\theta=\theta_2-\theta_1$ 作为误差信号去控制门电路的开启，门电路又有脉冲输出，供可逆计数器去计数和显示，并继续修改指令信号的相位 θ_1，使 θ_1 和 θ_2 在新的基础上达到 $\theta_1=\theta_2$。因此在滑尺相对定尺连续不断地移动过程中，就可以实现把位移量准确地用可逆计数器计数和显示出来。

7.5 综合技能实训 参观校内或校外数控加工实训基地

1. 实训目的

1）使学生对数字传感器的结构、使用，能有一个感性认识。

2）了解数字传感器在数控加工中的应用。

3）掌握数控机床在位移检测和位置检测时所用的传感器种类及特点。

2. 实训内容

由于高精度、高速度、高效率及安全可靠的特点，在制造业技术设备更新中，数控机床正迅速地在企业得到普及。数控机床是一种装有程序控制系统的自动化机床，能够根据已编好的程序，使机床动作并加工零件。它综合了机械、自动化、计算机、测量、微电子等最新技术，使用了多种数字传感器。通常我们把这种高精度、高适应性、高效率的自动化机床又称作数控加工中心，如图 7-26 所示。

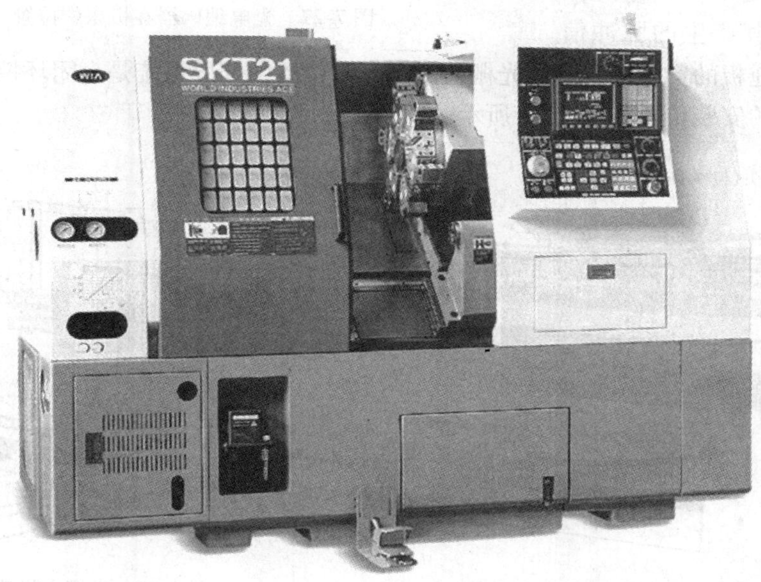

图 7-26 数控加工中心

（1）了解数控机床对传感器的要求

1）可靠性高和抗干扰性强。

2）满足精度和速度的要求。

3）使用维护方便，适合机床运行环境。

4）成本低。

不同种类数控机床对传感器的要求也不尽相同，一般来说，大型机床要求速度响应高，中型和高精度数控机床以要求精度为主。

（2）观察数控加工中的位移检测

位移检测的传感器主要有编码器、直线光栅、旋转变压器、感应同步器等。

1）观察编码器的应用。编码器是一种角位移（转速）传感器，它能够把机械转角变成电脉冲。编码器可分为光电式、接触式和电磁式 3 种，其中，光电式应用比较多。

通常编码器在数控机床中的位置如图 7-27 所示，*X* 轴和 *Z* 轴端部分别配有光电编码器，用于角位移测量和数字测速，角位移通过丝杠螺距能间接反映拖板或刀架的直线位移。

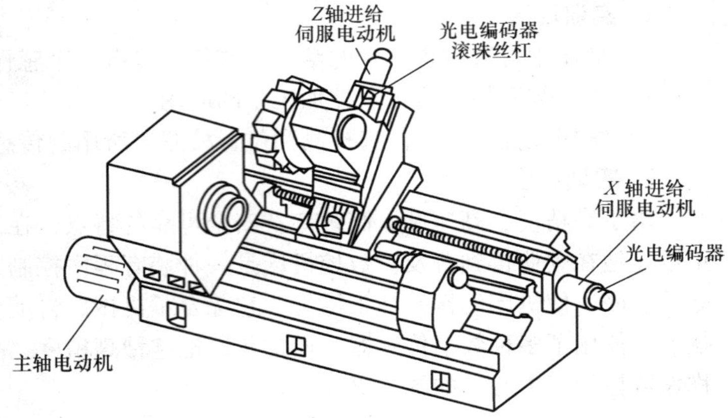

图 7-27　光电编码器在机床中位置

2）观察直线光栅的应用。直线光栅是利用光的透射和反射现象制作而成，常用于位移测量，分辨力较高，测量精度比光电编码器高，适应于动态测量。其外形及结构如图 7-28 所示。

在进给驱动中，光栅尺固定在床身上，其产生的脉冲信号直接反映了拖板的实际位置。用光栅检测工作台位置的伺服系统是全闭环控制系统。通常光栅在机床上的安装位置如图 7-29 所示。

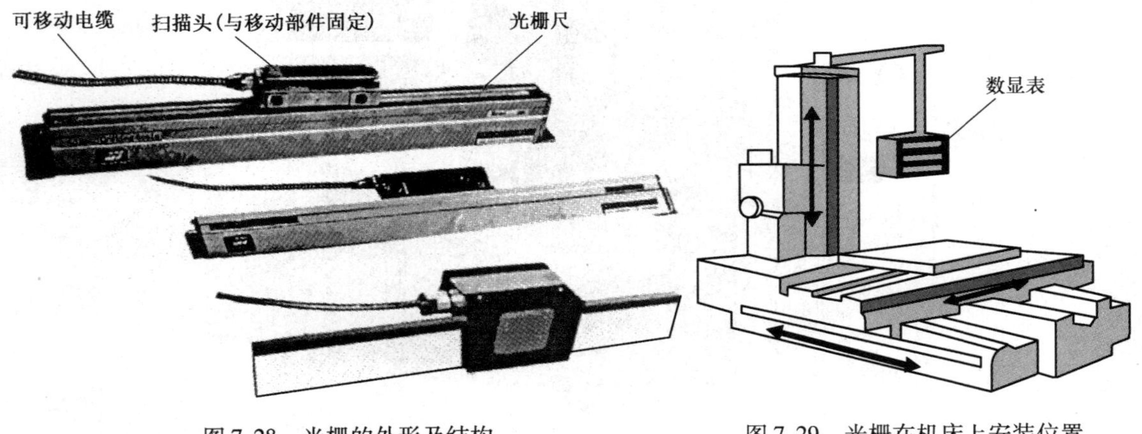

图 7-28　光栅的外形及结构

图 7-29　光栅在机床上安装位置（3 个自由度）

3）观察旋转变压器的应用。旋转变压器是一种输出电压与角位移量成连续函数关系的感应式微电机。旋转变压器由定子和转子组成，具体来说，它由一个铁心、两个定子绕组和两个转子绕组组成，其原、副绕组分别放置在定子、转子上，原、副绕组之间的电磁耦合程度与转子的转角有关。

4）观察感应同步器的应用。如前所述，感应同步器是利用两个平面形绕组的互感随位置不同而变化的原理制成的。其功能是将角度或直线位移转变成感应电动势的相位或幅值，可用来测量直线或转角位移。按其结构可分为直线式和旋转式两种。直线式感应同步器由定尺和滑尺两部分组成，定尺安装在机床床身上，滑尺安装于移动部件上，随工作台一起移动；旋转式感应同步器定子为固定的圆盘，转子为转动的圆盘。

感应同步器具有较高的精度与分辨力、抗干扰能力强、使用寿命长、维护简单、长距离位移测量、工艺性好、成本较低等优点。直线式感应同步器目前被广泛地应用于大位移静态与动态测量中，例如用于3坐标测量机、程控数控机床、高精度重型机床及加工中心测量装置等。旋转式感应同步器则被广泛地用于机床和仪器的转台以及各种回转伺服控制系统中。

（3）观察数控加工中的位置检测

位置传感器可用来检测位置，反映某种状态的开关，和位移传感器不同。位置传感器有接触式和接近式两种。

1）观察接触式传感器的应用。接触式传感器的触头由两个物体接触挤压而动作，常见的有行程开关、二维矩阵式位置传感器等。行程开关结构简单、动作可靠、价格低廉。当某个物体在运动过程中，碰到行程开关时，其内部触头会动作，从而完成控制，例如在加工中心的 *X*、*Y*、*Z* 轴方向两端分别装有行程开关，则可以控制移动范围。二维矩阵式位置传感器安装于机械手掌内侧，用于检测自身与某个物体的接触位置。

2）观察接近开关的应用。接近开关是指当物体与其接近到设定距离时就可以发出“动作”信号的开关，它无需和物体直接接触。接近开关有很多种类，主要有自感式、差动变压器式、电涡流式、电容式、干簧管、霍尔式等。

接近开关在数控机床上的应用主要是刀架选刀控制、工作台行程控制、油缸及气缸活塞行程控制等。

在刀架选刀控制中，如图7-30所示，从左至右的四个凸轮与接近开关 SQ_4 ~ SQ_1 相对应，组成四位二进制编码，每一个编码对应一个刀位，如0110对应6号刀位；接近开关 SQ_5 用于奇偶校验，以减少出错。刀架每转过一个刀位，就发出一个信号，该信号与数控系统的刀位指令进行比较，当刀架的刀位信号与指令刀位信号相符时，表示选刀完成。

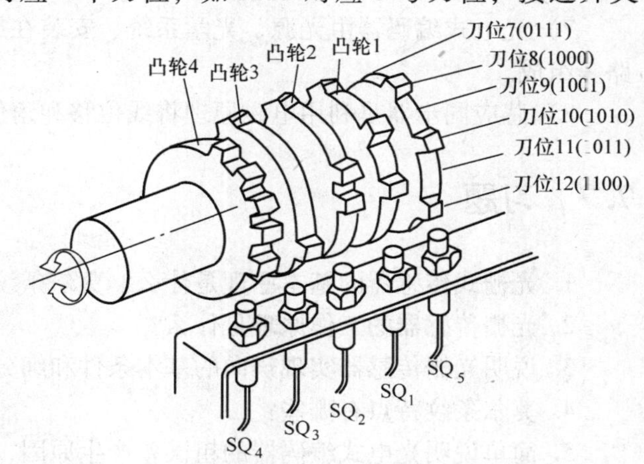

图7-30　接近开关在刀架选刀系统应用

霍尔传感器是利用霍尔现象制成的传感器。将锗等半导体置于磁场中，在一个方向通以电流时，则在垂直的方向上会出现电位差，这就是霍尔现象。将小磁体固定在运动部件上，当部件靠近霍尔元器件时，便产生霍尔现象，从而判断物体是否到位。

（4）观察数控加工中的速度检测

速度传感器是一种将速度转变成电信号的传感器，既可以检测直线速度，也可以检测角速度，常用的有测速发电机和增量式编码器等。

测速发电机具有的特点是：

1）输出电压与转速严格呈线性关系。

2）输出电压与转速比的斜率大。可分成交流和直流两类。

增量式编码器在经过一个单位角位移时，便产生一个脉冲，配以定时器便可检测出角速度。在数控机床中，速度传感器一般用于数控系统伺服单元的速度检测。

3. 实训报告

1）记录参观的数控加工机床类型，所用传感器种类。

2）记录位置检测中所用到的数字传感器类型，说明安装位置及使用特点。

3）记录位移检测中所用到的传感器类型，说明安装位置及使用特点。

7.6 小结

1）数字式传感器是一种能把被测模拟量直接转换为数字量输出的装置，可直接与计算机系统连接。

2）莫尔条纹在近于垂直栅线方向上出现明暗相间的条纹，这些条纹叫莫尔条纹。

3）计量光栅作为一个完整的测量装置包括光栅读数头、光栅数显表两大部分。光栅读数头利用光栅原理把输入量（位移量）转换成响应的电信号。光栅数显表是实现细分、辨向和显示功能的电子系统。

4）磁栅传感器利用磁栅与磁头的磁作用进行测量的位移传感器。

5）静态磁头一般总是成对使用，即用两个间距为（$m+\frac{1}{4}$）W 的磁头，W 为磁信号齿距，也就是两个磁头布置成在空间相差 90°。

6）编码器将机械转动的模拟量（位移）转换成以数字代码形式表示的电信号，这类传感器称为编码器。

7）光电式编码器由光源、光学系统、安装在旋转轴上码盘、光电接收元器件、处理电路等组成。

8）感应同步器是利用电磁原理将线位移和角位移转换成电信号的一种装置。

7.7 习题

1. 光栅式传感器的基本原理是什么？莫尔条纹是如何形成的？
2. 光栅传感器的工作原理是什么？
3. 说明光栅传感器实现辨向的基本条件和细分的意义。
4. 莫尔条纹特点有哪些？
5. 简单说明光电式编码器的粗误差产生原因，以及消除粗误差的方法。
6. 磁栅传感器由哪几部分组成？
7. 动态磁头和静态磁头的主要区别是什么？
8. 直线感应同步器主要由哪几部分组成？

第 8 章　超声波、智能传感技术

学习要点

① 掌握超声波、智能传感器的结构、特性。

② 了解超声波的基本工作原理及智能传感器的智能化途径。

③ 了解超声波、智能传感器的工程应用。

超声技术是一门以物理、电子、机械及材料学为基础的通用技术，主要涉及超声波的产生、传播与接收技术。超声应用必须借助于超声探头（换能器或传感器）产生和接收超声波。本章主要通过对超声波物理特性的分析，介绍超声波传感器的原理和结构，从而了解超声波传感器的应用。

智能传感器代表了传感器的发展方向，是一种带有微处理器并兼有检测和信息处理功能的传感器。本章主要介绍了智能传感器的基本组成、特点，分析了智能传感器的智能化途径及发展前景。

8.1　超声波传感器

8.1.1　超声波的物理性质

人们能听到的声音是由物体振动产生的，它的频率在 16Hz ~ 20kHz，低于 16Hz 的振动产生的机械波称为次声波；高于 20kHz 的机械波称为超声波，如图 8-1 所示。用于检测的超声波频率范围通常为 $1\times10^4\sim1\times10^7$Hz。

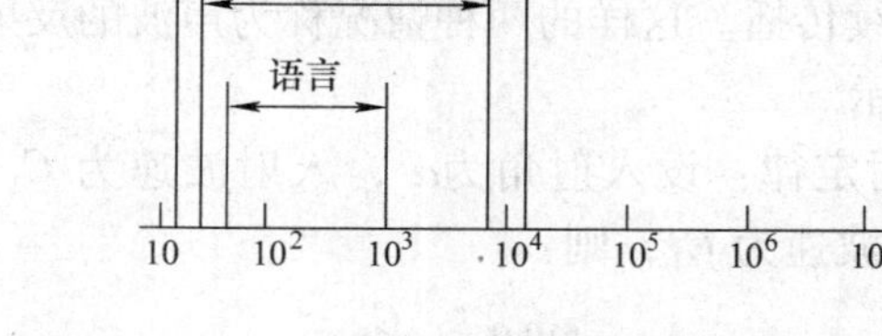

图 8-1　声波的频率界限

1. 超声波的波形及波速

由于声源在介质中施力方向与波在介质中传播方向不同，声波的波形也会不同。通常有以下 3 种：

（1）纵波

质点振动方向与传播方向一致的波，称为纵波。它能在固体、液体和气体中传播。

（2）横波

质点振动方向垂直于传播方向的波，称为横波。它只能在固体中传播。

（3）表面波

质点的振动方向介于横波与纵波之间，沿着表面传播的波，称为表面波。它只能在固体表面传播。

为测量各种状态下的物理量，应多采用纵波。

超声波的传播速度取决于介质的弹性常数及介质密度。

由于气体和液体的剪切弹性模量为零，所以超声波在气体和液体中没有横波，只能传播纵波。其传播速度为：

$$c = \sqrt{K/\rho} \tag{8-1}$$

式中 K——介质的体积弹性模量，它是体积绝对压缩系数的倒数；

ρ——介质的密度。

气体的声速约为344m/s，液体的声速为900～1900m/s。在固体介质中，纵波、横波和表面波都可以传播，但三者传播速度不同：

纵波的声速为：

$$c = \sqrt{\frac{E(1-\mu)}{\rho(1+\mu)(1+2\mu)}} \tag{8-2}$$

横波的声速为：

$$c = \sqrt{\frac{E}{2\rho(1+\mu)}} \tag{8-3}$$

表面波的声速为：

$$c = \frac{0.87+1.12\mu}{1+\mu}\sqrt{\frac{E}{2\rho(1+\mu)}} \tag{8-4}$$

式中 E——固体弹性模量；

μ——泊松系数。

在固体中，μ 在0～0.5。由此可知，横波声速约为纵波声速的1/2，而表面波声速是横波声速的90%左右。

2. 超声波的反射、折射以及波形转换

当超声波从一种介质中传播到界面或遇到另一种介质时，将产生反射、折射以及波形转换现象。

（1）反射和折射

当声波传播至两介质的分界面上时，一部分声波被反射，另一部分透射过界面，在另一种介质内继续传播。这样的两种情况称为声波的反射和折射，如图8-2所示。

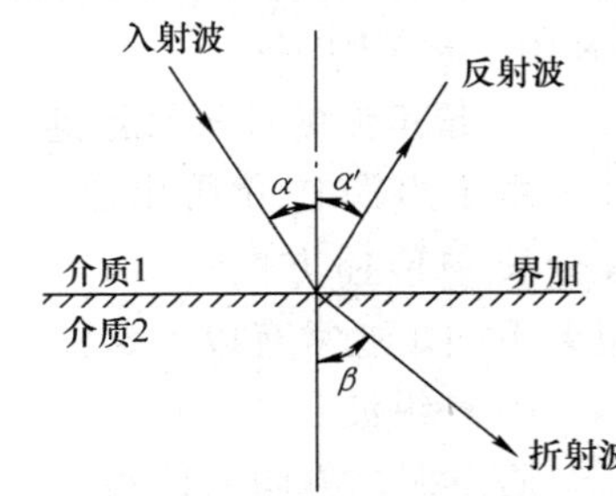

图8-2 超声波的反射与折射

1）反射定律：设入射角为α，入射波速为 C_1，反射角为α'，反射波速为 C_1'，则：

$$\frac{\sin\alpha}{\sin\alpha'} = \frac{C_1}{C_1'} \tag{8-5}$$

当入射波与反射波波形一样，波速一样时，$\alpha = \alpha'$。

2）折射定律：入射角为α，折射角为β，波在第一介质中的波速为 C_1，在第二介质中的波速为 C_2，则有：

$$\frac{\sin\alpha}{\sin\beta} = \frac{C_1}{C_2} \tag{8-6}$$

（2）波形转换

当声波以某一角度入射到第二介质（固体）的界面上时，除有纵波的反射、折射外，还发生横波的反射与折射，在一定情况下还能产生表面波。如图 8-3 所示，图中 L 为入射纵波，L_1 为反射纵波，L_2 为折射纵波，S_1 为反射横波，S_2 为折射横波。各种波形都符合波的反射定律和折射定律。

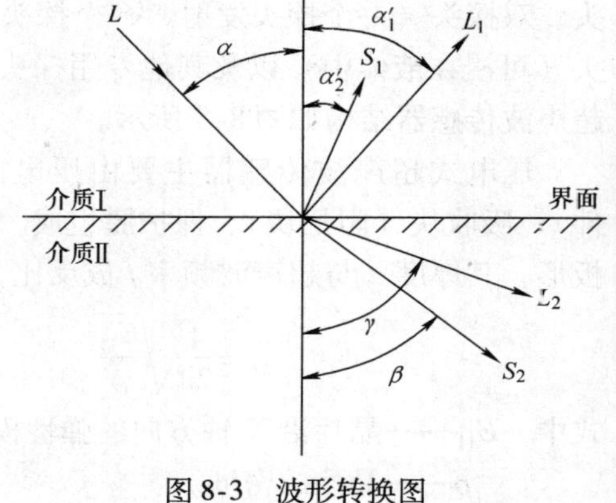

图 8-3　波形转换图

3. 声波的衰减

当声波在介质中传播时，由于扩散、散射以及介质吸收原因，能量会不断衰减，衰减的程度以衰减系数α 来表示。其声压和声强的衰减规律为：

$$P = P_0 e^{-\alpha x} \tag{8-7}$$

$$I = I_0 e^{-2\alpha x} \tag{8-8}$$

式中　P_0、I_0——声波在距离声源 $x=0$ 处的声压与声强；

P、I——声波在距离声源 x 处的声压与声强。

经常以 dB/mm 或 10^{-3}dB/mm 为单位来表示衰减系数。在一般探测频率上，材料的衰减系数在 1 到几百之间。若衰减系数为 1dB/mm，声波穿透 1mm 时，则衰减 1dB，即衰减 10%；声波穿透 20mm，即衰减 20dB，即衰减 90%。

8.1.2　超声波传感器的原理和结构

利用超声波在超声场中的物理特性和各种效应研制的装置可称为超声波传感器，也称为超声波探头或超声波换能器。

超声波传感器根据其工作原理，主要有压电式、磁滞伸缩式等类型，在检测技术中主要采用的是压电式传感器。

1. 压电式超声波传感器

是利用电致伸缩现象制成的，在压电材料上施加交变电压，使它产生电致伸缩振动而产生超声波，如图 8-4 所示。常用的压电材料为石英晶体、压电陶瓷、钴钛酸铅等。

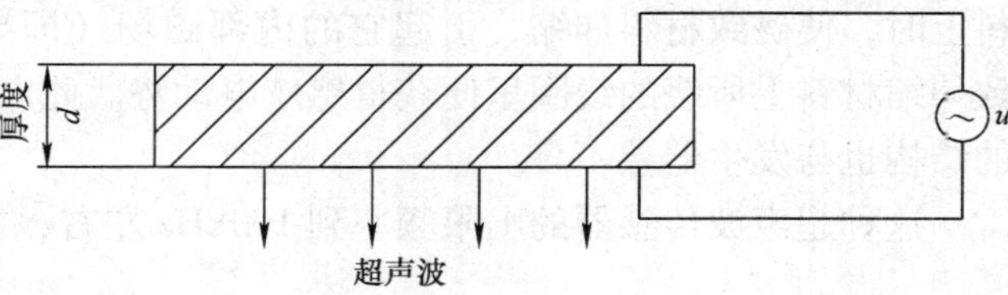

图 8-4　压电式换能器原理图

当外加交变电压的频率等于晶片的固有频率时产生共振，这时产生的超声波最强。压电效应换能器可以产生几十千赫到几十兆赫的高频超声波，其声强可达几十瓦/厘米^2。

压电式超声波接收器一般是利用超声波发生器的逆效应进行工作的，其结构和超声波发生器基本相同，有时就用同一个换能器兼作发生器和接收器两种用途。当超声波作用到压电晶片上时使晶片伸缩，在晶片的两个界面上产生交变电荷，这种电荷被转换成电压，经放大后送到测量电路，最后记录或显示出来。

由于用途不同，压电式超声波传感器有多种结构形式，如直探头、斜探头、表面波探头、双探头（一个探头发射、一个探头接收）、聚焦探头（将声波聚焦成一细束）、水浸探头（可浸在液体中）以及其他专用探头。典型的压电式超声波传感器结构如图 8-5 所示。

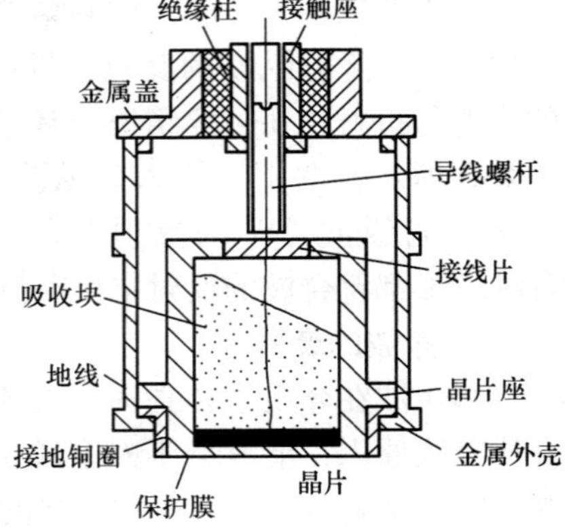

图 8-5　压电式超声波传感器结构

压电式超声波传感器主要由压电晶片（敏感元器件）、吸收块（阻尼块）、保护膜组成。压电晶片多为圆板形，其厚度 d 与超声波频率 f 成反比，即：

$$f=\frac{1}{2d}\sqrt{\frac{E_{11}}{\rho}} \tag{8-9}$$

式中　E_{11}——晶片沿 X 轴方向的弹性模量；

ρ——晶片的密度。

从上式可知，压电晶片在基频下作厚度振动时，晶片厚度 d 相当于晶片振动的半波长，可依此规律选择晶片厚度。压电晶片两面镀有银层作为导电极板，底面接地，上面接至引出线。为避免直探头与被测部件直接接触而磨损压电晶片，在压电晶片下，黏合一层保护膜（0.3mm 厚的塑料膜、不锈钢片或陶瓷片）。阻尼块的作用是降低晶片的机械品质，吸收声能量。如果没有阻尼块，当激励的电脉冲信号停止时，晶片将会继续振荡，加长超声波的脉冲宽度，使分辨率变差。

2. 磁致伸缩式超声波传感器

铁磁物质在交变的磁场中沿着磁场方向产生伸缩的现象，叫做磁致伸缩效应。磁致伸缩效应的强弱即伸长缩短的程度，因铁磁材料的不同而不同。镍的磁致伸缩效应最大，它在一切磁场中都是缩短的，如果先加一定的直流磁场，再通过交流电流，它可工作在特性最好区域。

磁致伸缩式传感器是把铁磁材料置于交变磁场中，使它产生机械尺寸的交替变化即机械振动，从而产生超声波。它是用几个厚为 0.1～0.4mm 的镍片叠加而成，片间绝缘以减少涡流损失，其结构形状有矩形、窗形等。传感器机械振动的固有频率的表达式与压电式的表达式相同。磁致伸缩式传感器的材料除镍外，还有铁钴钒合金和含铁、镍的铁氧体。

磁致伸缩超声波传感器接收器是利用磁致伸缩效应工作的。当超声波作用到磁致伸缩材料上时，使磁致材料伸缩，引起它的内部磁场（即导磁特性）的变化。根据电磁感应，磁致伸缩材料上所绕的线圈里便获得感应电动势。此电动势送到测量电路及记录显示设备，它的结构也与发生器差不多。

这种超声波传感器的上限频率到 100kHz 左右，主要用于海洋测量鱼群探测器和声呐。

8.1.3　超声波传感器应用举例

1. 超声波测厚

超声波测量金属零件的厚度，具有测量精度高、测量仪器轻便、操作安全简单、易于读数或实行连续自动检测等优点。但是对于声波衰减很大的材料，以及表面凹凸不平或形状很不规则的零件，则用超声波测厚有困难。超声波测厚常用脉冲回波法，此方法检测厚度的工作原理如图 8-6 所示。

超声波传感器与被测物体表面接触，主控制器产生一定频率的脉冲信号，送往发射电路，经电流放大后激励压电式探头，以产生重复的超声波脉冲，脉冲波传到被测工件另一面被反射回来被同一探头接收，如果超声波在工件的声速 c 是已知的，设工件厚度为 d，脉冲波从发射到接收的时间间隔 Δt 可以测量，因此可求出工件厚度为：

$$d=\frac{\Delta t}{2}c \qquad (8\text{-}10)$$

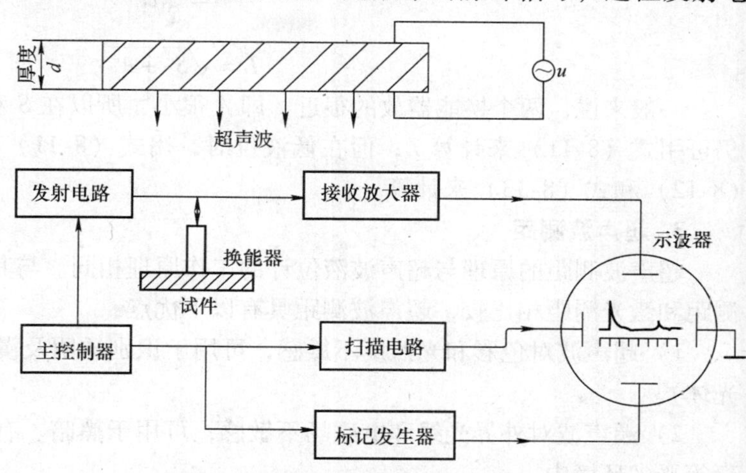

图 8-6　脉冲回波法测厚度的工作原理

2. 超声波测物位

将存于各种容器内的液体表面高度及所在的位置称为液位；固体颗粒、粉料、块料的高度或表面所在的位置称为料位，二者统称为物位。超声波测物位，由于非接触连续测量、安装方便、不受被测介质影响，因而具有可在较高温度下测量、精度高、功能强等特点，在物位仪表中越来越受到重视。图 8-7 为超声波液位计的工作原理图。传感器发出的超声波脉冲通过介质到达液面，经液面反射后又被传感器接收。测量发射与接收超声脉冲的时间间隔和介质中的传播速度，即可求出传感器与液面之间的距离。根据不同应用场合所使用的传声媒介质不同，液位计可分为液体、气体和固体介质导波式 3 种；根据超声换能器的工作方式又可分为自发自收单换能方式和发、收双换能器方式。这样可组成 4 种超声液位计方案，图 8-7中图 a、图 b、图 c 表示自发自收单换能方式，其中图 8-7a 是液介式情况，换能器固定在最低液位下，也可安装在容器底壁外面，超声波换能器发出的超声脉冲在液位中从换能器传至液面，反射后再从液面返回同一换能器且被接收。如换能器至液面的垂直距离为 L，从发到收经过的时间按为 t，超声波在液体中的传播速度为 c，则：

$$L=\frac{1}{2}ct \qquad (8\text{-}11)$$

液位的升降表现为 L 的变化，若已知声速 c，就可用精确测量 t 的方法来测量 L。图 8-7b 是气介式液位计，超声换能器安装在最高液位之上的空气或气体中；图 8-7c 是固介式的情况，把一根传声的固体棒插入液体中，上端高出液位，换能器安装在传声固体的上端。气介式和固介式情况公式 8-11 都可适用，但 c 分别代表气体中和固体中超声波的传播速度。

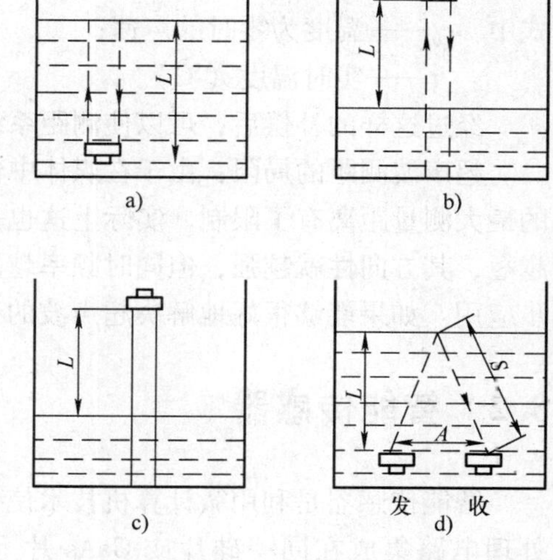

图 8-7　超声波液位计工作原理图

图 8-7d 表示一发一收双换能器方式时的工作原理，如两只换能器中心间距离为 A，声波从换能器至液面的斜向路径为 S，而换能器对液面的垂直高度为 L，则：

$$S=\frac{1}{2}ct \tag{8-12}$$

$$L=\sqrt{S^2+A^2} \tag{8-13}$$

一般来说，两个换能器放的很近，即 A 很小，所以在 S 和 L 足够大，以及在高液位时，仍可用式（8-11）来计算 L；但在低液位时，用式（8-11）会有较大的误差，因此须用式（8-12）和式（8-13）来计算。

3. 超声波测距

超声波测距的原理与超声波液位计的工作原理相同。与其他测距方法如雷达测距、红外测距和激光测距相比较，超声波测距具有以下优点：

1）超声波对色彩和光照度不敏感，可用于识别透明及漫反射性差的物体（如玻璃、抛光体）。

2）超声波对外界光线和电磁场不敏感，可用于黑暗、有灰尘和烟雾、电磁干扰强、有毒等恶劣环境中。

3）超声波传感器结构简单、体积小、费用低、技术难度小、信息处理简单可靠、易于小型化和集成化。

采用超声波原理进行测量时，测出超声脉冲从发射到接收这一过程所需的时间 t，再根据媒质中的声速 c，就可以求出从探头到物体表面之间的距离 L，计算公式仍可用式（8-11）。其工作流程框图如图 8-8 所示。

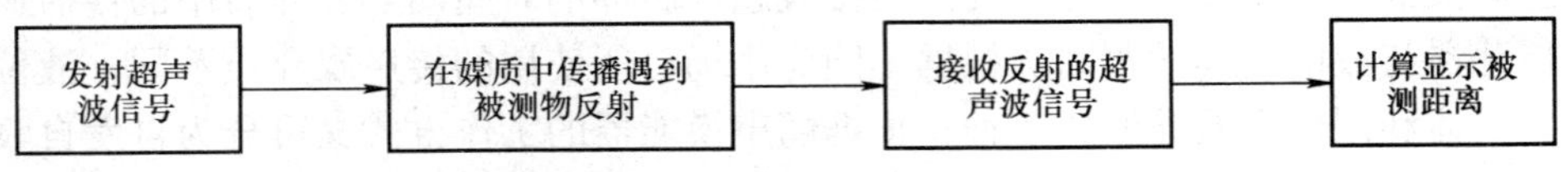

图 8-8　超声波测距工作流程框图

此外由于温度的变化会对声速产生一定的影响，因此在测量精度要求比较高的情况下，可以增加一个温度传感器来采集实时温度进行实时补偿。其近似公式为：

$$c=c_0+0.607t \tag{8-14}$$

式中　c_0——温度为零时的声速；

t——实时温度（℃）。

经过这样的补偿后，可以使测距系统具有较高的测量精度。

超声波测距的局限：由于在媒体中传播时，超声波的衰减比较严重，从而对超声波测距的最大测量距离有了限制。实际上这也是超声波应用中的一个矛盾，超声波频率越高，波长越短，其方向性就越强，但同时频率越高，衰减就越大。这一矛盾限制了超声波技术的进一步应用。如果能够很好地解决超声波的衰减问题，那么超声波测距会得到进一步推广。

8.2　智能传感器

智能传感器是利用微计算机技术使传感器智能化。它是将一个或多个敏感元器件与信息处理电路集成在同一硅片或 GaAs 片上，英文名字为 Intelligent Sensor，美国俗称为 Smart Sensor，含有聪明、伶俐、精明能干的意思。智能传感器自 20 世纪 70 年代初出现以来，已成为当今传感器技术发展中的主要方向之一。

8.2.1 智能传感器的定义及其功能

智能传感器是为了代替人和生物体的感觉器官并扩大其功能而设计制作出来的一种装置。人和生物体的感觉有两个基本功能：一是检测对象的有无或检测变换对象发生的信号；另一个是判断、推理、鉴别对象的状态。前者称为“感知”，后者称为“认知”。一般传感器只有对某一物体精确“感知”的本领，而不具有“认知”（智慧）的能力。智能传感器则可将“感知”和“认知”结合起来，起到人的“五感”功能的作用。

智能传感器这一名称在世界范围内，自今尚无公认的科学定义，但从字面上看，所谓“智能”意味着这种传感器具有一定的人工智能，即使用电路代替一部分人的脑力劳动。

智能传感器是具有学习、思考、判断和创造力的传感器，它具有的功能可归纳为：

1）具有传感器的功能。

2）自身能消除异常值和例外值。

3）具有数据处理功能。

4）能自动校正和自动补偿。

5）具有内存、算法语言，并能随外界条件变更功能。

6）具有记忆功能。

7）能与其他传感器联接，并能适应环境条件变化，具有判断功能。

8.2.2 智能传感器的基本组成及特点

1. 智能传感器的基本组成

智能传感器是由传感器、微处理器、存储器和输入/输出接口等组成，其典型组成框图如图8-9所示。初级智能传感器可以由许多相互独立的模块，如微处理机模块、模拟量输入模块、接口模块、IEEE-488标准总线模块、显示模块、打印模块等构成，并装在同一壳体内。高级智能传感器则是集成一体化，成为超大规模集成化智能传感器。智能传感器的核心部件是微处理机，其性能将直接影响智能传感器模块数的选择、处理电路的设计和成本。因此在满足传感器总体性能的前提下，可根据使用目的、字长、处理速度和功耗等选用合适的微型计算机或单片机。

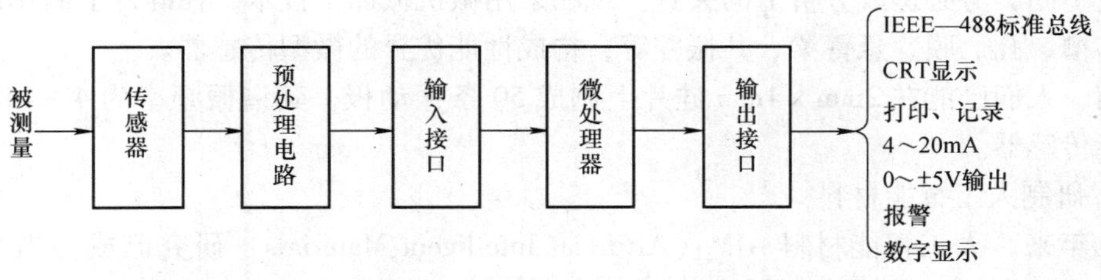

图8-9 智能传感器基本组成框图

2. 智能传感器的特点

智能传感器与一般传感器相比，其特点为：

1）精度高，成本低。由于智能传感器是将传感器与微型计算机做在一个硅片上成为一个整体，因此传感器本身具有一定的数据处理能力，可以通过软件修正非线性等系统误差、进行温度补偿、适当补偿随机误差、自动更换量程等，从而使传感器的精度大为提高，无需采用高成本的精加工、新材料、补偿电路的措施，因此成本较低。

2）可靠性高，具有一定的可编程自动化能力，包括指令、数据存储、自动调零、自检和自校等。传感器一旦出现故障，能及时报警和自动排除，能实现用硬件难以实现的功能。

3）功能多，具有多种形式的输出，如通信线 RS-232 或 RS-422 串行输出，PIO 并行输出，IEEE-488 标准总线输出，输出 CRT 显示、数字显示，还可经 D/A 转换后输出模拟量信号，故障报警，满值报警等。

4）性能价格比高，尤其采用较便宜的单片机时更为明显。

8.2.3 智能传感器的智能化途径及发展前景

1. 智能传感器的智能化途径

传感器智能化途径很多，下面介绍最主要的 3 条途径。

（1）传感器和信号处理装置的功能集成化

利用集成或混合集成方式将敏感元器件、信号处理器和微处理器集成在一起，利用驻留在集成体内的软件，实现对测量过程的控制、逻辑判断和数据处理以及信息传输等功能，从而构成功能集成化的智能传感器。这类传感器具有小型化、性能可靠、能批量生产、价廉等优点，因而，被认为是智能传感器的主要发展方向。

例如，将多个具有不同特性的气敏元器件集成在一个芯片上，利用图像识别技术处理传感器而得到的不同灵敏度模式，然后将这些模式所获得的数据进行计算，与被测气体的模式比较，便可辨别出气体种类和确定各自的浓度。

（2）基于新的检测原理和结构，实现信号处理的智能化

采用新的检测原理，通过微机械精细加工工艺和纳米技术设计新型结构，使之能真实地反映被测对象的完整信息，这也是传感器智能化的重要技术途径之一。

人们研究的多振动智能传感器就是利用这种方式实现传感器智能化的实例。工程中的振动通常是多种振动模式的综合效应，常用频谱分析方法解析振动。由于传感器在不同频率下的灵敏度不同，势必造成分析上的失真。现在采用微机械加工技术，在硅片上制作出极其精细的沟、槽、孔、膜、悬臂梁、共振腔等，构成性能优异的微型传感器。

目前，人们已能在 2mm×4mm 硅片上制成 50 条振动板，其谐振频率为 4～14kHz 的多振动智能传感器。

（3）研制人工智能材料

近几年来，人工智能材料 AIM（Artificial Intelligent Materials）研究已成为当今世界上的高新技术领域中的一个研究热点，也是全世界有关科学家和工程技术人员主要的研究课题。

人工智能材料是继天然材料、人造材料、精细材料后的第四代功能材料。它有3个基本特征：

1）能感知环境条件的变化，具有普通传感器的功能。

2）能进行自我判断，具有处理器的功能。

3）能发出指令和自行采取行动，具有执行器功能。

显然，人工智能材料除具有功能材料的一般属性能对周围环境进行检测的硬件功能外，还能按照反馈的信息，具有进行调节和转换等软件功能，这是制造智能传感器极好的材料。因此，人工智能材料和智能传感器是不可分割的两部分。

智能材料种类繁多，性能各异。按电子结构和化学键分为金属、陶瓷、聚合物和复合材料等几大类；按功能特性又分为半导体、压电体、铁磁体、导电体、光电体、电光体和电致流变体等几种；按形状分则有块材、薄膜和芯片智能材料，前两者常用作分离式智能元器件或者传感器，后者则主要用作智能混合电路和智能集成电路。几种智能材料的主要功能及其应用，如表8-1所示。

表8-1　几种智能材料的功能和应用

种类	功能和效应	主要材料	智能元器件应用举例
半导体陶瓷	自诊断和自调节功能 热阻效应 PTC NTC	$BaTiO_3$，$SrTiO_3$，Mn，Ni，CoFe等过渡金属氧化物	测温、控温开关，取代温控线路和保护线路
半导体陶瓷	自诊断和自调节功能 湿阻效应和气阻效应	MgO/ZrO_2（碱性/酸性） 异质结界面电阻变化	快速检测微波炉的湿度和温度，调节烹调火候和时间，取代复杂的检测线路
半导体陶瓷	自诊断和自修复功能 湿阻效应和电化学反应	CuO/ZnO（多孔陶瓷） 异质结界面电阻变化	快速检测环境温度和CO泄漏，不需清洗，可连续重复使用（即自修复功能）
合金	自诊断和自调节功能 形状记忆效应	Ni-Ti，Cu-Zn-Al，Fe-Ni-C，Fe-Ni-Co-Ti等可逆马氏相变超弹性材料	在可自动启合式卫星天线、高压管道的自膨胀接口等方面有特殊应用
氧化物薄膜	自诊断和自调节功能 （电子+离子）混合导电性材料的场致变色效应和光记忆效应	WO_3，MoO_3，NiO，普鲁士蓝等	在建筑物窗玻璃、汽车玻璃和大屏幕显示等领域有广泛应用
高聚物薄膜	自诊断和自调节功能 热（释）电效应和热记忆效应	PVDF等	可用于智能红外摄像和智能多功能自动报警，取代复杂的检测线路
光导纤维	自诊断功能 光电效应	光导纤维Si等	利用埋于大跨度桥梁内光导纤维，因桥梁过载开裂光路被切断而自动报警，取代复杂的检测线路

2. 智能化传感器的发展前景

虽然人们在人工智能材料以及智能传感器的研究方面已向前迈进了重要一步，但是它们在最近几年以及今后若干年的时间内，仍然是世人瞩目的一门科学。目前，人们还不能随意设计和创造人造思维系统，而只能处在实验室研究的初级阶段。今后智能传感器的发展主要集中在以下几个方面：

1）使传感器和微处理器结合在一起，实现各种功能的单片智能传感器，仍然是利用微电子学进行研究，今后智能传感器的主要发展方向之一。

例如，利用大规模集成电路技术，将传感器和计算机集成在同一块硅片上，实现三维多功能的“单片智能传感器”，它将二维集成发展成三维集成技术，实现多层结构。利用这个技术研制高智能传感器的“人工脑”，将是科学家近期的奋斗目标。

2）微型结构是今后智能传感器的重要发展方向之一。“微型”技术是一个广泛的应用领域，它覆盖了微型制造、微型工程和微型系统等各种学科与多种微型结构。微型结构是指在1μm~1mm范围内的产品，它超过了人们的视觉辨别能力。在这样的范围内加工出微型机械或系统，不仅需要有关传统的硅平面技术和深厚知识，还需要对微切削加工、微制造、微机械、微电子等领域的知识有一个全面的了解。

人们希望，微电子与微机械的集成，即微电子机械系统（MEMS）能够在未来得到迅速发展，以带动智能结构的发展。微型化技术是促成这种集成的重要因素，因此，智能传感器系统的中心在于微电子与微机械的集成。

3）利用生物工艺和纳米技术研制传感器功能材料，是智能传感器发展的重要课题。以此技术为基础研制分子和原子生物传感器是一门新兴学科，是21世纪的超前技术。在世界范围内，已利用纳米技术研制出了分子级的电器，如碳分子电线、纳米开关、纳米马达（其直径只有10nm）和纳米电机等。可以预料纳米级传感器将应运而生，使传感器技术产生一次新飞跃。

4）完善智能器件原理和智能材料的设计方法，也将是今后几年极其重要的课题。为了实现智能化，不仅要求电子元器件能充分利用材料固有物性对周围环境进行检测，而且兼有信号处理和动作反应的相关功能，因此必须研究如何将信息注入材料的主要方式和有效途径，研究功能效应和信息流在人工智能材料内部的转换机制，研究原子或分子对组成、结构和性能的关系，进而研制出“人工原子”，开发出“以分子为单位的复制技术”，在三维空间超晶格结构和“K空间”中进行类似于“遗传基因”控制方法的研究，不断探索新型人工智能材料和传感器件。

8.2.4 智能传感器应用举例

1. ST-3000系列智能压力传感器

ST-3000系列智能压力传感器是美国霍尼韦尔公司20世纪80年代研制的产品，是世界上最早实现商品化的智能传感器。它可以同时测量静压、压差和温度3个参数。如图8-10所示为ST-3000系列智能压力传感器原理图。图中包括检测和变送两部分，被测的力或压力通过隔离的膜片作用于扩散电阻上，引起阻值的变化。扩散电阻接在惠斯通电桥中，电桥的输出代表被测压力的大小。在硅片上制成两个辅助传感器分别检测静压力和温度。在同一芯片上检测出的压差、静压和温度3个信号，经多路开关分时地送接到A/D转换器中进行模数转换，变成数字信号送到变送部分。由微处理器负责处理这些数字。存储在ROM中的主程序控制传感器工作的全过程。PROM负责进行温度补偿和静压校准。

RAM 中存储设定的数据，E^2PROM 作为 ROM 的后备存储器。现场通信器发出的通信脉冲叠加在传感器输出的电流信号上。I/O 一方面将来自现场通信器的脉冲从信号中分离出来，送到 CPU 中；另一方面将设定的传感器数据、自诊断结果、测量结果送到现场通信器中显示。SF－3000 系列智能压力传感器可通过现场通信器来设定检查工作状态。

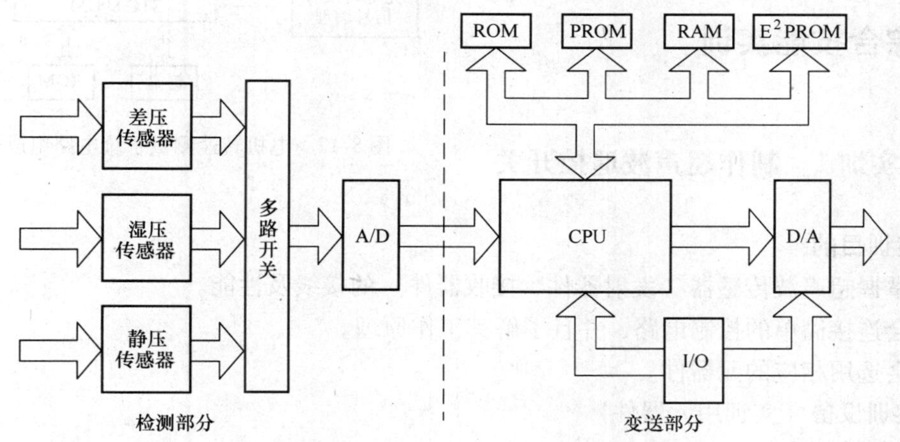

图 8-10　ST－3000 系列智能压力传感器原理图

2. 智能电机转速测量系统

转速是各种汽车生产、维护及正常行驶过程中重要的测量和控制对象。近年来，由于在世界范围内对转速测量的日益重视，促使转速测量技术迅速发展，各种新型的测量传感器相继问世并越来越多地得到利用。

目前采用较多的方法是利用频率计数法测量电机的转速，这种方法是在电机的转轴上安装一转盘，在这个转盘的边沿处挖出若干个圆形过孔，把红外光电传感器放在圆孔的圆心位置。每当转盘随着后轮旋转时，传感器将向外输出脉冲，把这些脉冲通过波形整形得到单片机可以识别的 TTL 电平，通过预先编制的计算程序即可算出轮子的转速。转盘圆孔的个数决定了测量的精度，个数越多，精度越高。系统结构如图 8-11 所示。

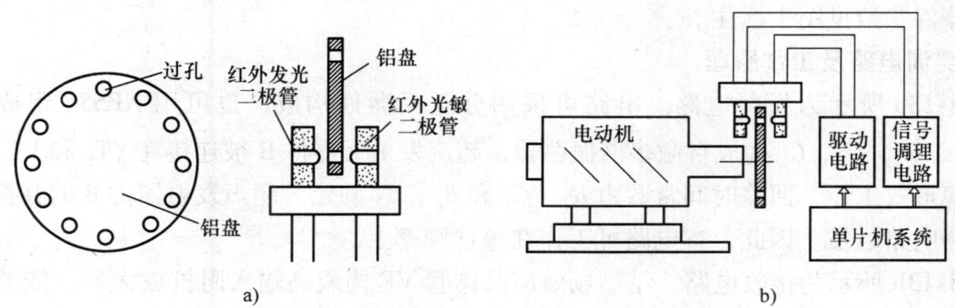

图 8-11　电机转速测量系统结构

a）调制盘　b）安装示意图

图 8-12 是该转速测量系统电路组成框图，系统由信号预处理电路、单片机 STC89C51、系统化 LED 显示模块、串口数据存储电路组成。信号调理电路对光电输出信号进行放大、

波形变换和波形整形，从而得到可与单片机相连的 TTL 信号并送单片机计数，同时通过单片机的内部定时器对计数时间进行控制，这样就能精确地算出单位时间内检测到的脉冲数，最后通过译码器、LED 数码管进行显示。

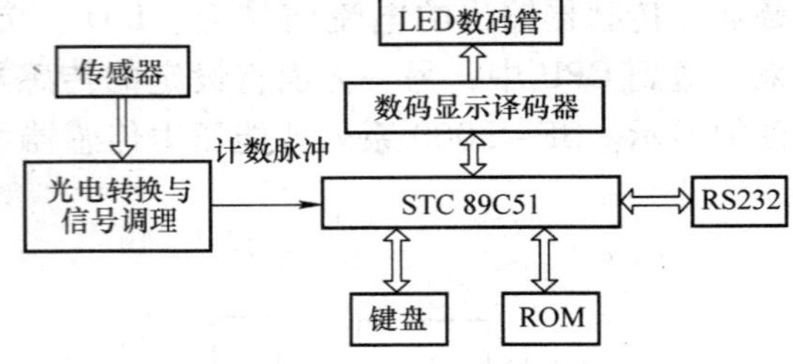

图 8-12　电机转速测量系统电路组成框图

8.3　综合技能实训

8.3.1　实训 1　制作超声波遥控开关

1. 实训目的

1）掌握超声波传感器（发射器件、接收器件）的接线及性能。

2）会连接简单的控制电路，并且了解其工作原理。

3）会选用相应的元器件。

2. 实训设备（实训用元器件）

（1）发射电路

1）VT_1、VT_2：选用 CS9013 或 CS9014 等小功率晶体管，$\beta \geqslant 100$。

2）超声波发射器件 B：选用 SE05-40T。

3）电源：9V 叠层电池。

（2）接收电路

1）VF：选用 3DJ6 或是 3DJ7 等小功率结型场效应晶体管。

2）VT_1、VT_2：选用 CS9013，$\beta \geqslant 100$。

3）VD_1、VD_2：选用 IN4148。

4）JK 触发器：选用 74LS76。

5）继电器 K：选用 HG4310 型。

6）超声接收器件与发射器件是配对使用 R-40-16 与 S-40-16。

其他元器件参数见图中标注。

3. 实训电路及工作原理

图 8-13a 所示为发射电路。电路可采用分立元器件构成，也可用 NE555 组成。VT_1、VT_2、R_1、R_2、C_1、C_2 构成自激多谐振荡器，超声发射元器件 B 被连接在 VT_1 和 VT_2 的基极上以推挽形式工作，回路时间常数由 R_1、C_1 和 R_4、C_2 确定。超声发射器件 B 的共振频率使多谐振荡电路触发。因此，本电路可工作在最佳频率上。

图 8-13b 所示为接收电路。结型场效应晶体管 VF 构成高输入阻抗放大器，能够很好地与超声接收元器件 B 相匹配，可获得较高接收灵敏度及选频特性。VF 采用自给偏压方式，改变 R_3 的值即可改变 VF 的表态工作点，超声接收器件 B 将接收到的超声波转换为相应的电信号，经 VF 和 VT_1 两级放大后，再经 VD_1 和 VD_2 进行半波整流变为直流信号，由 C_3 积分后作用于 VT_2，使 VT_2 由截止变为导通，其集电极输出负脉冲，JK 触发器触发，使其翻转。JK 触发器 Q 端的电平直接驱动继电器 K，使继电器 K 的辅助触点吸合或释放，继电器

K的触点控制电路的开关。

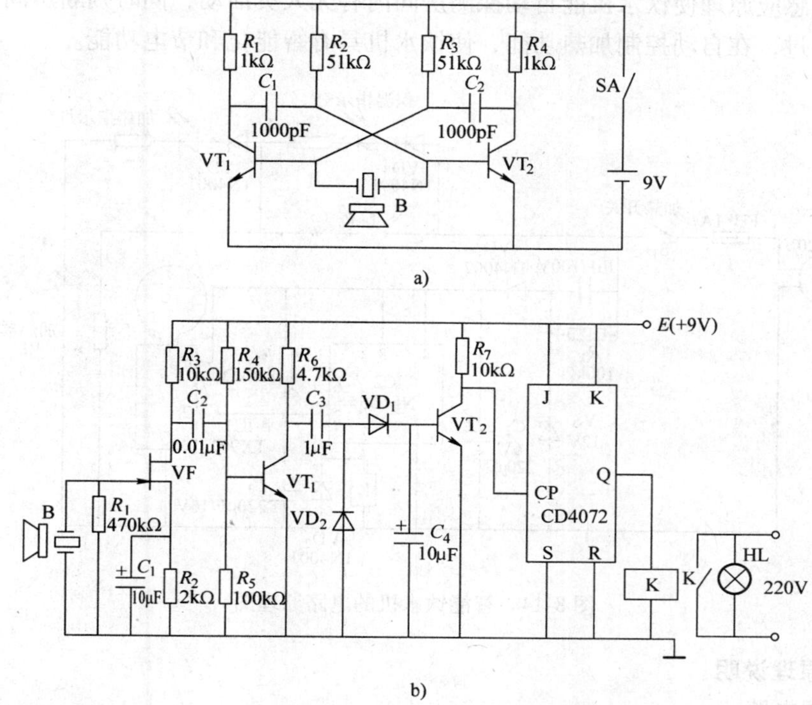

图 8-13　超声波遥控照明开关电路

a）发射电路　b）接收电路

4. 实训步骤

1）首先读懂超声波遥控照明开关电路的原理图，选配好元器件。

2）根据电路图装配遥控照明开关电路。

3）这种遥控开关，电路简单且免调试，装配好后即可通电使用，非常适合初学者制作。

5. 实训报告

记录在装配中遇到的问题及其处理方法，并写装配过程，谈谈对装配过程的感想、体会和收获。

8.3.2　实训2　识读智能饮水机电路实训

1. 实训目的

1）使学生掌握智能传感器的基本组成及工作原理。

2）学会如何读懂电路图。

2. 智能饮水机电路图

图 8-14 给出了智能饮水机的电路原理图。普通的家用饮水机打开加热电源后，不管房间内是否有人，也不论白天还是黑夜，都一直处于加热或保温状态，加热罐内的纯水被长时

间反复加热，不但不利于健康而且还相当费电。针对上述问题，对普通的家用饮水机加以改造，利用微波感应原理使饮水机能自动探测房间内有无人员活动，同时判断房间内的人员是否只是短暂经过，在自动控制加热功能，使饮水机具有智能化和节电功能。

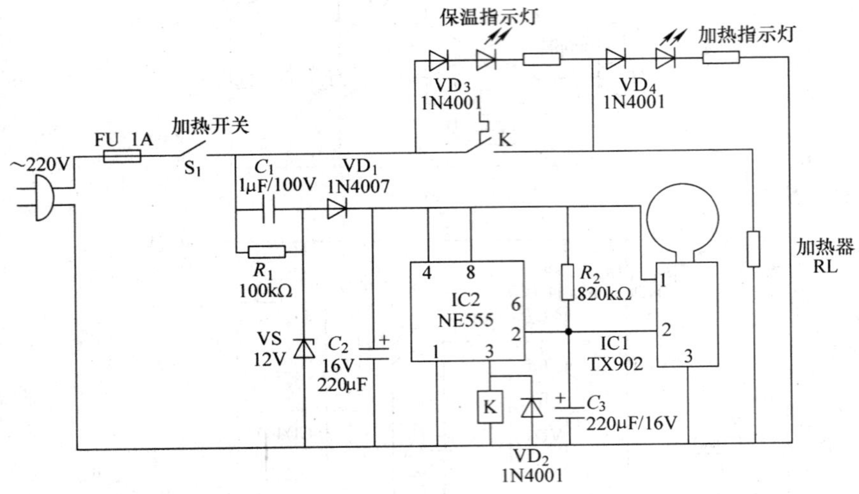

图 8-14　智能饮水机的电路原理图

3. 工作原理说明

（1）电源电路

如图 8-14 所示，220V 交流电经电容 C_1 降压、VD_1 半波整流、C_2 滤波、R_1 限流、VS 稳压组成典型的电容降压电路，向 NE555 时基电路和 TX902 提供稳定的 12V 直流电压。

（2）微波感应遥控原理

TX902 是微波感应控制器，内含的微处理器利用微波多普勒效应在一定的空间内建立微电场，当有人或活动物体进入电场时会反射回波，经电子线路混频后检测出极微弱的移动频率信号，此信号经智能处理后，可输出控制信号。TX902 的有效监控半径为 1～7m。这里没有采用热释电传感器的主要原因是考虑安装方便，而且热释电传感器对热源特别敏感，容易误动。微波感应控制器只是安装在饮水机的塑料面板后面就能进行探测，不会破坏饮水机的外观。TX902 的输出端采用集电极开路输出，当微波电路检测到有人在监控范围内活动时，其内部的晶体管导通 10s，将 C_3 上的电荷泄放掉。NE555 组成单稳延时电路，当其 2 脚低于 1/3 电源电压时，3 脚输出高电平，继电器 K 吸合，S_1 接通加热器进行加热，R_2 和 C_3 组成的延时电路的延时时间为 3min，延时时间设定的比较短，如果人员只是短暂经过，饮水机加热 3min 后会自动停止，如果房间内一直有人，TX902 就会在延时时间内多次触发单稳电路工作，饮水机就会持续加热直至达到设定温度。

4. 实训报告

1）在读懂图 8-14 电路工作原理的基础上，画出电路的工作原理框图，简述其控制过程，并用箭头标出信号的走向。

2）如果要进一步提高节能效果，需要对饮水机的加热罐做一些小改造，提出建议及改造措施。

8.4 小结

1）超声波传感器是利用超声波的物理特性和各种效应研制的装置，也称为超声波探头或超声波换能器。

2）超声波传感器按其工作原理可分为压电式、磁致伸缩式、电磁式等，而以压电式最为常用。

3）超声波技术广泛用于冶金、船舶、机械、医疗等各个工业部门的超声探测、超声清洗、超声焊接、超声检测和超声医疗等方面。

4）智能传感器是传感器与计算机融汇（集成）一体的装置。

5）智能传感器是具有学习、思考、判断和创造力的传感器，能实现信号处理、随机整定、自适应、自诊断、识别、根据需要修改内含特定算法等功能。

6）智能传感器应用在航天航空、国防、科研、医疗、生物、工业生产、家用电器等各个领域。

8.5 习题

1. 超声波传感器的基本原理是什么？超声波探头有哪几种结构形式？
2. 试分析压电式超声波传感器结构中阻尼块的作用。
3. 超声波物位测量有几种方式？各有什么特点？
4. 智能传感器的定义是什么？
5. 简述智能传感器的基本组成及特点。
6. 举例说明智能传感器的工作过程。

第 9 章　传感器接口电路及信号转换处理

学习要点

① 掌握接口电路一般结构及作用。

② 掌握传感器信号转换处理的方法及作用。

③ 了解传感器接口电路及信号转换处理的应用。

在现代测控系统中，传感器与微型计算机是必不可少的两个方面。微型计算机对数据具有很强的处理能力，但它对非电量或模拟信号是无能为力的。传感器把非电量转变成电量，经过放大处理后，转换成数字量输入微型计算机，由计算机对信号进行分析处理，进而由计算机发出各种命令，由执行机构产生相应动作。本章将重点介绍传感器与微型计算机接口电路的结构及信号转换处理的方法。

9.1　传感器接口电路

传感器接口电路的作用是将传感器产生的信号转换成为可供分析、计算、显示及后处理的各种电信号。传感器接口电路可以仅是一个放大器，也可以是一个信号转换器。有的传感器接口电路就集成在传感器内，有的接口电路则较为复杂，体积也较大，这要根据传感器的具体情况来决定。但无论接口电路的大小和繁简，它对于传感器和测量控制系统是一个非常重要的连接环节，其性能直接影响到整个系统的测量精度和灵敏度。

9.1.1　阻抗匹配器

传感器的输出阻抗都比较高，这样，在输入到测量系统时，会产生信号衰减。为使测量系统更准确地拾取传感器输出信号，通常采用高输入阻抗的阻抗匹配器作为前置电路。常见的阻抗匹配器有射极输出器、场效应晶体管阻抗匹配器及运算放大器阻抗匹配器。

如图 9-1 所示为射极输出器，它实际上是一个晶体管的共集电极放大电路。它的电压放大倍数略小于 1，输入电压与输出电压的相位相同，电流放大倍数从几十到几百，它具有输入阻抗高、输出阻抗低、负载能力强的特点。由于其输入输出电压相位相同，电压值的大小又接近，所以又称为射极跟随器，也就是说，它的输入与输出电压不变，而阻抗由大变小，这恰好满足阻抗匹配器的要求。所以常用来做阻抗变换电路和前后级隔离电路。但由于射极输出器的输入阻抗易受偏置电阻和本身基极及集电极间电阻的影响，所以还是不可能获得很高的输入阻抗，仍然无法满足一些传感器的要求。

如图 9-2 所示为场效应晶体管阻抗匹配器，其传感器为压电陶瓷式的热释电红外传感器。由于场效应晶体管是电平驱动元器件，栅漏极电流很小，具有更高的输入阻抗，因此场效应晶体管常用于前级阻抗转换。这种阻抗匹配器结构简单、体积小，可以直接装在传感器内，减少外界干扰。在电容拾音器、压电传感器等容性传感器中广泛应用，其输入阻抗可高达 $10^{12}\Omega$ 以上。

如图 9-3 所示为运算放大器阻抗匹配器，输入阻抗可达 $10^{6}\Omega$ 以上，其输入阻抗受 R_B 影响，图中放大倍数与输入阻抗如下：

$$A = \frac{U_o}{U_i} = 1 + \frac{R_3}{R_2} \tag{9-1}$$

$$R_i = \frac{R_2 R_B}{R_3} \tag{9-2}$$

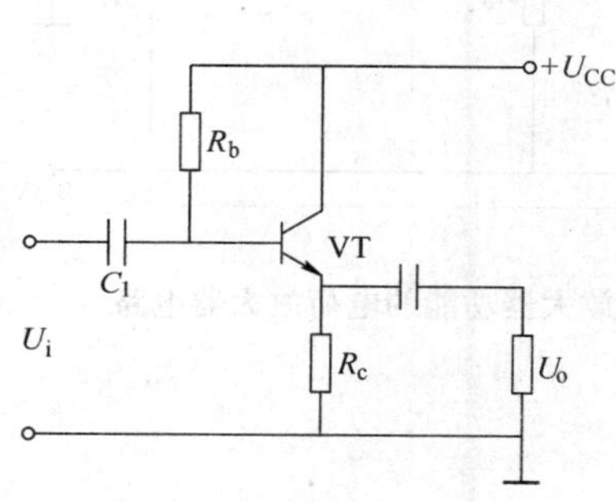

图 9-1　射极输出器

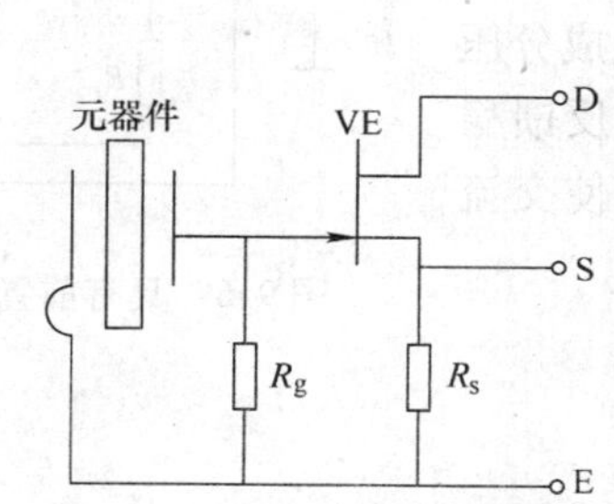

图 9-2　应用场效应晶体管的阻抗匹配电路

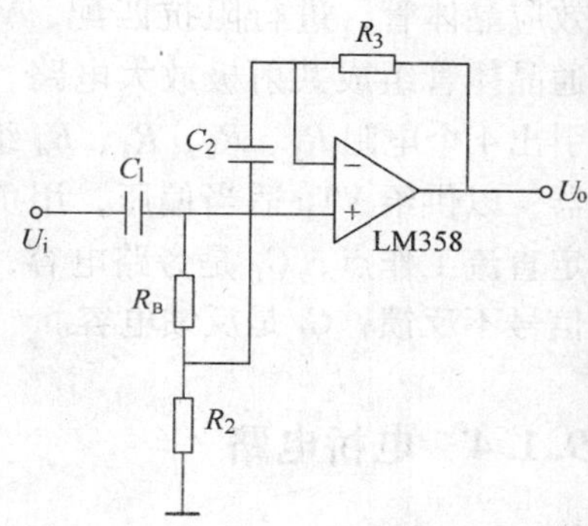

图 9-3　运算放大器阻抗匹配器

9.1.2　放大电路

传感器的输出信号一般都比较小，需要经过放大后才能利用，作为传感器接口电路的放大器，可以用晶体管组成放大电路，也可以用运算放大器组成放大电路。如图 9-4 所示为利用晶体管组成的放大电路。

由运算放大器组成的放大电路如图 9-5 所示，与传感器并联的电阻主要起提高线性度的作用。

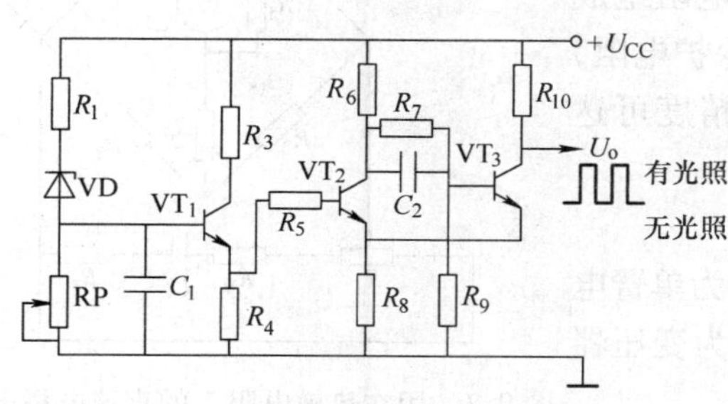

图 9-4　由晶体管组成的放大电路

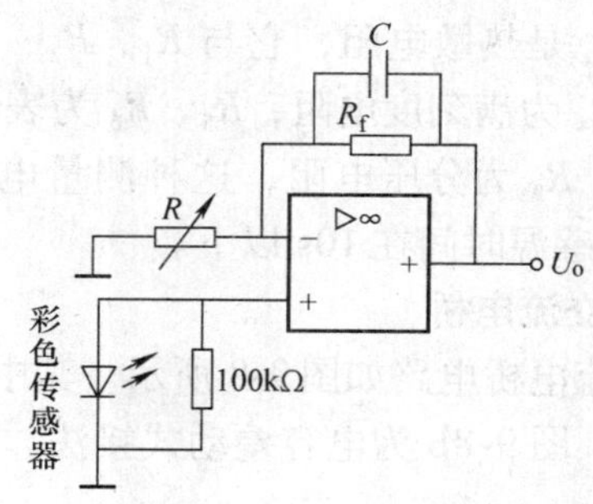

图 9-5　由运算放大器组成的放大电路

9.1.3 电荷放大器

电荷放大器是一个带电容负反馈的高输入阻抗高增益的运算放大器，被广泛用于电场型传感器的输入接口。电荷放大器的作用是把电场型传感器产生的电荷量转换成电压，其优点在于可以避免传输电缆分布电容的影响。本书第3章介绍了压电传感器的电荷放大器等效电路，在这里不再重述。

图9-6给出了具有前置放大器功能的电荷放大器实用电路。图中VT_1是场效应晶体管，进行阻抗匹配，VT_2是普通晶体管组成共射极放大电路。集电极引出4个电阻R_1、R_2、R_3、R_4组成分压器，以供给VT_1适当偏压，用负反馈稳定直流工作点，C_1是旁路电容，使交流信号不反馈，C_f是反馈电容。

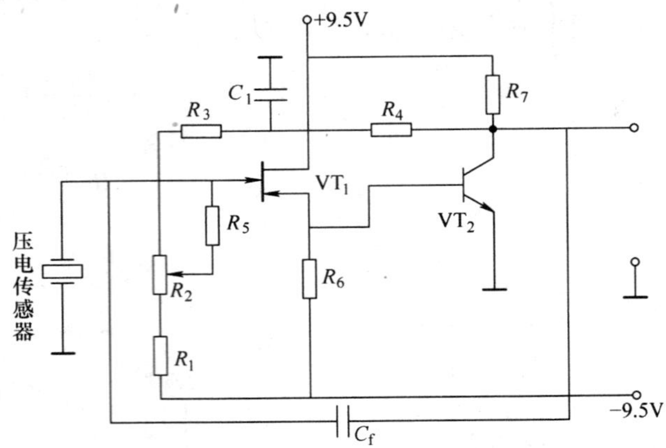

图9-6 具有前置放大器功能的电荷放大器电路

9.1.4 电桥电路

电桥电路是传感器接口电路中常见的电路，具有结构紧凑、灵敏度高等特点，主要用于把传感器的阻抗变化转化为电压或电流信号。根据电桥供电电源的不同，电桥可分为直流电桥和交流电桥两种。直流电桥主要用于电阻式传感器，如电阻温度计、压阻式传感器等。交流电桥采用交流电源供电，主要用于测量电容和电感的变化。电阻应变片传感器大都采用交流电桥，这是因为应变片输出信号非常弱，需要对其进行放大，如果使用直流电桥，则其放大电路只能采用直流放大器，而直流放大器容易产生零点漂移，而影响测量精度。所以采用交流电桥比较合适。此外，应变片与桥路之间采用电缆连接，其引线分布电容的影响不可忽略，而使用交流电桥就能克服这种影响。

本书第2章详细地介绍了电桥电路组成及工作原理，这里不再重述。

1. 直流电桥

应用在热敏电阻上的直流电桥电路如图9-7所示，图中，R_t是热敏电阻，它与R_1、R_2、R_3平衡电阻组成电桥，R_4为满刻度电阻，R_5、R_6为表调整的保护电阻，R_7、R_8、R_9为分压电阻，这种测量电路测量精度可达0.1℃，感温时间在10s以下。

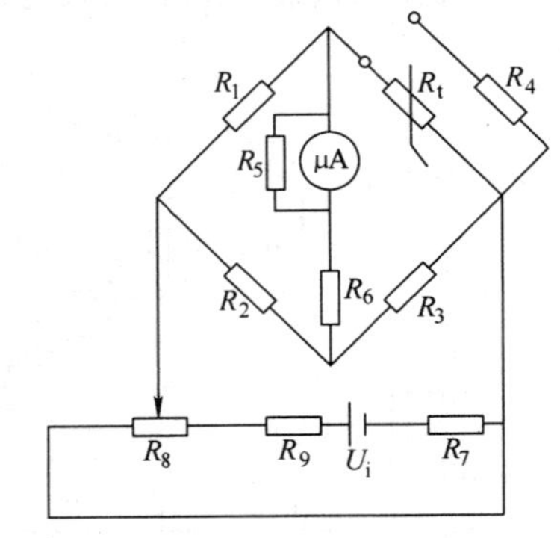

图9-7 用在热敏电阻上的直流电桥电路

2. 交流电桥

交流电桥电路如图9-8所示。其中图9-8a为单臂电桥接法，图9-8b为电容差动式接法，图9-8c为变压器式接法。

9.1.5 线性化电路

线性化电路的作用是把传感器的输入输出特性由非线性转换成线性。如热敏电阻的电阻-温度特性是非线性的，如果不加处理，就会在实际使用时很不方便。最常用的方法是将热敏电阻与温度系数可忽略的固定电阻串（并）联组成线性网络。适当选取阻值可以在一定的温度区域内得到近似线性变化的电压电阻输出。

在采用微机的测量系统或智能化传感器中，线性化处理可以通过软件来实现。具体做法是将传感器输入/输出之间的关系数值进行修正和集合，构成可查找的表格，借助软件查找测量结果。本书第4章介绍了热敏电阻输出特性的线性化处理，在这里不再详述。

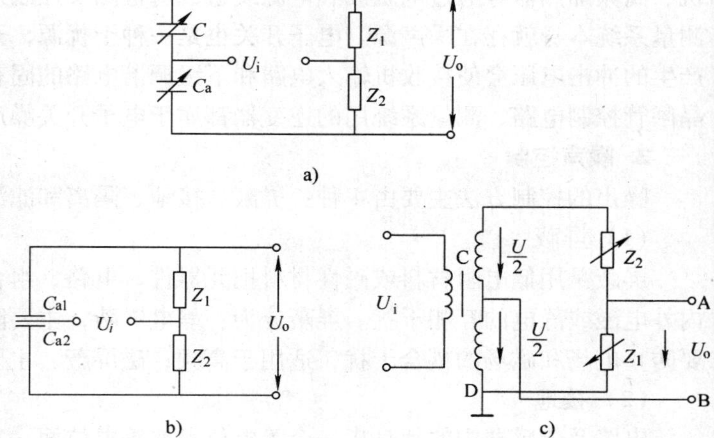

图9-8 交流电桥电路
a）单臂接法 b）差动式接法 c）变压器式接法

9.1.6 噪声及其抑制

在传感器接口电路中，噪声的抑制是至关重要的技术手段。由于噪声会使测量结果产生可观的误差，使控制程序传输误动作，所以噪声的去除与抑制是信号处理的重要目的之一。

1. 噪声的种类及来源

噪声就是测量系统及电路中混杂进去的无用信号。按噪声源不同，噪声可分为内部噪声和外部噪声两种。有时也把外部噪声叫做干扰。

内部噪声是设备内部带电微粒的无规则运动产生的噪声，例如热噪声、散粒噪声以及接触不良引起的噪声等。此类噪声的抑制主要靠改进工艺和元器件质量来实现，本书不再叙述，可参看有关工艺书籍。

外部噪声是系统外部由于人为或自然干扰造成的。主要是电磁辐射噪声，例如电动机、开关、电焊机及其他电子设备产生的电磁辐射，雷电、大气电离以及其他自然现象产生的电磁波干扰。下面简要说明上述外部干扰噪声的种类及来源。

（1）电晕放电噪声

这种噪声来自高压传输线，噪声的大小与线间距离的平方成反比，其特点是间歇性地产生脉冲电流，放电过程产生振荡，振荡频率在1MHz以下，它主要对低频系统影响较大，特别是在湿度较高环境中噪声电平更大。

（2）火花放电噪声

火花放电噪声是由电气放电、发电机点火、开关闭合或由于空气带电的干扰造成的，这类噪声普遍存在且频率范围宽，因此对系统影响较大。

（3）电气干扰

它是输电线、发射设备、电子开关和脉冲发生器等设备所产生的噪声干扰，是最为普遍而且影响较大的一类干扰。例如低电平信号线只有一段与输电线平行，即使输电线功率小也会产生干扰。又如工频感应会引起交流干扰，而对低频系统的干扰更为明显。大功率发射机、高频加热器等通过电磁波和电源线造成对检测及控制设备的射频干扰等，具有振荡器的测量系统本身就存在噪声源。电子开关也是一种干扰源，开关的通断使电流急剧变化，开关产生的冲击电压会使接收机输入电路和下级调谐电路的固有振荡受到激励，形成干扰。例如晶闸管控制电路、测量系统用的逆变器都属于电子开关噪声源。

2. 噪声控制

噪声的控制方法主要由 4 种：屏蔽、接地、隔离和滤波。

（1）屏蔽

屏蔽是用低电阻材料或磁性材料把元器件、电路、组合件或传输线等包围起来，以隔离内外电磁或静电的互相干扰。屏蔽分为：静电屏蔽，主要防止电场耦合干扰；电磁屏蔽，主要防止电场和磁场的耦合干扰，适用于高频；磁屏蔽，主要是电感性耦合，适用于低频。

（2）接地

电路及传感器中的地是指一个等电位点或等电位面。它是电路的基准电位点，与基准电位点相连就是接地。电路接地除了安全以外（例如仪器外壳、底盘等要接到大地而称为保护接地），就是对信号电压有一个基准电位。把接地与屏蔽正确地结合起来使用，能够抑制大部分噪声。电路接地，一是为了消除电流流经公共地线阻抗时产生噪声电压；二是避免受磁场和地电位差的影响，使其不要形成地环路。如果接地方式处理不好，反而形成噪声耦合。信号接地线可以是大地，也可以不是。

信号地线接地方式有一点接地和多点接地。接地时应注意到，所有导线都有一定的阻抗，两个分开的接地点很难做到等电位。交流电源（电网）的地线不能作为信号地线，因为在一段电源地线的两端会有几百毫伏至几伏的电压，这对低电平信号电路来说是一种很强的干扰，所以接地方式尤为重要。

如图 9-9 所示是一种串联接地方式，这种接地方式简单，当各电路的电平相差不大时可以使用。但是因为地线的等效电阻串联，所以 A 点电位和 C 点电位不等，造成电路间的相互干扰，如果各电路电平相差大时，高电平电路会产生很大的地电流干扰低电平电路。

如图 9-10 所示是另外一种并联接地方式，它为并联一点接地，最适用于低频电路。因为各电路之间的地电流不会耦合，各点电位只与本电路的地电流及地线阻抗有关，它们之间互不干扰。

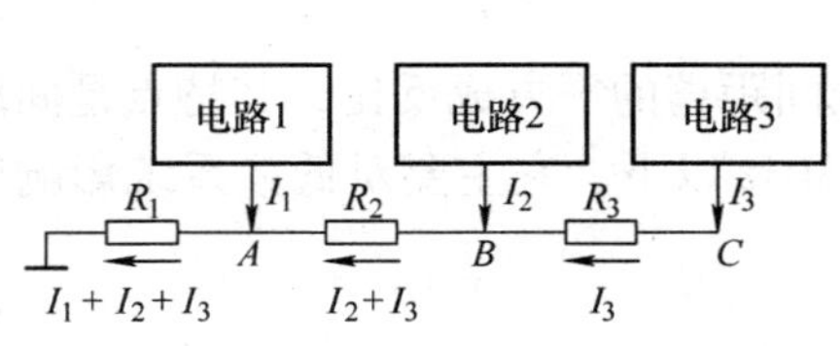

图 9-9　串联接地

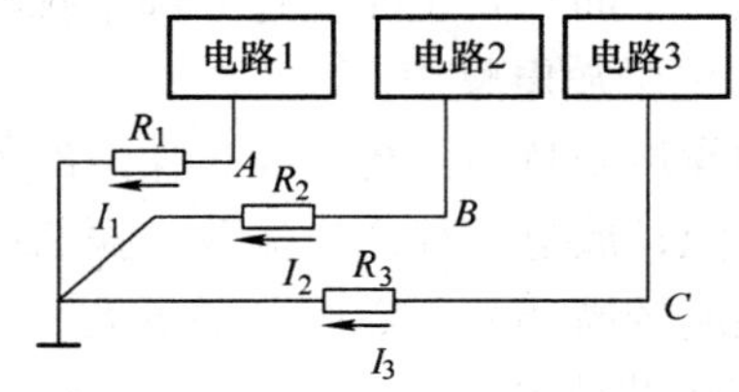

图 9-10　并联接地

一般在低频时采用串并联接地，也就是分组接地。把低电平、高电平电路分组接地。这里注意不要把功率相差悬殊、噪声相差很大的电路在同一点接地。

在高频电路中，一般采用多点接地，电路中所有地线分别接到最近的低电阻地线排上。原则上 10MHz 以上的电路都要用多点接地，频率在 1～10MHz 时可以用一点接地，但地线长度不得超过波长的 1/20，若不满足，就采用多点接地。

（3）隔离

当信号电路在两端接地时，很容易形成地环路电流，引起噪声干扰。这时，常采用隔离的方法，这种方法同时可以起抑制漂移和安全保护作用。隔离的方法主要采用变压器隔离和光电耦合。

在两个电路之间加入隔离变压器以切断地环路，实现前后电路的隔离。信号经变压器耦合到负载，两个电路的接地点之间就不会产生共模噪声。由于变压器隔离不能用于直流，对于直流或低频测量来讲受到很大限制。

在直流或低频测量中，多采用光电耦合的方法来隔离。光耦合器是由发光二极管和光敏晶体管组合而成，因为采用光电耦合，完全隔离了两个电路的地环路，即使两个地电位不同，也不会造成干扰。

（4）滤波

尽管采用了不同的抗干扰措施，但仍会有不可忽视的噪声存在于有用信号之中，因此在传感器接口电路中，应设置滤波器，对由各种外界干扰引入的噪声及干扰信号均加以滤除。

因传感器的输出信号多数是缓慢变化的，因而对这种信号的滤波采用集成有源低通滤波器，其截止频率根据实际情况设计。有些传感器需要高通滤波器，也是根据信号确定频率段。总之，由于不同测量系统的不同需要，应当设计不同响应的滤波器。

9.2 传感器信号转换电路

传感器接口电路主要涉及为改善传感器输出的模拟信号的质量而采用的一系列措施，如放大、用硬件电路实现的滤波、函数拟合、非线性补偿等。模拟处理之后，一般需要将模拟信号转换成数字量，以便采用计算机系统做进一步处理、分析、储存等。计算机处理、分析完毕后，往往还需要将数字量结果重新转换为相应的模拟量，用于驱动显示、记录设备和反馈控制系统。这种模拟信号与对应数字信号之间的相互转换是由传感器信号转换电路实现的。

9.2.1 模/数转换电路

1. 利用集成 A/D 转换器构成的转换电路

模/数转换电路的作用是将由传感器模拟接口电路调理过的模拟信号转换成适合计算机处理的数字量，并送入计算机数据通道中。

集成 A/D 转换器（简称 ADC）是集成在一个芯片上能完成模拟输入信号向数字信号转换的电路单元。以其为核心，根据需要再附加多路模拟开关和采样保持器等，可构成完整的模数转换电路。

(1) 集成 A/D 转换器

集成 A/D 转换器的类型大体上可分为直接型与间接型两类。直接型又称比较型，它将模拟输入电压与基准电压比较后直接得到数字输出。间接型又称为积分型，它将模拟电压转换成时间间隔或频率信号，然后再把时间或频率转换成数字量输出，因此间接型又称计数型。通常间接型的速度比直接型要慢 1000 倍左右。

目前，市场上 A/D 转换芯片种类很多，其内部功能、转换速度、转换精度都有很大差别，但无论哪种芯片，都必不可少地包括以下 4 种基本信号引脚端：模拟信号输入端（单极性或双极性）、数字量输出端（并行或串行）、转换启动信号输入端、转换结束信号输出端。除此之外，各种不同型号的芯片可能还会有一些其他各不相同的控制信号端。

常用的 A/D 转换器有 ADC0808/0809、AD574A 等，图 9-11 给出了 ADC0808/0809 的内部结构框图。

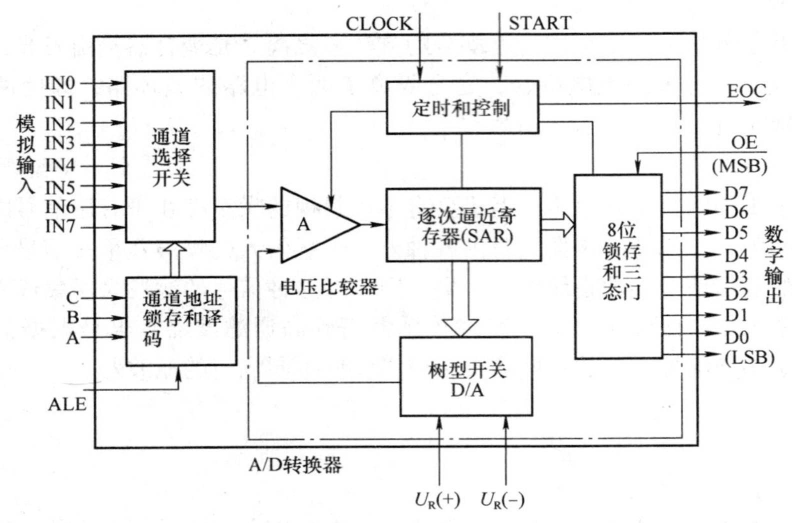

图 9-11　ADC0808/0809 内部结构框图

(2) 多路模拟开关

在微机检测和控制系统中，可能有几个、几十个甚至更多的被测模拟量。当对它们进行巡回检测时，为了节省 A/D 转换器和 I/O 接口，通常需要使用多路模拟开关。

多路模拟开关可分为两大类，第一类是机械触点式开关，如电磁继电器、干簧管继电器等。这类开关的优点是触点接通电阻小，断开电阻大，驱动部分与开关元器件分离；缺点是动作速度慢，触点通断时产生抖动，寿命较短。第 2 类是电子式开关，包括晶体管、场效应晶体管、光耦合器和集成电路等模拟开关。其优点是有一定导通电阻，驱动部分与开关元器件完全分离。在速度要求较高的多路转换场合，应采用电子式开关。

多路模拟开关有 8 选 1、16 选 1、双 8 选 1、双 4 选 1 等类型，有的多路开关还具有双向导通功能。常用的集成芯片有 AD7501、CD4051、CD4066 等，其内部结构与引脚功能可以查相关集成电路手册。

(3) 采样保持器

A/D 转换器完成一次转换需要一定的时间，当被测量变化很快时，为了使 A/D 芯片的输入信号在转换期间保持不变，需要应用采样保持器。下面以 LF398 为例介绍采样保持器的工作原理与接线。

LF398 是美国国家半导体公司生产的一种廉价采样保持器，也是我国国产总线模块式测控输入、输出功能模块中使用最多的一种采样保持器。LF398 的结构如图 9-12 所示。保持电容 C_H 外接，参考电压端一般接地。当逻辑输入为高电平（⑦脚接地，⑧脚电平高于 1.4V）时，LF398 工作于采样模式；当逻辑输入为低电平（⑧脚接地）时，LF398 工作于保持模式。

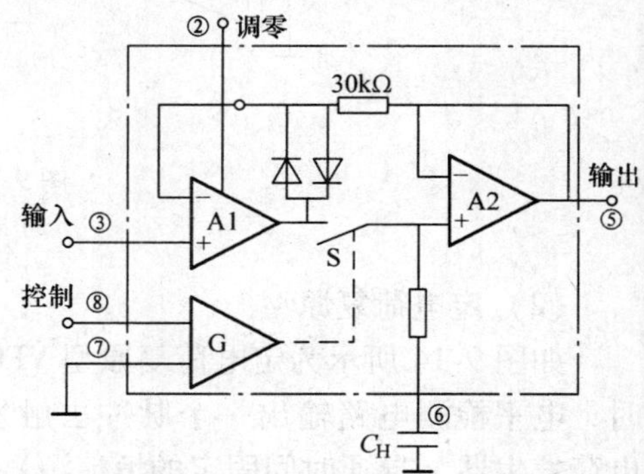

图 9-12　LF398 的结构框图

在图 9-12 中，保持电容 C_H 应选用涤纶电容，以减小电容漏电流。确定 C_H 的大小应综合考虑各种因素，当 C_H 减小时，能缩短获得时间，但会增加输出电压衰减率。LF398 应能接入交直流调零环节。

在采样保持器的实际使用中，还应注意印制电路板布线，力求减小保持电容器与逻辑输入信号之间的寄生电容，以减小对信号的干扰。

2. 利用电压-频率转换器构成的模/数转换电路

电压-频率转换器（简称为 VFC）是将电压或电流转换成脉冲序列，该脉冲序列的瞬时周期精确地与输入模拟量成正比。VFC 的输出连续地跟踪输入信号，直接响应输入信号的变化，且不需外部时钟同步。严格说来，VFC 实际上是一种模拟-模拟转换电路，因为电压和频率均为模拟转换量，但由于频率可用数字方法测量，所以很容易实现模数转换。

VFC 的主要特点是：对共模干扰抑制能力强、分辨力高、输出信号适于远距离串行输出。其主要缺点是转换速率低，必须由外加计数器将串行的脉冲输出转换为并行形式。

VFC 转换电路的形式较多，但以积分式 VFC 应用最为广泛。下面简述积分式 VFC 的两种典型工作原理。

（1）积分复原型

图 9-13 为积分复原型 VFC 电路框图及波形图。电路包括积分器、电平检测器和积分复原开关。电平检测器通常是电压比较器，它具有双限阈值电平，当积分电容充电到下限值电平时，电平检测电路将使复原开关导通，使电容迅速放电。积分器输出复原到上限阈值电平，复原开关重新截止，积分器再次充电。

其输出频率与输入电压的关系为：

$$f=\frac{1}{RU_rC}U_i \tag{9-3}$$

式中　U_r——电平检测器双限阈值之差；

f——电容充放电频率，实际 $f=\frac{1}{T+t_d}$（见图 9-13b）当频率很低时忽略 t_d。

这种电路有非线性误差，故只适用于精度要求不高的场合。

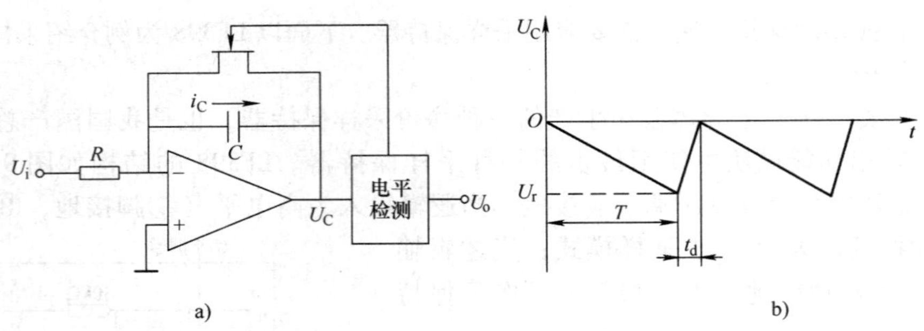

图 9-13　积分复原型 VFC

a）电路框图　b）波形图

（2）定电荷复原型

如图 9-14 所示为定电荷复原型 VFC 电路框图，这种电路当负向积分输入到达检测电平时，电平检测电路输出一个脉冲去触发定电荷发生器（导通时间固定的恒流源），它产生的定电荷量在导通时间内形成电流，其值远大于由 U_i 产生的对电容 C 的充电电流 I_i，其方向则使电容放电。此时积分器电路迅速回复原状，最终在某个周期 T 内电容上的充放电电荷量将达到平衡，消除了 t_d 所引起的误差。目前 VFC 大多采用这种电路。

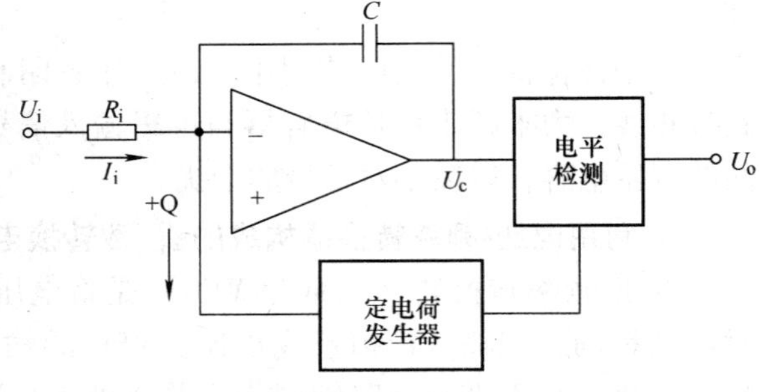

图 9-14　定电荷复原型 VFC

其输入电压所变换的频率 f 满足下式：

$$f=\frac{1}{T}=\frac{1}{R_iQ}U_i \tag{9-4}$$

式中　Q——定电荷量。

9.2.2　数/模转换电路

数/模转换是一种将数字量转换为与其相对应的模拟量的方法，具有此功能的器件称为数模转换器，简称为 D/A 或 DAC。它主要用于数据输出系统电路，以便驱动显示器、记录仪等或用于自动化设备的控制。因此 D/A 和 A/D 均为数据转换系统中的重要功能部件。

1. D/A 转换器的工作原理

常用的 D/A 转换器由电阻网络、开关及基准电源等部分组成，目前基本上都集成于一块芯片上。为了便于接口，有些 D/A 芯片内还含有锁存器。D/A 转换器的组成原理有多种，采用最多的是 R-$2R$ 梯形网络 D/A 转换器，如图 9-15 为一个 4 位 D/A 转换器的原理图。

在 D/A 转换器的电阻网络中，电阻的规格仅有 R、$2R$ 两种。U_R 为基准电压，它可由电子开关 S_0、S_1、S_2、S_3 在二进制码 $D=D_3D_2D_1D_0$ 的控制下，分别决定 4 个支路的接通情况，

并使电流各自进入 A_3、A_2、A_1、A_0 节点。这种网络的特点是，任何一个节点的 3 个分支的等效电阻都是 $2R$。因此，从任何一个分支流入节点的电流都为 $I = U_R/3R$，并且电流将在节点处分为相等的两个部分，经另外两个分支流出。

假定数字量 D = 1000，即 S_0 接通，而 S_1、S_2、S_3 断开（如图所示状态）。则基准电压 U_R 经开关 S_0 流入支路所产生的电流为 $I = U_R/3R$，此电流经过 A_3、A_2、A_1、A_0 节点后。经 4 次平分，有 1/16 的电流流入运算电路中，以便将电流信号转换为电压信号。

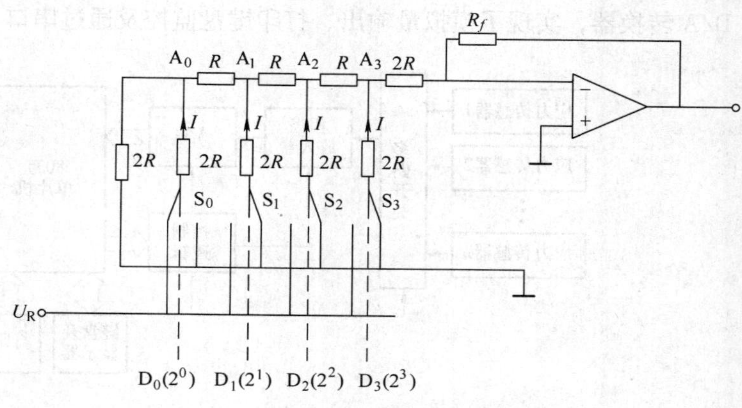

图 9-15　*R*-2*R* 梯形网络 D/A 转换器原理图

2. D/A 转换器接口形式

工程实践中，要应用微型计算机，首先必须解决微型计算机与工程设备之间的接口。同样，在智能测试系统中也必须解决好 CPU 与 D/A 转换器和 A/D 转换器的接口电路问题。常用的接口元器件有 D 触发器、单稳态触发器、译码器、选择器、多路模拟开关、锁存器、三态缓冲器等。

D/A 转换器与 CPU 的接口电路有两种基本形式：一种是通过 I/O 接口（输入/输出接口或锁存器）与 CPU 的数据总线相连；另一种是与数据总线直接连接。采用哪一种接口电路主要取决于 D/A 转换器芯片内部是否设置了数据锁存器。对于内部已有锁存器的芯片，则可采用直接连接，也可用并行接口或锁存器连线，应用较灵活；内部没有锁存器的 D/A 转换器，如 AD7520、DAC0808 等，必需使用并行接口或锁存器进行连接。目前的 D/A 转换器芯片层出不穷，性价比也越来越高，带数据锁存器的芯片占主流，这给应用带来了极大方便。

9.3　传感器接口电路及信号转换处理应用举例

下面以智能式应力传感器为例来说明传感器接口电路及信号转换处理。如图 9-16 所示是智能式应力传感器的原理结构框图。智能式应力传感器用于测量飞机机翼上各个关键部位的应力大小，并判断机翼的工作状态是否正常以及故障情况。它共有 6 路应力传感器和一路温度传感器，其中每一路应力传感器由 4 个应变片构成的全桥电路和前级放大器组成，用于测量应力大小。温度传感器用于测量环境温度，从而对应力传感器进行误差修正。

采用 8031 单片机作为数据处理和控制单元，是一个典型的单片机测控电路。多路开关根据单片机发出的命令轮流选通各个传感器通道。程控放大器则在单片机的命令下分别选择不同的放大倍数对各路信号进行放大。

该智能式传感器的接口电路具有较强的自适应能力，它可以判断工作环境因素的变化，进行必要的修正，以保证测量的准确性。同时信号转换处理采用了集成 A/D 转换器及数模

D/A 转换器，实现了模拟量输出、打印键盘监控及通过串口与计算机通信的功能。

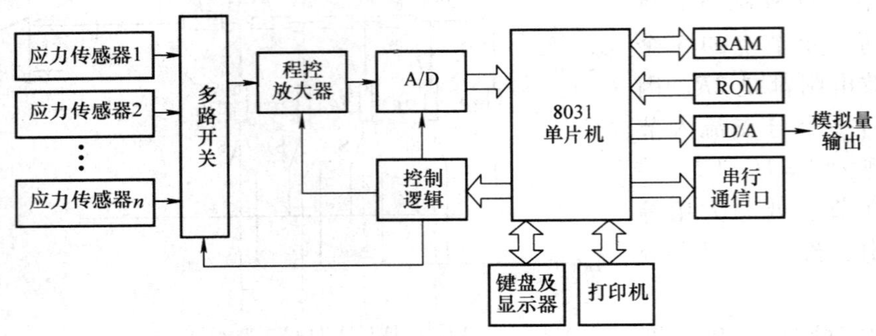

图 9-16　智能式应力传感器原理结构框图

9.4　小结

1）传感器接口电路的作用是将传感器产生的信号转换成为可供分析、计算、显示及后处理的各种电信号。现代传感技术，一般采用计算机进行信号处理与采集。因此，传感器的输出信号必须转换为数字信号，才能使其为计算机所接受。

2）模拟信号与对应数字信号之间的相互转换是由传感器信号转换电路实现的。通常采用集成 A/D 转换器、电压-频率转换器 VFC、数模转换器 D/A 等。

3）在现代化技术中，传感器与微型计算机结合起来，对自动化和信息化起着重要作用。各类机器人的研究、自动车床和自动化生产线的大量使用就是微型计算机与传感器结合的表现。

9.5　习题

1. 传感器接口电路的作用是什么？
2. 传感器接口电路一般结构有哪些？举例说明。
3. 模数转换电路的作用、类型及一般结构。
4. 数模转换电路的作用及基本工作原理。
5. 简述干扰噪声的种类及来源。
6. 控制噪声的方法有哪些？简述控制原理。

第 10 章　传感器技术的典型综合应用实例

学习要点

① 了解家用电器中所用传感器的类型及在典型实例中的工作原理。

② 了解机器人传感器的种类及工作方式。

本章通过传感器在家用电器中的典型应用实例介绍，进一步讲述传感器的构造原理及应用，同时介绍几种较为成熟的机器人传感器以及它们在机器人中的应用。

10.1　家用电器中的传感器

家用电器在电子电器产品市场中占据了相当大的一部分。许多简单的传感器和微系统产品，如温度传感器和液位传感器早已应用于家用电器领域，而新型的先进传感器正在以惊人的速度抢占市场，带有智能控制系统的现代传感器的运用成为区别不同产品和厂家的显著特点之一。越来越多的传感器和微系统广泛地应用于家用电器中，表 10-1 给出了目前家电传感器的使用实例。

表 10-1　家电传感器的使用实例

家用电器	监控功能	目前所用传感器类型
全自动洗衣机	温度、液位、质量、位置、失衡	NTC、水位传感器、重量传感器、光电传感器
电冰箱	温度	压力式温度传感器、NTC、双金属片开关
烤面包机	温度、遥控温度	NTC、红外热电偶
微波炉	温度、湿度	陶瓷传感器
吹风机	气体、温度、湿度、气流	NTC、红外热电偶
熨斗	温度、湿度、位置移动	双金属开关、NTC、红外热电偶、倾斜传感器、加速度传感器、薄膜式传感器
真空吸尘器	气流、微粒、气体	陶瓷传感器、微型光学传感器
烤面包机	温度、遥控温度	红外线热电偶、双金属片开关、加速度传感器

10.1.1　洗衣机中所用传感器

目前，全自动洗衣机已实现了利用传感器和微处理器对洗涤过程进行监控，使用的传感器有水位传感器、重量传感器和光电传感器等，使洗衣机能够自动进水、控制洗涤时间、判断洗净度和脱水时间，并将洗涤控制于最佳状态。如图 10-1 所示是传感器在洗衣机中的应用示意图。

1. 水位传感器

洗衣机中的水位传感器用来检测水位的等级。通常是利用压力测量原理实现的，其功能也只是作为单纯的限位器。

多数情况下都使用机电压力元器件作为传感器，现代传感器引入了电子设备，使体积缩小，并且都使用带有模拟输出的传感器来工作，在这种洗衣机中可以设定任何期望达到的水位。

目前水位传感器也有采用 3 个发光元器件和一个光敏元器件组成，根据依次点亮 3 个发光元器件后，光到达光敏元器件的变化而得到水位的数据。

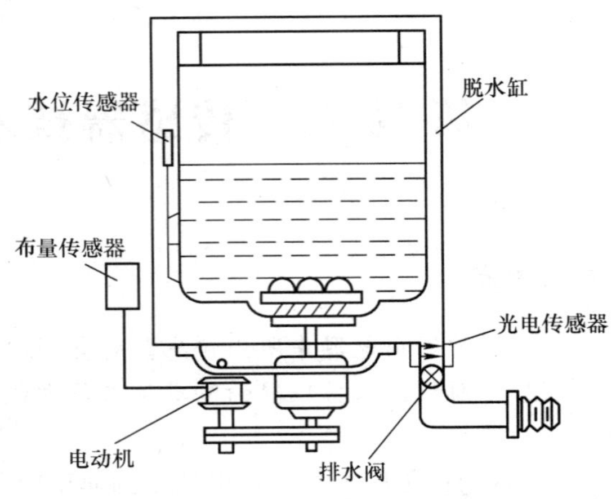

图 10-1　传感器在洗衣机中的应用示意图

2. 重量传感器

重量传感器用来检测洗涤物的重量，是通过电动机负荷的电流变化来检测洗涤物的。

3. 光电传感器

光电传感器由发光二极管和光敏晶体管组成，安装在排水口上部。根据排水口上部的光透射率检测洗涤净度，判断排水、漂净度及脱水情况。在微处理器控制下，每隔一定时间检测一次，待值恒定时，则认为洗涤物已干净，结束洗涤过程。在排水过程中，传感器根据排水口的洗涤泡沫引起透光的散射情况来判断排水过程。漂洗时，传感器可通过测定光的透射率来判断洗净度。脱水时，排水口有紊流空气使透光散射，光电传感器每隔一定时间检测一次光的透射率，当光的透射率变化恒定时，则认为脱水过程完成，便通过微处理器结束全部洗涤过程。

4. 温度传感器

洗衣机中的温度传感器采用 NTC 传感器，NTC 的模拟信号更易于被电子系统处理。

电子水位调节器有助于节约用水，而低的洗涤温度会节省能源，特别是利用质量好的洗涤剂时。随着多种酶的使用，即使低水温洗涤也会获得满意效果。恒温洗涤是一种普遍发展趋势，因此，温度控制尤为重要。

10.1.2　电冰箱中所用传感器

电冰箱主要由制冷系统和控制系统两大部分组成。控制系统主要包括温度自动控制、化霜温度控制、流量自动控制、过热及过流保护等，每项控制都必须用传感器。

如图 10-2 所示是某型双门间冷式电冰箱的控制电路图。这种电冰箱在冷冻室和冷藏室各设一只温控器。冷冻室采用温差复位型压力式温控器；冷藏室采用风门温控器，同时还设有化霜温控器、过载保护器等。

其工作过程是：当接通电源后，由于除霜计时器的转换开关 a-b 是联通的，从而将压缩机的启动与保护电路接入电源，压缩机开始运转，电冰箱开始制冷。同时除霜计时器的时钟电机、除霜和排水加热器及熔断丝也接入电路。但由于时钟电机的电阻远大于加热器的并联电阻，故两个加热器并不加热。时钟电机与压缩机电机同步运转，冰箱处于制冷状态。

当压缩机累计运行达8h，化霜计时器的转换开关a-b就会断开，压缩机和风扇电机停止运转；而a-c接通，同时由于除霜温控器处于接通状态，从而将时钟电机短路，使加热器接通加热，达到除霜并将霜水排出。

当蒸发器表面的凝霜全部溶化后，除霜温控器断开，而将时钟电机重新接入电路，约2min后转换开关a-b重新接通，a-c断开，压缩机又启动运转，重新开始制冷。当蒸发器表面温度降到一定值时（约-5.5℃），除霜温控器的触点复位闭合，为下一次化霜做准备。

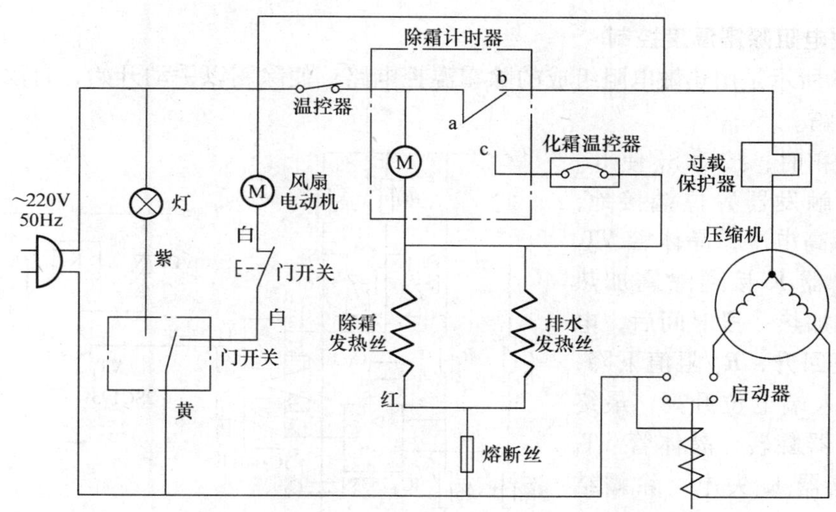

图10-2　双门间冷式电冰箱的控制电路图

下面介绍几种目前电冰箱常用的温度传感器。

1. 压力式温度传感器

压力式温度传感器有波纹管式和膜盒式两种形式，如图10-3所示，传感器由波纹管（或膜盒）与感温管连成一体，内部填充感温剂。感温管紧贴在电冰箱的蒸发器上，感温剂的体积将随蒸发器的温度而变化，引起腔内压力变化，由波纹管（或膜盒）变换成位移变化。这一位移变化通过温度控制器中的机械传动机构推动微动开关机构切断或接通电源。

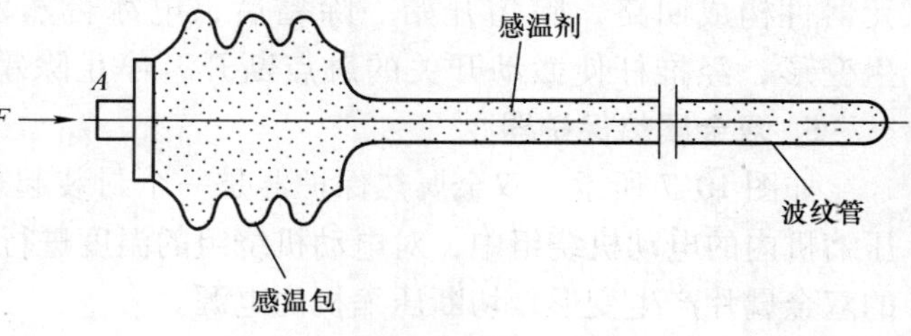

图10-3　压力式温度控制器

2. 热敏电阻式温控电路

热敏电阻式温控电路如图10-4所示，热敏电阻 R_1 与电阻 R_3、R_4、R_5 组成电桥，经 IC_1 组成触发器、驱动管VT、继电器K控制压缩机启停。

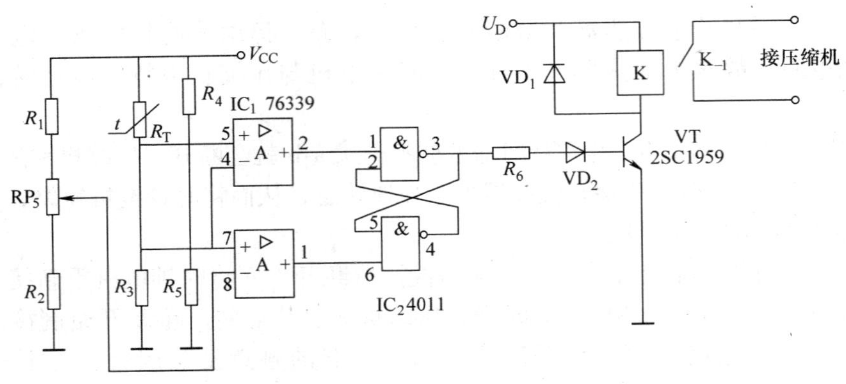

图 10-4　热敏电阻式温控电路

3. 热敏电阻除霜温度控制

图 10-5 所示是用热敏电阻组成的除霜温控电路，使除霜以手动开始，自动结束，实现了半自动除霜。

当要除霜时，按动 S_1 使 IC_2 组成的 RS 触发器置位端接地，其输出端为高电平，晶体管 VT_1 导通，继电器 K 接通除霜加热器。当除霜加热一段时间后，电冰箱内温度回升，R_T 阻值下降，IC_2 反相输入端电位升高，最终使 RS 触发器翻转，晶体管 VT_1 截止，继电器 K 失电，除霜结束。在除霜期间若人工按动 S_2，也可停止除霜。

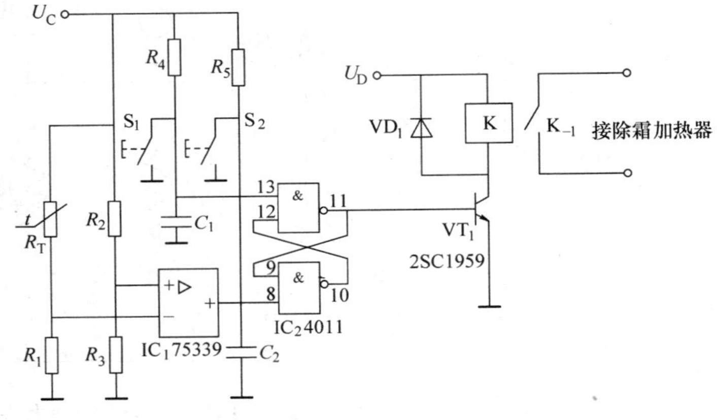

图 10-5　热敏电阻组成的除霜温控电路

4. 双金属除霜温度传感器

双金属除霜温度传感器的结构如图 10-6 所示。它由双金属热敏元器件、推杆及微动开关组成，平时微动开关处于常闭状态。接通除霜开关，除霜加热器经双金属热敏元器件构成回路，除霜开始。除霜后，电冰箱蒸发器温度升高，双金属热敏元器件产生变形，经推杆使微动开关的触点断开，停止除霜。

5. 双金属热保护器

如图 10-7 所示，双金属热保护器是一个封装起来的固定双金属热敏元器件。它埋设在压缩机内的电动机绕组中，对电动机绕组的温度进行控制。当电动机绕组过热时，保护器内的双金属片产生变形，切断压缩机的电源。

10.1.3　小型家用电器中的传感器

传感器在小型家用电器中的应用和大家用电器中的应用类似，并且有如下特点：体积小、耗能小、很多设备都是便携式。一些新的或者改进过的传感器应用小型家用电器有：

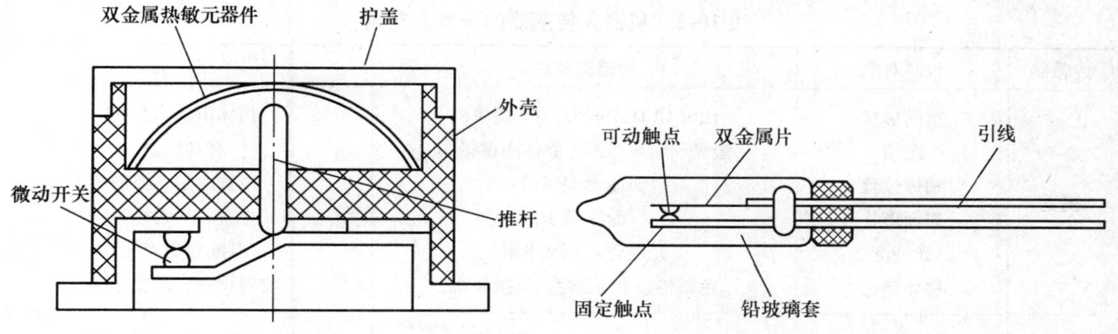

图 10-6　双金属除霜温度传感器的结构　　　　图 10-7　双金属热保护器

1）自动烘烤控制，举例来说，传感器与非接触式温度分散识别相结合。

2）用于护发装置的远距离非接触式温度、湿度、发色检测。

3）智能医学传感器用于护牙设备。

4）设备中应用改进的紫外传感器作为防止对紫外线感光过敏的保护。

5）位移传感器和压力传感器用于剃须刀中来时刻调整刀片。

在小型家用电器中使用的一些特殊传感器见表 10-1。近几年来开始大量使用微型传感器。具体的应用是：

1）在吹风机中应用红外线热电偶传感器进行非接触式温度测量，既可以防止伤害头发，又可以加速吹干头发的过程。

2）红外热电偶传感器还可以应用在温度计中利用红外辐射原理测量皮肤温度。这样能快速准确地测量出体温，并且使用起来简单、舒适。

3）热电偶传感器也可以用在烤面包过程中，它可以使烤制过程易于控制，更加可靠。

4）加速度传感器应用在熨斗中，当熨斗在一个地方静止停顿的时间过长，电源会自动切断保护。

10.2　机器人传感器

传感器是机器人中不可缺少的部分，在机器人的发展过程中起着举足轻重的作用。按照机器人传感器所传感的物理量位置，可以将机器人传感器分为内部检测传感器和外部检测传感器两大类。

内部检测传感器是以机器人本身的坐标轴来确定其位置，是安装在机器人内部的，用来感知运动学及动力学参数。通过内部检测传感器，机器人可以了解自己的工作状态，调整和控制自己按照一定的位置、速度、加速度、压力和轨迹等进行工作；外部检测传感器用于获取机器人周围环境或者目标物状态特征的信息，是机器人与周围进行交互工作的信息通道。外部检测传感器的功能是让机器人能认识工作环境，很好地执行如检查产品质量、取物、控制操作、应付环境和修改程序等工作，使机器人对环境有自校正和自适应能力。外部检测传感器通常包括触觉、接近觉、视觉、听觉、嗅觉、味觉等传感器。

表 10-2 列出了机器人传感器的分类及应用，从表中可以看出，机器人传感器是人类感觉的几个重要分类，因此，认为机器人传感器是对人类知觉的模仿实不为过。

表 10-2　机器人传感器的分类及应用

传感器	检测对象	传感器装置	应　用
视觉	空间形状 距离 物体位置 表面形状 光亮度 物体颜色	面阵 CCD、SSPD、TV 摄像机 激光、超声测距、立体图像摄影 PSD、线阵 CCD 面阵 CCD 光电管、光敏电阻 色敏传感器、彩色 TV 摄像机	物体识别、判断 移动控制 位置决定、控制 检查、异常检测 判断对象有无 物料识别、颜色选择
触觉	接触 握力 负荷 压力大小 压力分布 力矩 滑动	微型开关、光电传感器 应变片、半导体压力元器件 应变片、负荷单元 导电橡胶、感压高分子元器件 应变片、半导体感压元器件 压阻元器件、转矩传感器 光电编码器、光纤	控制速度、位置、姿态确定控制 握力、识别握持物体 张力控制、指压控制 姿态、形状判别 装配力控制 控制手腕、伺服控制双向力修正 握力、测量质量或表面特征
接近觉	接近程度 接近距离 倾斜度	光敏元器件、激光 光敏元器件 超声换能器、电感式传感器	作业程序控制 路径搜索、控制、避障 平衡、位置控制
听觉	声音 超声	扬声器 超声换能器	语音识别、人机对话 移动控制
嗅觉	气体成分 气体浓度	气体传感器、射线传感器	化学成分分析
味觉	味道	离子敏传感器、pH 计	化学成分分析

10.2.1　机器人视觉传感器

带有视觉系统的机器人可以完成许多工作，如识别机械零件，装配作业、安装修理作业、精细加工等。而对特殊机器人来说，视觉系统是使机器人在危险环境中自主规划，完成复杂的作业所必不可少的。

机器人视觉的作用过程与人眼十分相似，只不过它所用以接受景物信息的不是眼睛和视网膜，而是光学系统和传感器，光学系统相当于人眼的水晶体，传感器相当于人眼的视网膜。三维客观世界中三维景物经由传感器成像后成为平面的二维图像，再经处理部件对两幅二维图像加以运算处理，给出景象的特征和空间描述。

将景物转换成电信号的设备是光电检测器，最常用的光电检测器是固态图像传感器。固态图像传感器包括线阵 CCD 传感器和面阵 CCD 传感器两类，固态图像传感器的应用较为普及。一般，如果景象在连续均匀地运动（如在传送带上），可以用线阵列获得二维图像。这个线阵列的分布方向与传送带的运动方向垂直，当物体垂直于扫描线作运动时就获得了所需的二维图像。当然，传送带的运动必须如最小分辨单元那样精确。对于一个一维阵列，每隔 N 个时间单元对每个光敏单元读取一次，而一个二维阵列，每隔 N^2 个时间对每个光敏单元读取一次。因此二维阵列可以既保持较高的数据传送率，又有较长的光积分时间，降低了噪声。

在空间中判别物体的位置和形状一般需要3类信息：距离信息、明暗信息和色彩信息；其中距离信息是最主要的。距离信息的获得可以有激光扫描、立体图像摄影和超声测距等办法。

10.2.2 机器人触觉传感器

机器人触觉实际上是对人类的触觉的某些模仿，承担着执行操作过程中所需要的微观判断的任务，在实施控制机器人进行操作步骤细微变化时十分有用。机器人触觉传感器分为两大类：一类是简单的接触传感器，它只能探测与周围物体的接触与否，一般用单个开关型传感器；另一类是复杂的触觉传感器，它不仅能够探测是否与周围物体有接触，而且能够感知被探测物体的外部轮廓，所用的是阵列式传感器。广义上说，机器人触觉可分为接触觉、压觉、力觉、滑觉等几种。

1. 接触觉传感器

接触觉传感器用来监测机器人的某些部位与外界物体接触与否，例如，感受是否抓住零件，是否接触地面等。如图10-8所示给出了几种典型的接触觉传感器的结构。

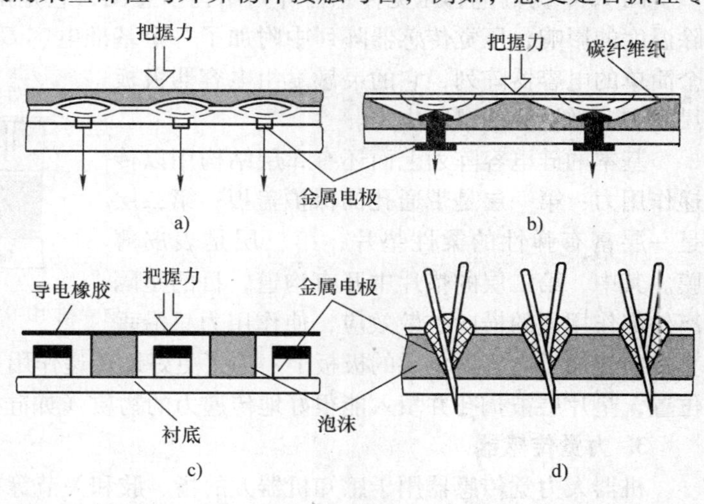

图10-8 接触觉传感器的几种典型结构

图10-8a为金属圆顶式高密度的接触觉传感器。当物体与传感器接触时，把握力加在柔性绝缘层上，使具有弹性的金属圆顶向下弯曲直至连接到下面的电极，它的功能相当于一个开关，其输出为“0”、“1”信号，可以用于控制机械手的运动方向、运动范围和躲避障碍物。可通过调整金属圆点和基点之间的空气压力来调整接触灵敏度。

图10-8b为能进行高灵敏度封装的接触觉传感器。在接点与富有导电性的碳纤维之间有一凹陷气隙，外力的作用使碳纤维纸与氨基甲酸乙酯泡沫产生如图虚线所示的变形，接点与碳纤维纸之间形成导电状态，富有弹性与绝缘性的海绵体——氨基甲酸乙酯泡沫使传感器具有接触的复原力。这种结构可以感测极小的力，能进行高密度封装。

图10-8c为采用斯坦福研究所研制的导电橡胶制成的接触觉传感器。这种传感器与图10-8a、b所示的传感器一样，也是利用两个电极接触导通的办法。所不同的是，它所使用的是导电橡胶。

图10-8d所示的接触觉传感器的结构采用的是导电橡胶制作的细丝，像人的头发一样从传感器的表面凸出来，一旦物体与凸起接触，它就变形，夹住绝缘体的上下金属成为导通的

状态，实现接触觉传感器的功能。

接触觉信息的处理一般分为两个阶段，第一阶段是预处理，主要是对原始信号进行“加工”；第二阶段是对已经“加工”过的信号做进一步的“加工”，以得到所需形式的信号。经这两步处理后，信号就可用于机器人控制了。最初研究的接触觉信号大多是非阵列接触觉传感器的信号，对这些信号的处理，主要是为了感知障碍物和感兴趣的物体，进行安全性检测以及物体表面有关特性的检测等。由于信息量较少，处理技术相对来说比较简单、成熟。阵列式接触觉传感器的信号处理相对来说要复杂得多，因为其目的是要识别物体接触表面的形状，这种接触觉信号的处理涉及数字信号处理、数字图像处理、计算机图形学、人工智能、模式识别等学科，是一门比较复杂、综合性强的技术。

2. 压觉传感器

压觉传感器用来检测机器人手指握持面上承受的压力大小和分布。压觉传感器基本上应做到小型轻便、响应快、阵列密度高、再现性好、可靠性高等。压觉传感器常用的敏感材料有导电橡胶或塑料、偏聚二乙烯薄膜、应变片阵列、磁弹性式压磁传感器阵列（如针式差动变压器、霍尔元器件）、光电传感器阵列等。这些传感器本身相对于力的变化基本上不发生位置或几何形状的变化。

图 10-9 为硅电容压觉传感器阵列结构示意图，它是由若干个电容单元构成的，为了消除温度的影响，压觉传感器阵列中附加了一个基准电容 C_X。若干个电容器均匀地排列成一个简单的电容器阵列，它的灵敏度由电容器极板尺寸和硅弹性膜的厚度决定。

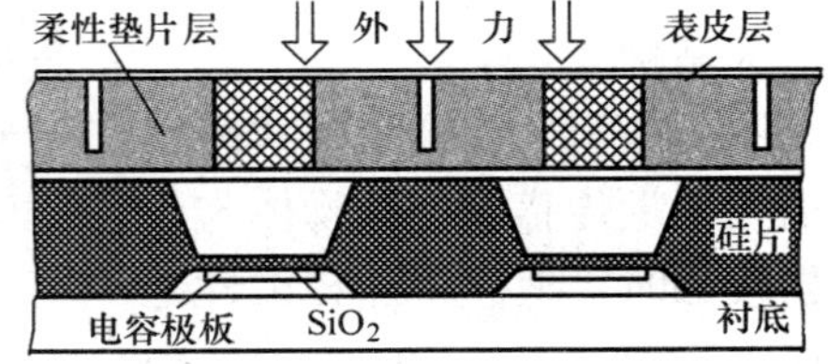

图 10-9　硅电容压觉传感器阵列结构示意图

基本的硅电容阵列上面还有 3 层结构用以传递作用力：第一层是带通孔的保护盖板；第二层是一层富有弹性的柔性垫片；第三层是表皮薄膜。其中，第二层的垫片中开有沟道，目的是隔离外部作用力的横向扩散效应，使作用力只沿垂直方向施加于电容器单元的极板上。为了更好地传递作用力，在每一个电容器单元正上方的位置，垫片层被掏孔并填入能很好地传递力的物质（如硅橡胶）。

3. 力觉传感器

机器人力觉传感器用于感知机器人的指、肢和关节等在工作和运动中所受力的大小和方向，从而决定如何运动、采用什么姿势以及推测对象物体的重量等。与压觉传感器相比，力觉传感器所感觉的力不再是一维的，而是多维的作用力。

用于力觉传感器的敏感元器件主要有应变片、压电传感器、电容式传感器、光电式传感器和电磁式传感器等，其中应变片的应用最为广泛。

使全部检测部件都相互垂直，如能将应变片粘贴于与部件中心线准确对称的位置上，则各个方向力的相扰就可降低 1% 以下。这样就可简化信息处理，以便于进行控制。

手指部分握力控制的最简单形式就是采用将应变片直接粘贴于手指根的检测方法。关于传感器的信息处理，为了保证其稳定性，消除接触时的冲击力，或实现微小的握力控制，在两个手指式钳形机构中，通常是利用 PID 运算反馈，即是通过比例、积分、微分参数的适当给定，从而实现软接触-软掌握，反射接触-零掌握等动作。

检测机器人手指力的方法，一般是从螺旋弹簧的应变量推算出来的。在图 10-10 所示的结构中，由脉冲电动机通过螺旋弹簧去驱动机器人手指。所检测出的螺旋弹簧的转角与脉冲电动机转角之差即为变形量，从而也就可以知道手指所产生的力。对于这种机器人手指，可以进行控制，令其完成搬运之类的工作。手指部分的应变片，是一种控制力量大小的器件。对于以精密镶嵌为代表的装配操作，就必须检测出机器人手腕部分的力并进行反馈，以控制机器人的手臂和手腕。图10-11所示为这种用途的手腕部分与传感器的结构。机器人的这种手腕是具有弹性的，通过应变片构成力觉传感器，利用这些传感器的信号就可算出力的方向和大小。

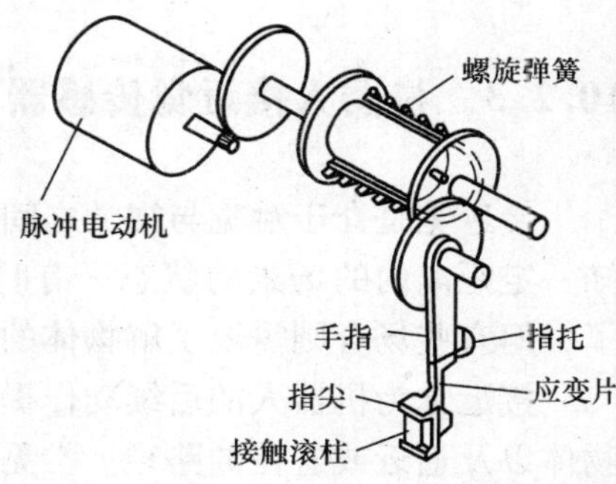

图 10-10　脉冲电动机的指力传感器

4. 滑觉传感器

机器人要抓住属性未知的物体，必须对物体作用最佳大小的把握力，以保证即能握住物体不产生滑动，又不至于因用力过大而使物体产生变形或被损坏。为达到这一目的，需要对机器人的手指与物体接触面之间相对运动（滑动）的大小和方向加以检测，滑觉传感器就是为此目的而设计的。

图 10-12 为一种常用的光电式滑觉传感器（又称滚轴式滑觉传感器），其基本结构是滚动轴承与轴的连接机构。固定不动的轴上安装了一对光电管（发光管与光敏管），轴承受力产生滚动，在轴的内圈中部安置了一片带几十条狭缝的圆板，带狭缝的圆板处在光电管对的中间，当滚筒受力产生滚动时，狭缝圆板随之旋转，使发光管的光束交替地通断，这样，光敏管将输出与滑动相对应的滑动位移信号（脉冲信号），从而检测出滑动。为了使轴能顺利地旋转，滚轴表面贴有胶膜。滑觉传感器的轴用簧片固定在手指主体上，在手指张开的状态下，传感器突出手指接触面 1mm。当手指握住物体时，簧片弯曲，传感器后退，若物体有滑动，就会带动传感器的滚轴滚动，光敏元器件就有脉冲信号输出，脉冲信号的频率与滑动力的大小有关。不过，如果物体的滑动力方向不同，滑动检测的灵敏度将会下降。为了检测握持力，簧片表面还安装有应变片。

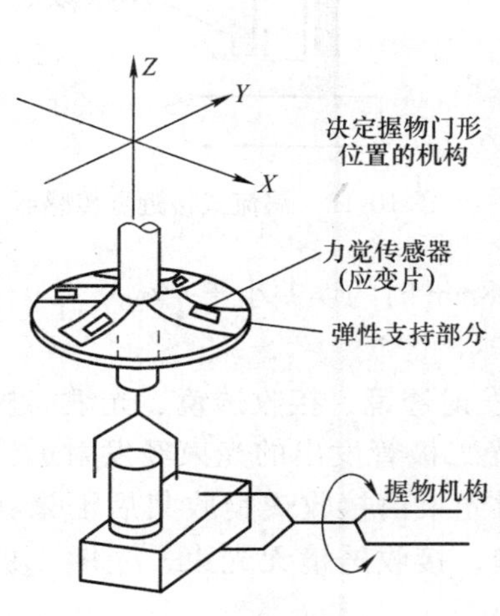

图 10-11　装配机器人腕力传感器

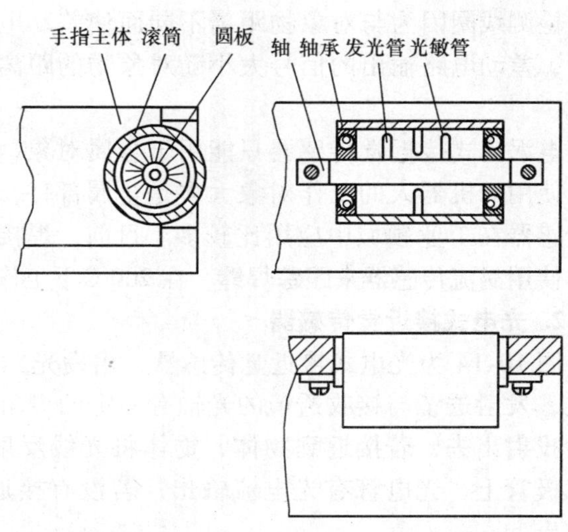

图 10-12　光电式滑觉传感器

10.2.3 机器人接近觉传感器

接近觉是介于触觉与视觉之间的感觉，所感应的范围一般为几毫米至几十毫米，用于感知一定距离内的场景的状态。有时只需要知道物体的有无，因此，只要二值化信号就可以了，但有些场合则需要了解物体的距离、表面状态等。

接近觉为机器人的后续动作提供必要的信息，供机器人决定是以什么样的速度逼近对象物体以及逼近或避让的路径。常见的接近觉传感器有电磁式、光电式、电容式、气动式、超声式、红外线、微波式等多种形式。

1. 电涡流式接近觉传感器

电涡流式传感器已广泛用于位移、厚度、速度、温度等工业参数的测量。在机器人接近觉传感器中，电涡流式接近觉传感器由于精度比较高、响应速度快、受环境影响小、结构简单，而且可以在高温下工作，因此在工业机器人中应用比较多。

电涡流式接近觉传感器基本原理是：当金属块置于交变的磁场中时（或者在固定磁场中运动时），金属体内就产生感应电流，这种感应电流的流线在金属体内是闭合的，称之为涡流。涡流的大小与金属对象物的几何形状、电导率、磁导率、激励线圈与对象物表面的距离等有关，当对象物几何形状及内部电参数不变时，涡流的大小只随激励线圈与对象物表面距离的变化而变化。

如图 10-13 所示，高频信号施加于临近金属对象物的激励线圈 C_S 上，C_S 产生的高频电磁场作用于金属对象物表面。由于“趋肤效应”，高频电磁场不能透过具有一定厚度的金属物，而仅作用于表面的一定深度的薄层内。金属物表面感应的涡流同样要产生高频电磁场，这个电磁场的方向与激励线圈磁路上的磁通量方向相反，通过测量激励线圈磁路上的磁通量大小的变化，就可以计算出线圈与对象物表面之间的距离。

图 10-13 中检测线圈 C_1、C_2 是一对互为差动的检测线圈，当传感器接近对象物时，线圈的磁通量发生变化，两个检测线圈因为与对象物距离不同而使差动电路失去平衡，差动电路输出的信号大小随对象物的距离不同而变化。

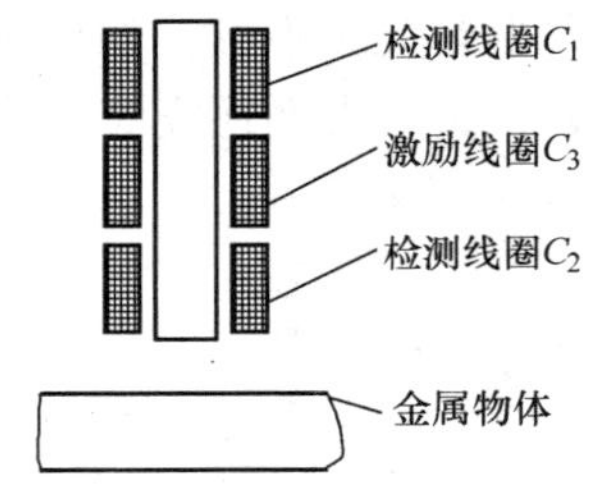

图 10-13　涡流式接近觉传感器

电涡流式接近觉传感器只能用于金属对象，由于工业上使用的机器人的工作对象大多是金属部件，因此这种传感器在工业领域中应用比较多。目前，焊接机器人多半使用涡流传感器来跟踪焊缝，在 200℃下工作距离 0.8mm 时的误差小于 4%。

2. 光电式接近觉传感器

图 10-14 为光电式接近觉传感器，由发光二极管、发射透镜、接收透镜、光敏二极管构成，发射透镜与接收透镜的光轴有一定的夹角 θ。发光二极管发出的光束经发射透镜汇聚后投射出去，若接近到物体，物体将光线反射，反射光束由接收透镜收集后汇聚在光敏二极管上，光电管有光电流输出；若没有接近到物体，接收透镜无光束，光敏二极管无输出。

光电式接近觉传感器存在灵敏区域，通过调节两透镜的光轴夹角 θ，可以调节光电式接近觉传感器的感知距离，θ 越小，敏感的距离越远；反之，θ 越大，敏感的距离越近。

由于不同的物体具有不同的光反射率，因此，很难通过测量接收光的强度计算物体的远近。图 10-14 所示的传感器适合做有无物体接近的感知，而被感知物体表面的反射率对传感器的灵敏度由较大的影响。

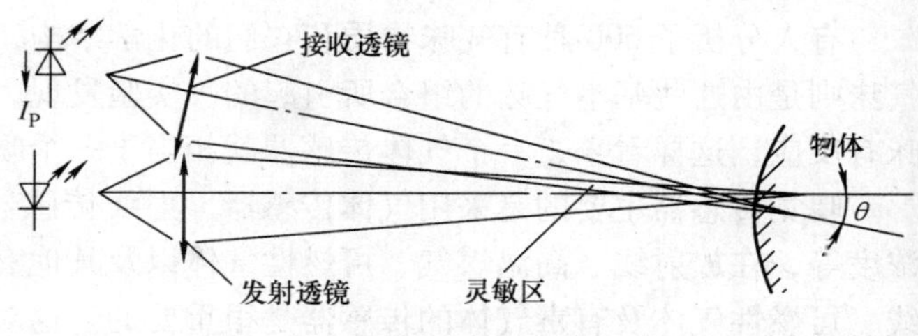

图 10-14　光电式接近觉传感器

10.2.4　机器人听觉、嗅觉、味觉传感器

1. 听觉传感器

人的听觉的外周感觉器官是耳，耳的适宜刺激是一定频率范围内的声波振动。振动波的机械能在耳蜗内基底膜中转变为听神经纤维上的神经冲动，并以神经冲动的不同频率和组合形式对声音信息进行编码，传达到大脑皮层的听觉中枢，产生听觉。

听觉也是机器人的重要感觉器官之一。由于计算机技术及语言学的发展，现在已经实现用机器人代替人耳，通过语言处理及识别技术识别讲话人，还能正确理解一些简单的语句。然而，由于人类的语言是非常复杂的，无论哪个民族，其语言的词汇量都非常大，即使是同一人，他的发音也随着环境及身体状况有所变化，因此，使机器人的听觉具有接近人耳的功能还相差甚远。

从应用的目的来看，可以将识别声音的系统分为两大类：

1）发音人识别系统。发音人识别系统的任务，是判别接收的声音是否是事先指定的某个人的声音，也可以判别是否是事先指定的一批人中的哪个人的声音。

2）语音识别系统。语音识别系统可以判别语音是什么字、短语、句子，而不管说话人是谁。

为了实现语音的识别，主要的就是要提取语音的特征。一句话或一个短语可以分成若干个音或音节，为了提取语音的特征，必须把一个音再分为若干个小段，在从每一个小段中提取语音的特征。语音的特征很多，对每一个字音就可由这些特征组成一个特征矩阵。

识别语音的方法，是将事先指定的人的声音的每一个字音的特征矩阵存储起来，形或一个标准模式。系统工作时，将接收到的语音信号用同样的方法求出它们的特征矩阵，再与标准模式相比较，看它与哪个模式相同或相近，从而识别该语音信号的含义，这也是模式识别的基本原理。

机器人听觉系统中的听觉传感器的基本形态与传声器相同，所以在声音的输入端方面问题较少。其工作原理多为利用压电效应、磁电效应等。前面章节已有叙述，此处不再介绍。

2. 嗅觉传感器

人的嗅觉感受器官是位于上鼻道及鼻中隔后上部的嗅上皮。嗅上皮含有 3 种细胞，即主细胞、支持细胞和基底细胞。主细胞也叫嗅细胞，呈圆瓶状，细胞顶端有 5 ~6 条短的纤毛。嗅细胞的纤毛受到悬浮于空气中的物质分子或溶于水及脂质的物质刺激时，有神经冲动传向嗅球，进而传向更高级的嗅觉中枢，引起嗅觉。

有人分析了600种有气味物质和它们的化学结构，提出至少存在7种基本气味，其他种气味则是由这些基本气味的组合所引起的。实验发现，每个嗅细胞只对一种或两种特殊的气味有反应，这样看来，一个气体传感器就相当于一个嗅细胞。

嗅觉传感器主要的是采用气体传感器、射线传感器等。多用于监测空气中的化学成分、浓度等，在放射线、高温煤气、可燃性气体以及其他有毒性气体的恶劣环境下开发检测放射线、可燃性气体及有毒气体的传感器是很重要的。这对于我们了解环境污染、预防火灾和毒气泄漏报警具有重大的意义。有关传感器的内容可参看前面章节。

3. 味觉传感器

人的味觉感受器官是味蕾，每一种味蕾由味觉细胞和支持细胞组成。味蕾细胞顶端有纤毛，称味毛，从味蕾表面的孔伸出，是味觉感受器的关键部位。人和动物的味觉系统可以感受和区分出多种味道。很早以前就知道，众多味道是由4种基本味觉组合而成，这就是甜、酸、苦和咸。研究发现，一条神经纤维并不是只对一种基本味觉刺激起反应，每个味细胞几乎对4种基本刺激都起反应，但在同样物质的量的情况下，只有一种刺激能引起最大感受器电位。

通过人的味觉研究可以看出，要制作出一个好的味觉传感器，还要通过努力，在发展离子传感器与生物传感器的基础上，配合微型计算机进行信息的组合来识别各种味道。通常味觉是指对液体进行化学成分的分析。实用的味觉方法有pH计、化学分析器等。

一般味觉可探测溶于水中的物质，嗅觉探测气体状物质，而且在一般情况下，当探测化学物质时嗅觉比味觉更敏感。

10.3 小结

1）越来越多的传感器和微系统广泛地应用于家用电器中。如全自动洗衣机已实现了利用传感器和微处理器对洗涤过程进行监控，使用的传感器有水位传感器、重量传感器和光电传感器等；电冰箱的控制系统主要包括温度自动控制、化霜温度控制、流量自动控制、过热及过流保护等，每项控制也都离不开使用传感器。

2）机器人传感器分为内部检测传感器和外部检测传感器两大类，本章重点介绍了外部检测传感器，包括触觉、接近觉、视觉、听觉、嗅觉、味觉等传感器。

10.4 习题

1. 全自动洗衣机主要包括那些传感器，简述这些传感器的作用。
2. 电冰箱常用的温度传感器有哪些？简述其作用。
3. 机器人触觉可分为哪几种？常用的传感器典型结构有哪些？
4. 机器人接近觉传感器有哪些形式？通过一种传感器形式说明基本工作原理。

第 11 章　传感器实训指导

学习要点

① 了解传感器实训要求及通用的实训设备。
② 通过实训进一步理解常用传感器的结构及性能。
③ 在老师的指导下，学生分小组完成传感器实训。

11.1　传感器实训要求

传感器实训的目的是使学生了解一些电气设备和各种非电量电测传感元器件，理解一定非电量电测技术，学会使用常用的测量仪器仪表，掌握基本的非电量电测量方法。要求学生通过实际操作，培养独立思考、独立分析和独立实训的能力。为使实训正确、顺利地进行和保证设备、仪器仪表和人身的安全，在做传感器实训时，必须按照以下实训要求进行。

11.1.1　实训预习

实训前必须认真预习，弄清每次实训的目的、内容、线路、设备和仪器仪表，了解需要测量和记录的项目，做到心中有数，减少盲目性。同时针对不同的实训项目，预习相应的传感器结构、性能及基本工作原理，提高实训的效果。

11.1.2　实训电源

1）实训桌上通常设有单相（3 相）交流电源开关和直流电源开关，由实训室统一供电，实训前应弄清各输出端点间的电压数值。

2）实训桌上配有直流稳压电源，在接入线路之前应调节好输出电压数值，使之符合实训线路要求。特别是在实训过程中，严禁将超过规定电压数值的电源接入线路运行。

3）在进行实训线路的接线、改线或拆线以前，必须断开电源开关，严禁带电操作，以免在接线或拆线过程中，因电源设备或部分实训线路短路而损坏设备和实训线路元器件。

4）不能将主机箱的电源、信号源输出端与地（⊥）短接，因短接时间长易造成电路故障。

5）如果实训台长期未通电使用，在实训前先通电十分钟预热，再检查按一次漏电保护按钮是否有效。

11.1.3　实训电路

1）认真熟悉实训电路原理图，能识图并能按图接好实训电路。

2）实训电路接线要准确、可靠和有序，接线柱要拧紧，插头与线路中插孔的结合要插准插紧，以免接触不良，造成线路断开。

3）线路中不要接活动裸插头，线头过长的铜丝应剪去，以免操作不慎或偶然原因触电，或使实训造成意想不到的后果。

4）实训接线时，要握住手柄插拔实训线，不能拉扯实训线。

5）电路接好后，应先由同组同学相互检查，然后请实训指导教师检查，经检查无误后，才能接通电源进行实训。

11.1.4 实训仪器仪表

1）认真掌握每次实训所用仪器仪表的使用方法、放置方式（水平或垂直），以及弄清仪表的型号规格和准确度等级。

2）仪器仪表与实训线路板（或设备）的位置应合理布置，以方便实训操作和测量。

3）仪器仪表上的旋钮有起止位置，旋转时用力要适度，到头时严禁强制用力旋转，以免损坏旋钮内部的轴及其连接部分，影响实训进行。

4）测试前应根据估算的物理量数值先选择好仪表的量程，然后将仪表接入线路测试点。对于指示仪表，应弄清所选量程的刻度数值，被测量值通常应处在仪表量程的一半以上，以减少读数误差。

5）实训用仪表一般应在实训线路稳定运行后接入线路测试，并同时观察指示情况，如超过量程应立即取出。特别指出，对于电流表应严禁先接入线路后合电源开关，以避免合开关瞬时的冲击电流使指示仪表损坏。

6）选用仪表的内阻与被测元器件或电路的电阻的配合要恰当，测试方法要合适，以减少测试误差。

11.1.5 仪器维护及故障排除

1. 维护

1）防止硬物撞击、划伤实训台面；防止传感器及实训模板跌落地面。

2）严禁用酒精、有机溶剂或其他具有腐蚀性溶液擦洗主机箱的面板和实训模板面板。

3）在实训过程中，如果发现异常火花、异声、异味、冒烟、过热等现象，应立即断开电源开关，保持现场，请指导教师一起检查原因。

4）实训完毕要将传感器、配件、实训模板及连线全部整理好。

2. 故障排除

1）开机后数显表都无显示，应检查 AC220V 电源是否接通；主机箱 AC220V 插座中的熔丝是否烧断。如都正常，则更换主机箱中主机电源。

2）转动源不工作，则手动输入 +12V 电压，如不工作，更换转动源；如工作正常，应检查调节仪设置是否准确；控制输出 V_0 有无电压，如无电压，更换主机箱中的转速控制板。

3）振动源不工作，检查主机箱面板上的低频振荡器有无输出，如无输出，更换信号板；如有输出，更换振动源的振荡线圈。

4）温度源不工作，检查温度源电源开关是否打开，温度源的熔丝是否烧断、调节仪设置是否准确。如都正常，则更换温度源。

11.1.6 传感器实训报告书写要点

实训报告是实训的总结，它不仅要记录整个实训过程，同时还要对所得的实训数据、实训波形和实训现象进行理论分析并得出结论。每个学生都应在实训完成后及时写出过程完整、结论清晰、字迹工整的实训报告。这不仅能深化理论学习内容，更能培养正确操作设备的能力以及分析总结实训过程的工作能力。传感器实训报告书写要点如下：

1）实训项目、班级、实训人、同组人、日期。

2）实训目的。

3）实训所用到的设备、单元及部件。

4）画出实训电路图或原理框图。

5）实训内容及操作步骤，包括记录实训数据、实训波形和实训现象等。

6）实训分析总结。

① 把原始记录整理成便于分析的形式，如数据换算、表格、曲线等。

② 使用实训数据、实训波形和实训现象，分析实训电路或元器件的物理特性、实现功能、技术指标。

③ 通过实训操作理解各种元器件的应用，并且对该元器件的应用能提出自己的创新思维。

④ 书中每个实训中的实训总结分析提示，仅供学生实训分析时参考，应不拘泥于所提出的项目。

11.2 成套通用传感器实训仪及实训配置

目前各院校使用的传感器实训设备种类较多，由于订购的厂家不同，型号也有所不同，但实际使用设备的配置、性能及所开设的实训项目基本相同，本书根据这一特点，将不以哪种型号为例进行介绍，而是综合各种型号成套通用传感器实训仪的配置，及所开设的典型实训项目进行概述，各院校在选择实训设备及实训项目时可参考。

11.2.1 成套通用传感器实训仪简介

1. 实训仪概述

成套通用传感器实训仪是传感器系统综合实训装置，通常适应不同类别、不同层次专业教学实训、培训、考核的需求，该实训装置通常具有多功能、全方位、综合性、动手型的特点，可以与“传感器技术”、“工业自动化控制”、“非电测量技术与应用”、“工程检测技术与应用”等课程的教学实训配套。

目前大多数实训仪采用分离式模块，有很强的灵活性、可扩展性，便于教学内容的变更，升级。

2. 实训仪组成

通常实训仪主要由实训台部分、三源板部分、处理（模块）电路部分和数据采集通信部分组成。

（1）实训台部分

这部分设有 1～10kHz 音频信号发生器；1～30Hz 低频信号发生器；通常设有 4 组直流稳压电源：±15V、+5V、±2～±10V、2～24V 可调；气压源 0～20kPa 可调；数字式电压表、频率/转速表、定时器；高精度温度调节仪；RS232 计算机串行接口及流量计等组成。

（2）三源板部分

热源：0～220V 交流电源加热，温度可调在 <150℃，控制精度 ±1℃。

转动源：2～24V 直流电源驱动，转速可调在 0～2400r/min 或 0～4500r/min。

振动源：振动频率可调在 1～30Hz。

（3）处理（模块）电路部分

包括电桥、电压放大器、差动放大器、电荷放大器、电容放大器、低通滤波器、涡流变换器、相敏检波器、移相器、温度检测与调理、压力检测与调理等共十几个模块。

（4）数据采集、分析部分

为了加深对自动检测系统的认识，目前大多数实训台都增设了 USB 数据采集卡及微处理机组成的微机数据采集系统（含微机数据采集系统软件）。12～14 位 A/D 转换、采样速度达 100～300kHz，利用系统软件，可对学生实训现场采集数据，对数据进行动态或静态处理和分析，并在屏幕上生成十字坐标曲线和表格数据，对数据进行求平均值、列表、作曲线图以及对数据进行分析、存盘、打印等处理，实现软件为硬件服务、软件与硬件互动、软件与硬件组成系统的功能。更注重考虑根据不同数据设定采集的速率。

有些实训台，为了满足教学实训需要，把部分传感器做成了透明的，以便学生有直观的认识，其中多数实训台测量连接线都用定制的接触电阻极小的迭插式联机插头连接。

3. 实训内容

结合实训仪的数据采集系统，通常可以完成大部分常用传感器的实训及应用。包括金属箔应变传感器、差动变压器、差动电容、霍耳位移、霍耳转速、磁电转速、扩散硅压力传感器、压电传感器、电涡流传感器、光纤位移传感器、光电转速传感器、集成温度传感器、K 型热电偶、E 型热电偶、PT100 铂电阻、湿敏传感器、气敏传感器、磁阻传感器等，共几十个实训项目。

11.2.2 传感器实训项目简介

目前成套通用传感器实训仪的实训项目大多都能配置 40 多个，本书综合不同型号的实训仪，从中精选出典型的实训项目共 12 个，仅供示范，各院校可根据采用设备的具体情况，学时数的多少，选取配置相应的实训项目。

11.3 综合技能实训

11.3.1 实训1 金属箔式应变片性能—单臂电桥型

1. 实训目的

了解金属箔式应变片，单臂单桥的工作原理和工作情况。

2. 实训设备、单元及部件

实训设备为成套通用型传感器实训仪，单元及部件有直流稳压电源、电桥、差动放大器、双平行梁测微头、一片应变片、数字电压表（F/V 表）、主、副电源。

3. 实训电路

单臂电桥实训电路如图 11-1 所示。

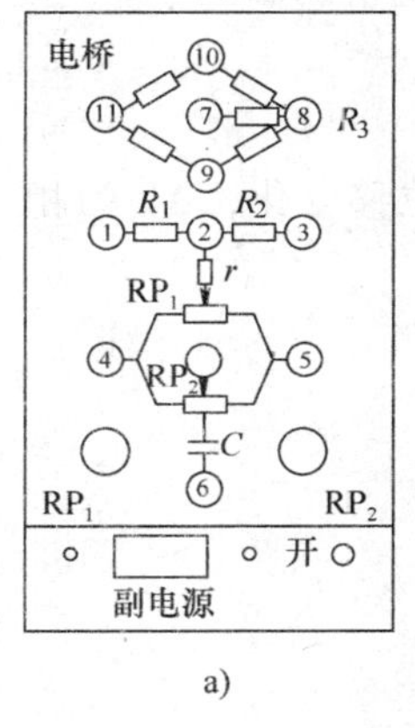

a)

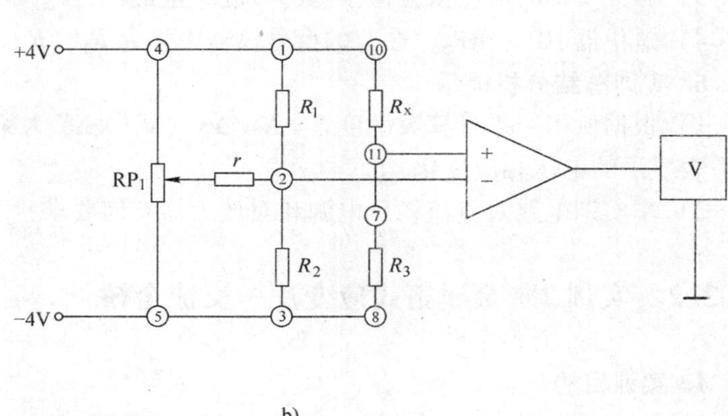

b)

图 11-1 金属箔式应变片性能—单臂电桥实训电路
a）实训仪主面板上的电桥符号标记 b）实训电路连接图

4. 实训步骤

1）了解所需单元、部件在实训仪上的所在位置，观察梁上的应变片，应变片为棕色衬底箔式结构小方薄片。上下二片梁的外表面各贴两片受力应变片和一片补偿应变片，测微头在双平行梁前面的支座上，可以上、下、前、后、左、右调节。

2）将差动放大器调零：用连线将差动放大器的正（+）、负（-）、地短接。将差动放大器的输出端与 F/V 表的输入插口 V_i 相连；开启主、副电源；调节差动放大器的增益到最大位置，然后调整差动放大器的调零旋钮使 F/V 表显示为零，关闭主、副电源。

根据图 11-1 所示接线，R_1、R_2、R_3 为电桥单元的固定电阻，R_X 为应变片。将稳压电源的切换开关置 ±4V 档，F/V 表置 20V 档。调节测微头脱离双平行梁，开启主、副电源，调节电桥平衡网络中的 RP_1，使 F/V 表显示为零，然后将 F/V 表置 2V 档，再调电桥 RP_1（慢慢地调），使 F/V 表显示为零。

3）将测微头转动到 10mm 刻度附近，安装到双平行梁的自由端（与自由端磁钢吸合），调节测微头支柱的高度（梁的自由端跟随变化）使 F/V 表显示最小，再旋动测微头，使 F/V表显示为零（细调零），这时的测微头刻度为零位的相应刻度。

4）往下或往上旋动测微头，使梁的自由端产生位移，记下 F/V 表显示的值。建议每旋动测微头一周即 $\Delta X = 0.5\text{mm}$ 记一个数值填入表 11-1。

表 11-1　应变片性能记录表

X/mm					
V/mV					

5）实验完毕，关闭主、副电源，所有旋钮转到初始位置。

5. 注意事项

1）电桥上端虚线所示的 4 个电阻实际上并不存在，仅作为一标记，让学生组桥容易。

2）为确保实验过程中输出指示不溢出，可先将砝码加至最大重量，如指示溢出，适当减小差动放大增益，此时差动放大器不必重调零。

3）做此实训时应将低频振荡器的幅度关至最小，以减小其对直流电桥的影响。

4）电位器 RP_1、RP_2，在有的型号仪器中标为 R_D、R_A。

6. 实训总结分析提示

1）根据所得结果计算灵敏度 $S = \Delta V/\Delta X$（式中 ΔX 为梁的自由端位移变化，ΔV 为相应 F/V 表显示的电压相应变化）。

2）本实训电路对直流稳压电源和对放大器有何要求？

11.3.2　实训 2　金属箔式应变片—交流全桥

1. 实训目的

了解交流供电的四臂应变电桥的原理和工作情况。

2. 实训设备、单元及部件

音频振荡器、电桥、差动放大器、移相器、相敏检波器、低通滤波器、F/V 表、双孔悬臂梁称重传感器、应变片、砝码、主副电源、示波器。

3. 实训电路

金属箔式应变片—交流全桥接线图如图 11-2 所示。

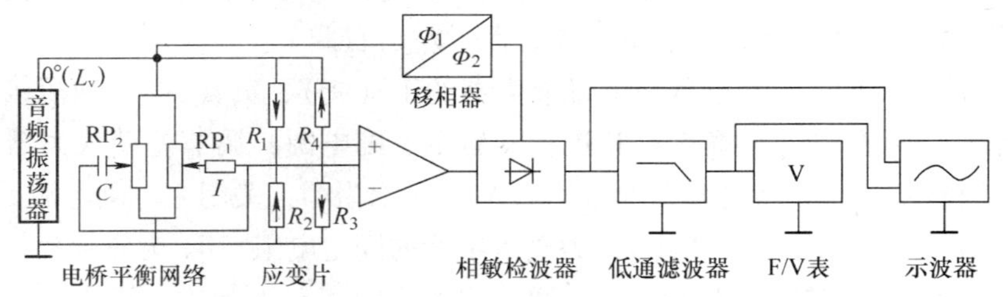

图 11-2　金属箔式应变片—交流全桥接线图

4. 实训步骤

1）将差动放大器调整为零：将差动放大器（+）、（−）输入端与地短接，输出端与 F/V 表输入端 V_i 相连，开启主、副电源后调差放的调零旋钮使 F/V 表显示为零，再将 F/V 表切换开关置 2V 档，再细调差放调零旋钮使 F/V 表显示为零，然后关闭主、副电源。

2）按图 11-2 接线，图中 R_1、R_2、R_3、R_4 为应变片；RP_1、RP_2、C、r 为交流电桥调节平衡网络，电桥交流激励源必须从音频振荡器的 L_V 输出口引入。

3）将 F/V 表的切换开关置 20V 档，示波器 X 轴扫描时间切换到 0.1～0.5ms（以合适为宜），Y 轴 CH1 或 CH2 切换开关置 5V/div，音频振荡器的频率旋钮置 5kHz，幅度旋钮置 1/4 幅度。开启主、副电源，调节电桥网络中的 RP_1 和 RP_2，使 F/V 表和示波器显示最小，再把 F/V 表和示波器 Y 轴的切换开关分别置 2V 档和 50mv/div，细调 RP_1 和 RP_2 及差动放大器调零旋钮，使 F/V 表的显示值最小，示波器的波形大致为一条水平线（F/V 表显示值与示波器图形不完全相符时二者兼顾即可）。再用手按住双孔悬臂梁称重传感器托盘的中间产生一个位移。调节移相器的移相旋钮，使示波器显示全波检波的图形，放手后，梁复原，示波器图形基本成一条直线。

4）在传感器托盘上放上一只砝码，记下此时的电压数值，然后每增加一只砝码记下一个数值并将这些数值填入表 11-2。根据所得结果计算系统灵敏度 $S=\Delta V/\Delta W$，并作出 V-W 关系曲线，ΔV 为电压变化率，ΔW 为相应的重量变化率。

表 11-2　金属箔式应变片—交流全桥实训记录表

重量 W/g					
电压 V/mV					

5）实训完毕，关闭主、副电源，所有旋钮置初始位置。

5. 实训总结分析提示

1）在交流电桥中，必须有______两个可调参数才能使电桥平衡，这是因为电路存在______而引起的。

2）要将交流电桥用作电子秤，方案投入实际应用应如何改进？

11.3.3　实训 3　差动变压器性能

1. 实训目的

了解差动变压器原理及工作情况。

2. 实训设备、单元及部件

实训设备为成套通用型传感器实训仪，单元及部件有音频振荡器、测微头、示波器、主副电源、差动变压器、振动平台。

3. 实训电路

差动变压器性能实训电路连接图如图 11-3 所示。

4. 实训步骤

1）根据图 11-3 接线，将差动变压器、音频振荡器（必须 L_V 输出）、双线示波器连接起来，组成一个测量线路。开启主、副电源，将示波器探头分别接至差动变压器的输入端和输出端，观察差动变压器源边线圈音频振荡器激励信号峰峰值为 2V。

2）转动测微头使测微头与振动平台吸合。再向上转动测微头 5mm，使振动平台往上位移。

往下旋动测微头，使振动平台产生位移。每位移 0.2mm，用示波器读出差动变压器输出端的峰峰值填入表 11-3，根据所得数据计算灵敏度 S。$S=\Delta V/\Delta X$（式中 ΔV 为电压变化，ΔX 为相应振动平台的位移变化），作出 $V-X$ 关系曲线。

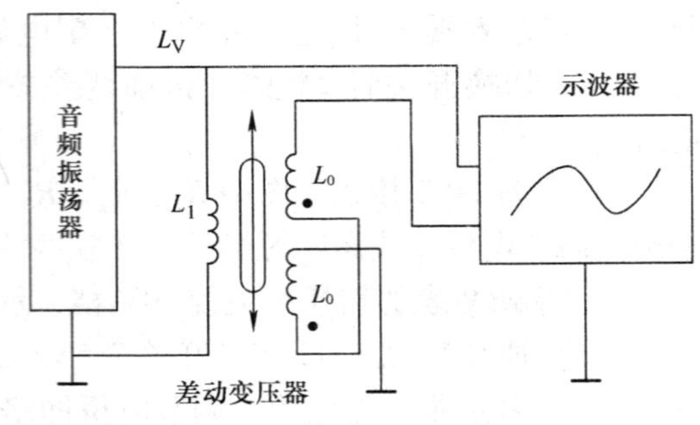

图 11-3　差动变压器性能实训电路连接图

表 11-3　差动变压器性能测试记录表

X/mm	5	4.8	4.6	…	0.2	0	-0.2	…	-4.8	-5
V_0（p-p）/V										

5. 实训总结分析提示

1）根据实训结果，指出线性范围。

2）当差动变压器中磁棒的位置由上到下变化时，双线示波器观察到的波形相位会发生怎样的变化？

3）用测微头调节振动平台位置，使示波器上观察到的差动变压器的输出端信号为最小，这个最小电压称作什么？由于什么原因造成？

11.3.4　实训 4　电涡流式传感器的应用—振幅测量

1. 实训目的

了解电涡流式传感器测量振动的原理和方法

2. 实训设备、单元及部件

电涡流传感器、涡流变换器、差动放大器、电桥、铁测片、直流稳压电源、低频振荡器、激振线圈、F/V 表、示波器、主副电源。

3. 实训电路

电涡流式传感器的应用—振幅测量接线图如图 11-4 所示。

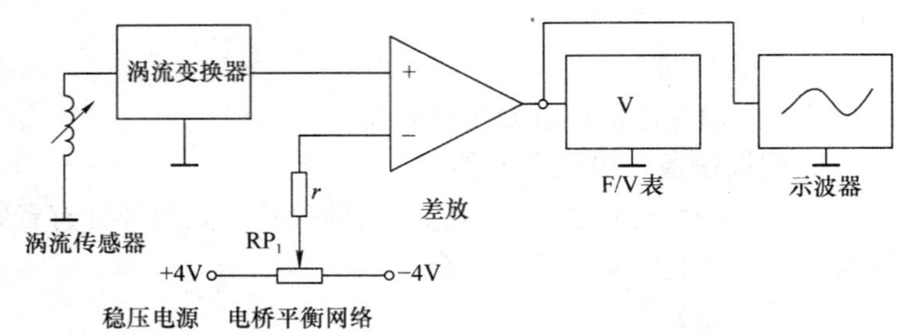

图 11-4　电涡流式传感器的应用—振幅测量接线图

4. 实训步骤

1）转动测微器，将振动平台中间的磁铁与测微头分离，使梁振动时不至于再被吸住（这时振动台处于自由静止状态），适当调节涡流传感器头的高低位置（目测）。

2）根据图 11-4 的电路结构接线，将涡流传感器探头、涡流变换器、电桥平衡网络、差动放大器、F/V 表、直流稳压电源连接起来，组成一个测量线路（这时直流稳压电源应置

于 ±4V 档），F/V 表置 20V 档，开启主、副电源。

3）调节电桥网络，使电压表读数为零。

4）去除差动放大器与电压表连线，将差动放大器的输出与示波器连起来，将 F/V 表置 2kHz 档，并将低频振荡器的输出端与频率表的输入端相连。

5）固定低频振荡器的幅度旋钮至某一位置（以振动台振动时不碰撞其他部件为好），调节频率，调节时用频率表监测频率，用示波器读出峰峰值填入表 11-4，关闭主、副电源。

表 11-4 电涡流式传感器的应用—振幅测量记录表

F/Hz	3Hz			25Hz
V_0（p－p）/V				

5. 实训总结分析提示

1）根据实验结果，可以知道振动台的自振频率大致为多少？

2）如果已知被测梁振幅为 0.2mm，传感器是否一定要安装在最佳工作点？

3）如果此传感器仅用来测量振动频率，工作点问题是否仍十分重要？

11.3.5 实训 5 霍尔式传感器的应用—振幅测量

1. 实训目的

了解霍尔式传感器在振动测量中的应用。

2. 实训设备、单元及部件

实训设备为成套通用型传感器实训仪，单元及部件有霍尔片、磁路系统、差动放大器、电桥、移相器、相敏检波器、低通滤波、低频振荡器、音频振荡器、振动平台、主副电源、激振线圈、双线示波器。

3. 实训电路

霍尔式传感器的应用—振幅测量实训电路图如图 11-5 所示。

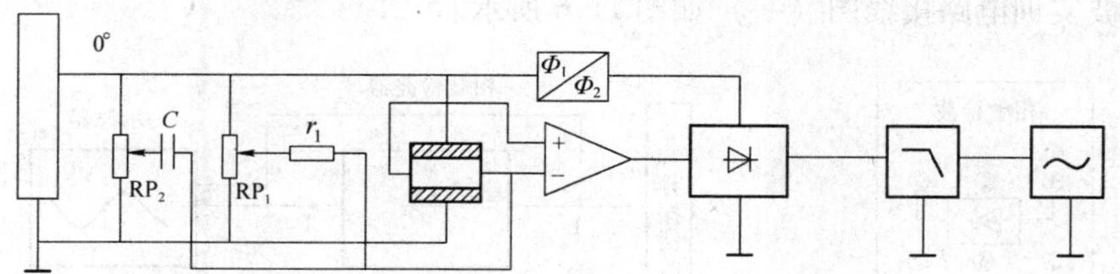

图 11-5 霍尔式传感器的应用—振幅测量实训电路图

4. 实训步骤

1）开启主、副电源，差动放大器输入短接并接地，调零后，关闭主、副电源。

2）根据电路图 11-5 结构，将霍尔式传感器，直流稳压电源，电桥平衡网络，差动放大器，电压表连接起来，组成一个测量线路（电压表应置于 20V 档），并将差放增益置最小。

3）开启主、副电源，转动测微头，将振动平台中间的磁铁与测微头分离并远离，使梁振动时不至于再被吸住（这时振动台处于自由静止状态）。

4）调整电桥平衡电位器 RP_1 和 RP_2，使 F/V 表指示为零。

5）去除差动放大器与电压表的连线，将差动放大器的输出与示波器相连，将 F/V 表置 2kHz 档，并将低频振荡器的输出端与激振线圈相连后再用 f 表监测频率。

6）低频振荡器的幅度旋钮固定至某一位置，调节低频振荡频率（频率表监测频率），用示波器读出低通滤波器输出的峰峰值填入表 11-5。

表 11-5　霍尔式传感器在振动测量中的记录表

f/Hz				
Vp-p/V				

5. 注意事项

应仔细调整磁路部分，使传感器工作在梯度磁场中，否则灵敏度将大大下降。

6. 实训报告分析提示

1）根据实训结果，可以知道振动平台的自振频率大致为多少。

2）在某一频率固定时，调节低频振荡器的幅度旋钮，改变梁的振动幅度，通过示波器读出的数据是否可以推算出梁振动时的位移距离。

试想一下，用其他方法来测振动平台振动时的位移范围，并与本实训结果进行比较。

11.3.6　实训 6　相敏检波器实训

1. 实训目的

了解相敏检波器的原理和工作情况。

2. 实训设备、单元及部件

相敏检波器、移相器、音频振荡器、双线示波器（自备）、直流稳压电源、低通滤波器、F/V 表、主副电源。

3. 实训电路

相敏检波实训电路接线图（一）如图 11-6 所示。

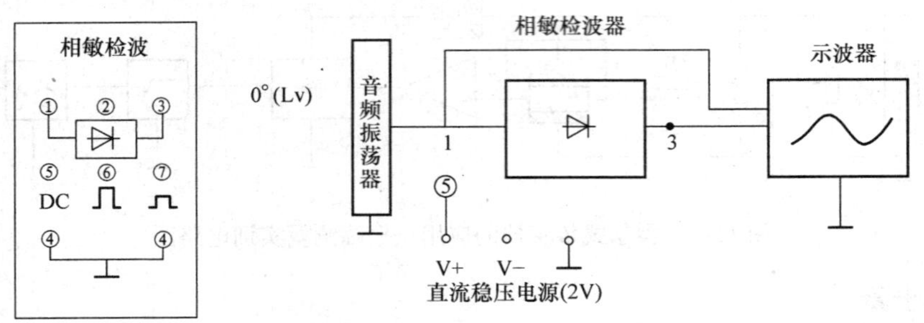

图 11-6　相敏检波实训电路接线图（一）

4. 实训步骤

1）了解相敏检波器和低通滤波器在实训仪面板上的符号。

2）根据图 11-6 的电路接线，将音频振荡器的信号 0°输出端输出至相敏检波器的输入端 1，把直流稳压电源 +2V 输出接至相敏检波器的参考输入端 5，把示波器两根输入线分别接至相敏检波器的输入端1和输出端3组成一个测量线路。

3）调整好示波器，开启主、副电源，调整音频振荡器的幅度旋钮，示波器输出电压为峰峰值4V。观察输入和输出波的相位和幅值关系。

4）改变参考电压的极性（除去直流稳压电源+2V输出端与相敏检波器参考输入端5的连线，把直流稳压电源的-2V输出接至相敏检波器的参考输入端5），观察输入和输出波形的相位和幅值关系。由此可得出结论，当参考电压为正时，输入和输出____相，当参考电压为负时，输入和输出____相，此电路的放大倍数为____倍。

5）关闭主、副电源，根据图11-7电路重新接线，将音频振荡器的信号从0°输出端输出至相敏检波器的输入端1，将从0°输出端输出接至相敏检波器的参考输入端2，把示波器的两根输入线分别接至相敏检波器的输入1和输出端3，将相敏检波器输出端3同时与低通滤波器的输入端连接起来，将低通滤波器的输出端与直流电压表连接起来，组成一个测量线路。（此时，F/V表置于V表20V档）。

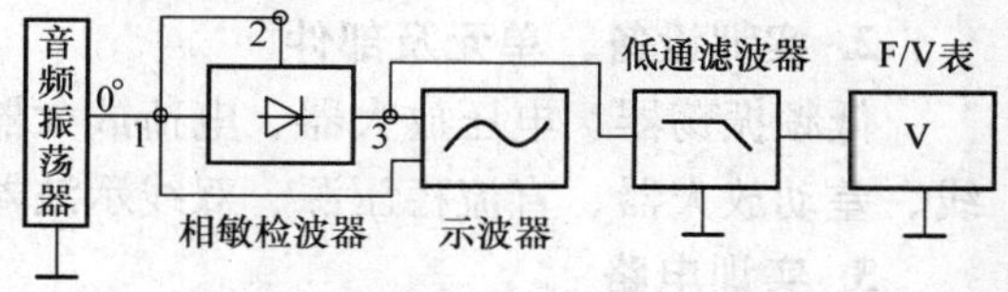

图11-7　相敏检波实训电路接线图（二）

6）开启主、副电源，调整音频振荡器的输出幅度，同时记录电压表的读数，填入表11-6。

表11-6　相敏检波器实训记录表（一）

V_{ip-p}/V	0.5	1	2	4	8	16
V_o/V						

7）关闭主、副电源，根据图11-8的电路重新接线，将音频振荡器的信号从0°输出端输出至相敏检波器的输入端1，将从180°输出端输出接至移相器的输入端，将从移相器输出端接至相敏检波器的参考输入端2，把示波器的两根输入线分别接至相敏检波器的输入端1和输出端3，将相敏检波器输出端3同时与低通滤波器输入端连接起来，将低通滤波器的输出端与直流电压表连接起来，组成一测量线路。

8）开启主、副电源，转动移相器上的移相电位器，观察示波器的显示波形及电压表的读数，使得输出最大。

9）调整音频振荡器的输出幅度，同时记录电压表的读数，填入表11-7。

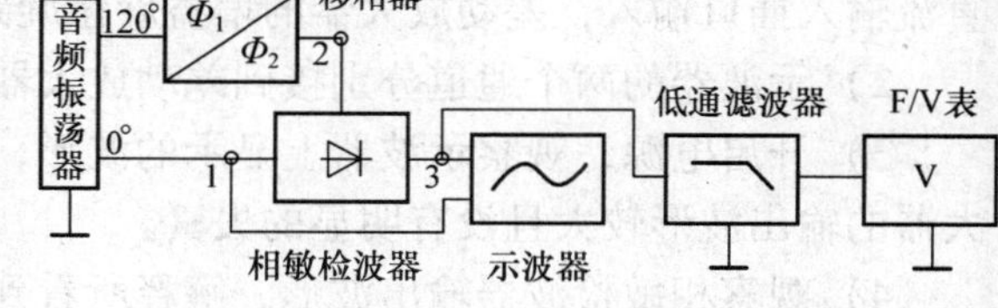

图11-8　相敏检波实训电路接线图（三）

表11-7　相敏检波器实训记录表（二）

V_{ip-p}/V	0.5	1	2	4	6	8	16
V_o/V							

5. 实训报告分析提示

1）根据实训结果，可以知道相敏检波器的作用是什么？移相器在实训线路中的作用是什么？（即参考端输入波形相位的作用）

2）在完成第5步骤后，将示波器两根输入线分别接至相敏检波器的输入端1和附加观察端6和2，观察波形来回答相敏检波器中的整形电路是将什么波转换成什么波，相位如何？起什么作用？

3）当相敏检波器的输入与开关信号同相时，输出是什么极性的什么波，电压表的读数是什么极性的最大值。

11.3.7 实训7 压电传感器的引线电容对电压放大器、电荷放大器的影响

1. 实训目的

验证引线电容对电压放大器的影响，了解电荷放大器的原理和使用。

2. 实训设备、单元及部件

低频振荡器、电压放大器、电荷放大器、低通滤波器、相敏检波器、F/V表、单芯屏蔽线、差动放大器、直流稳压源、双线示波器。

3. 实训电路

压电传感器实训电路接线图如图11-9所示。

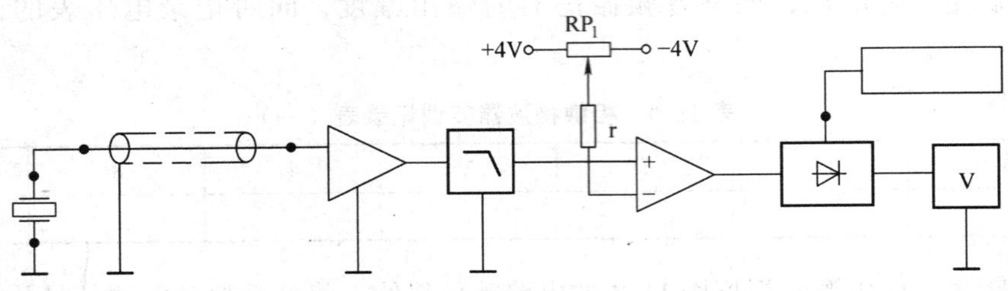

图11-9 压电传感器实训电路接线图

4. 实训步骤

1）按图11-9接线，注意低频振荡器的频率应打在5~30Hz，相敏检波器参考电压应从直流输入插口输入，差动放大器的增益旋钮旋到适中。直流稳压电源打到±4V档。

2）示波器的两个通道分别接到差动放大器和相敏检波器的输出端。

3）开启电源，观察示波器上显示的波形，适当调节低频振荡器的幅度旋钮，使差动放大器的输出波形较大且没有明显的失真。

4）观察相敏检波器输出波形，解释所看到的现象。调整电位器，使差动放大器的直流成分减少到零，这可以通过观察相敏检波器输出波形而达到，为什么？

5）适当增大差动放大器的增益，使电压表的指示值为某一整数值。

6）将电压放大器与压电加速度计间的屏蔽线换成与原来一根长度不同的屏蔽线，读出电压表的读数。

7）将电压放大器换成电荷放大器，重复5）、6）两步骤。

5. 注意事项

1）低频振荡器的幅度要适当，以免引起波形失真。

2）梁振动时不应发生碰撞，否则将引起波形畸变，不再是正弦波。

3）由于梁的相频特性影响，压电式传感器的输出与激励信号一般不为180，故表头有较大跳动，此时，可以适当改变激励信号频率，使相敏检波输出的两个半波尽可能平衡，以

减少电压表跳动。

6. 实训报告分析提示

1）相敏检波器输入含有一些直流成分与不含直流成分对电压表读数是否有影响，为什么？

2）根据实训数据，计算灵敏度的相对变化值，比较电压放大器和电荷放大器受引线电容的影响程度，并解释原因？

3）根据所得数据，结合压电传感器原理和电压、电荷放大器原理，试回答引线分布电容对电压放大器和电荷放大器性能有什么影响？

11.3.8 实训8 PN结温度传感器测温实训

1. 实训目的

了解PN结温度传感器的特性及工作情况。

2. 实训设备、单元及部件

实训设备为成套通用型传感器实训仪，单元及部件有主副电源、可调直流稳压电源、-15V稳压电源、差动放大器、电压放大器、F/V表、加热器、电桥、水银温度计（自备）。

3. 实训电路

PN结温度传感器测温实训电路图如图11-10所示。

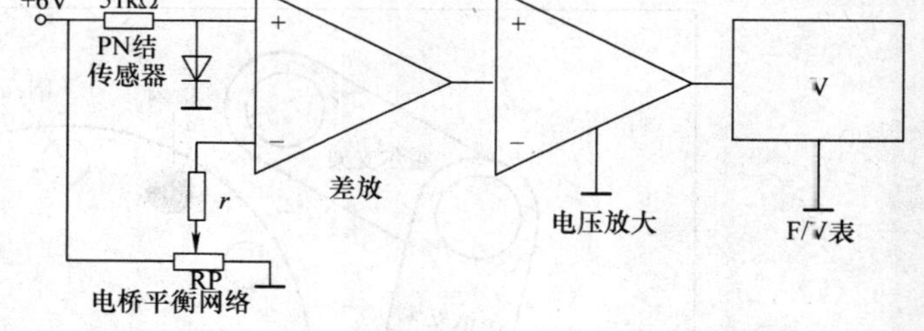

图11-10 PN结温度传感器测温实训电路图

4. 实训步骤

1）了解PN结，加热器，电桥在实训仪所在的位置及它们的符号。

2）观察PN结传感器结构、用数字万用表“二极管”档，测量PN结正反向的结电压，得出其结果。

3）把直流稳压电源V+插口用所配的专用电阻线（51K）与PN结传感器的正端相连，并按图11-10接好放大电路，注意各旋钮的初始位置，电压表置2V档。

4）开启主、副电源，调节R_D（RP）电位器，使电压表指示为零，同时记下此时水银温度计的室温值（Δt）。

5）将-15V接入加热器（-15V在低频振荡器右下角），观察电压表读数的变化，因PN结温度传感器的温度变化灵敏度约为-2.1mV/℃。随着温度的升高，其PN结电压将下降ΔV，该ΔV电压经差动放大器隔离传递（增益为1），至电压放大器放大4.5倍，此时的系统灵敏度$S \approx 10$mV/℃。待电压表读数稳定后，即可利用这一结果，将电压值转换成温度值，从而演示出加热器在PN结温度传感器处产生的温度值（ΔT）。此时该点的温度为$\Delta T + \Delta t$。

5. 注意事项

加热器不要长时间的接入电源，此实训完成后应立即将-15V电源拆去，以免影响梁上的应变片性能。

6. 实训总结分析提示

1）分析一下该测温电路的误差来源。

2）如要将其作为一个0～100℃的较理想的测温电路，还必须具备哪些条件?

11.3.9 实训9 光电转速传感器测速实训

1. 实训目的

了解光电转速传感器测量转速的原理及方法。

2. 实训设备、单元及部件

实训设备为成套通用型传感器实训仪，单元及部件有主机箱、转动源、光电转速传感器—光电断续器（已装在转动源上）。

3. 基本原理及实训结构图

光电式转速传感器有反射型和透射型两种，本实训装置是透射型的（光电断续器），传感器端部两内侧分别装有发光管和光电管，发光管发出的光源透过转盘上通孔后由光电管接收转换成电信号，由于转盘上有均匀间隔的6个孔，转动时将获得与转速有关的脉冲数，将脉冲计数处理即可得到转速值。实训结构如图11-11所示。

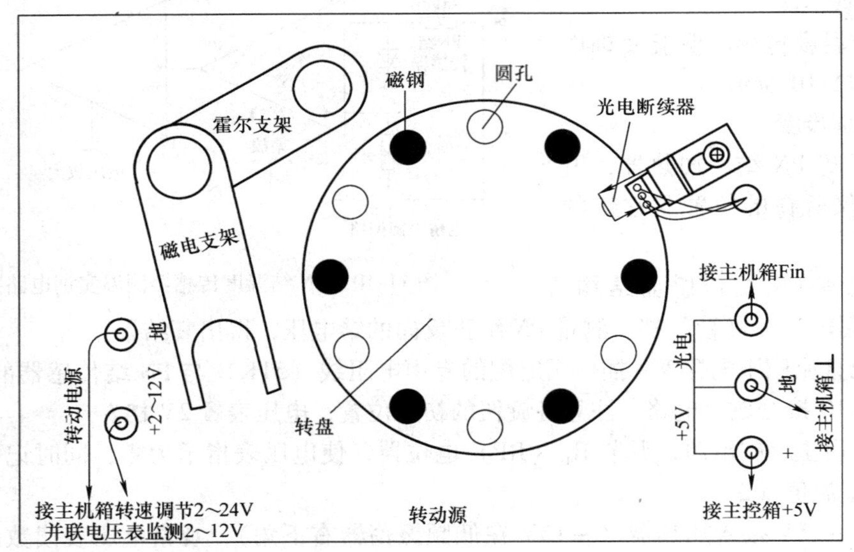

图11-11 光电传感器测速实训

4. 实训步骤

1）将主机箱中的转速调节2～24V旋钮旋到最小（逆时针旋到底）并接上电压表；再按照图11-11所示接线，将主机箱中频率/转速表的切换开关切换到转速处。

2）检查接线无误后，合上主机箱电源开关，在小于12V范围内（电压表监测）调节主机箱的转速调节电源（调节电压改变电机电枢电压），观察电机转动及转速表的显示情况。

3）从2V开始记录每增加1V相应电机转速的数据（待转速表显示比较稳定后读取数

据)；画出电机的 v—n（电机电枢电压与电机转速的关系）特性曲线。根据实验曲线，计算测量范围 1mm 时的灵敏度和非线性误差。实训完毕，关闭电源。

5. 实训总结分析提示

在所学过的多种传感器测量转速中，试分析比较一下哪种方法最简单、方便。

11.3.10　实训 10　光纤传感器的位移特性实训

1. 实训目的

了解光纤位移传感器的工作原理和性能。

2. 实训设备、单元及部件

实训设备为成套通用型传感器实训仪，单元及部件有主机箱、光纤传感器、光纤传感器实验模板、测微头、反射面。

3. 实训电路及基本原理

本实训采用的是传光型光纤，它由两束光纤混合后，组成 Y 型光纤，半圆分布即双 D 分布，一束光纤端部与光源相接发射光束，另一束端部与光电转换器相接接收光束。两光束混合后的端部是工作端亦称探头，它与被测体相距 X，由光源发出的光纤传到端部出射后再经被测体反射回来，另一束光纤接收光信号由光电转换器转换成电量，而光电转换器转换的电量大小与间距 X 有关，因此可用于测量位移。

4. 实训步骤

1）根据图 11-12 示意安装光纤位移传感器和测微头，两束光纤分别插入实训模板上的光电座（其内部有发光管 VD 和光敏晶体管 VT）中；附测微头的组成与使用，如图 11-13 所示。

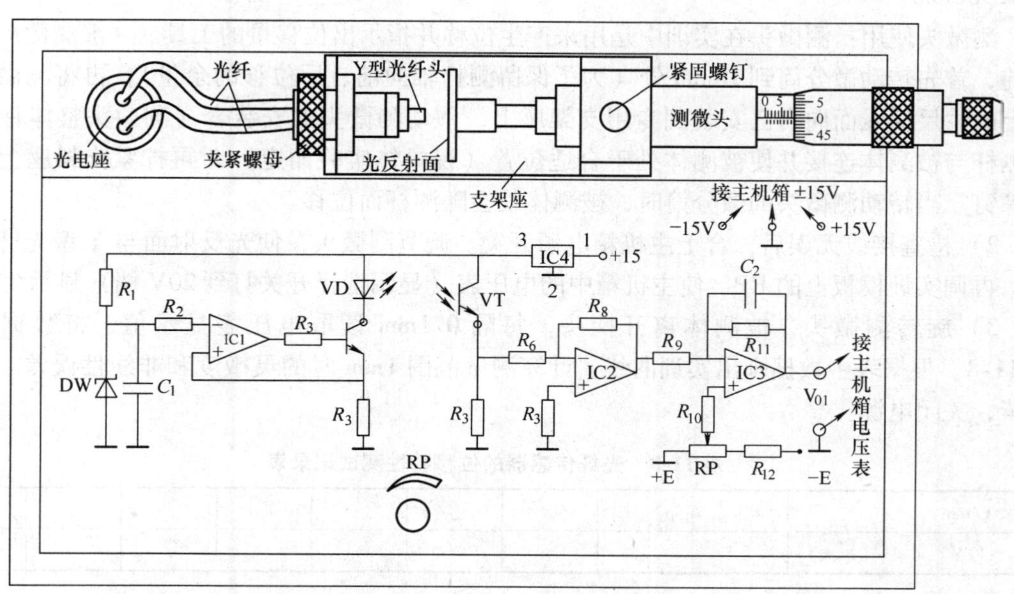

图 11-12　光纤传感器位移实训接线图

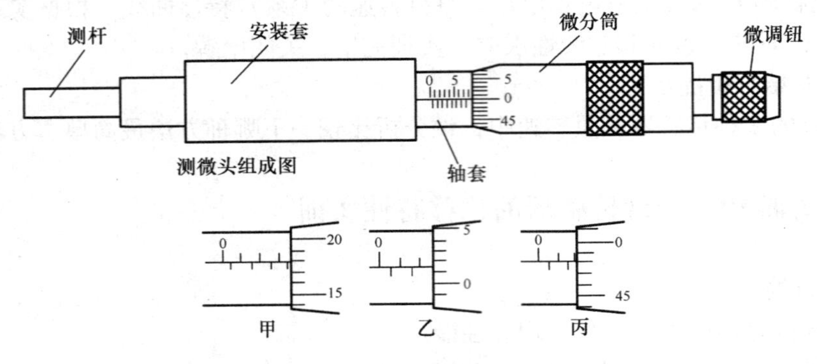

图 11-13　测微头组成与读数

测微头组成：测微头由不可动部分安装套、轴套和可动部分测杆、微分筒、微调钮组成。

测微头读数与使用：测微头的安装套便于在支架座上固定安装，轴套上的主尺有两排刻度线，标有数字的是整毫米刻线（1mm/格），另一排是半毫米刻线（0.5mm/格）；微分筒前部圆周表面上刻有 50 等分的刻线（0.01mm/格）。

用手旋转微分筒或微调钮时，测杆就沿轴线方向进退。微分筒每转过 1 格，测杆沿轴方向移动微小位移 0.01mm，这也叫测微头的分度值。

测微头的读数方法是先读轴套主尺上露出的刻度数值（注意半毫米刻线）；再读与主尺横线对准微分筒上的数值、可以估读 1/10 分度，如图 11-13 甲读数为 3.678mm，不是 3.178mm。遇到微分筒边缘前端与主尺上某条刻线重合时，应看微分筒的示值是否过零，如图 11-13 乙已过零，则读 2.541mm；如图 11-13 丙未过零，则不应读为 2mm，读数应为 1.980mm。

测微头使用：测微头在实训中是用来产生位移并指示出位移量的工具。一般测微头在使用前，首先转动微分筒到 10mm 处（为了保留测杆轴向前、后位移的余量），再将测微头轴套上的主尺横线面向自己安装到专用支架座上，移动测微头的安装套（测微头整体移动），使测杆与被测体连接并使被测体处于合适位置（视具体实验而定）时再拧紧支架座上的紧固螺钉。当转动测微头的微分筒时，被测体就会随测杆而位移。

2）检查接线无误后，合上主机箱电源开关。调节测微头，使光反射面与 Y 型光纤头轻触；再调实训模板上的 RP、使主机箱中的电压表（显示选择开关打到 20V 档）显示为 0V。

3）旋转测微头，被测体离开探头，每隔 0.1mm 读取电压表显示值，将数据填入表 11-8。根据表中数据画出实训曲线，计算测量范围 1mm 时的灵敏度和非线性误差。实训完毕，关闭电源。

表 11-8　光纤传感器的位移特性测试记录表

X/mm										
V/V										

5. 实训总结分析提示

光纤位移传感器测位移时对被测体的表面有些什么要求？

11.3.11 实训11 可燃气体检测实训

1. 实训目的

了解可燃气体检测传感器的原理与应用。

2. 实训设备、单元及部件

实训设备为成套通用型传感器实训仪，单元及部件有气敏腔、可燃气体检测传感器、差动变压器实训模块、可燃气体（自备）。

3. 实训电路及基本原理

气敏元器件是利用半导体表面因吸附气体引起半导体元器件电阻值变化特征制成的一类传感器。MQ-7型可燃气体检测传感器是一种表面电阻控制型半导体气敏元器件，主要是靠表面电导率变化的信息来检测被接触气体分子。传感器内部附有加热器，提高元器件的灵敏度和响应速度。

传感器的表面电阻 R_S，与其串联的负载电阻 R_L 上的有效电压信号输出 U_{RL}。二者之间的关系为：

$$R_S/R_L = (U_C - U_{RL})/U_{RL}$$

该电压变量随气体浓度增大而成正比例增大

MQ-7可用于家庭、环境的一氧化碳探测装置。适宜于一氧化碳、煤气等的探测。

4. 实训步骤

1）将CO传感器探头固定在差动变压器实验模块的支架上，传感器的4根引线红色和黑色为加热器输入，接+5V加热（没有正负之分）。传感器预热10min左右。

2）按图11-14接线，直流电压表选择20V档。记下传感器暴露在空气中时电压表的显示值。

3）将准备好的装有少量煤气（<4%）瓶口对准传感器探头，注意观察直流电压表的明显变化。一段时间后电压表的显示趋于稳定，拿开煤气瓶，观察直流电压表的读数。（回到初始值，可能需要2～3h）

4）实训结束，关闭所有电源，整理实训仪器。

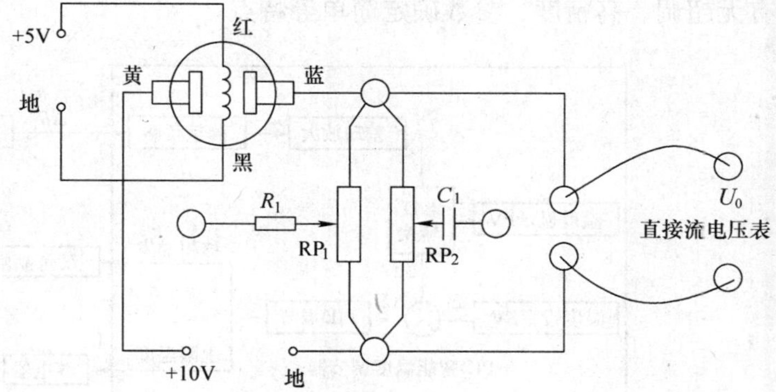

图11-14 可燃气体检测实训电路

5. 实训总结分析提示

根据实训观察到的数据，家庭环境一氧化碳、煤气检测装置需考虑哪些环节与因素？

11.3.12 实训12 温度源的温度控制调节实训

1. 实训目的

了解温度控制的基本原理及熟悉温度源的温度调节过程。

2. 实训设备、单元及部件

实训设备为成套通用型传感器实训仪，单元及部件有主机箱、温度源、Pt100 温度传感器。

3. 实训电路及基本原理

由于温度具有滞后性，加热源为一滞后时间较长的系统。该实训仪采用 PID 智能模糊 + 位式双重调节控制温度。用报警方式控制风扇开启与关闭，使加热源在尽可能短的时间内控制在某一温度值上，并能在实验结束后通过参数设置将加热源温度快速冷却下来，可节约实验时间。

当温度源的温度发生变化时温度源中的 Pt100 热电阻（温度传感器）的阻值发生变化，将电阻变化量作为温度的反馈信号输给智能调节仪，经智能调节仪的电阻—电压转换后与温度设定值比较，再进行数字 PID 运算输出可控硅触发信号（加热）或继电器触发信号（冷却），使温度源的温度趋近温度设定值。温度控制原理框图如图 11-15 所示。

（1）位式调节

位式调节（ON/OFF）是一种简单的调节方式，常用于一些对控制精度不高的场合作温度控制，或用于报警。位式调节仪表用于温度控制时，通常利用仪表内部的继电器控制外部的中间继电器再控制一个交流接触器来控制电热丝的通断达到控制温度的目的。

（2）PID 智能模糊调节

PID 智能温度调节器采用人工智能调节方式，是采用模糊规则进行 PID 调节的一种先进的新型人工智能算法，能实现高精度控制，先进的自整定（AT）功能使得无须设置控制参数。在误差大时，运用模糊算法进行调节，以消除 PID 饱和积分现象，当误差趋小时，采用 PID 算法进行调节，并能在调节中自动学习和记忆被控对象的部分特征以使效果最优化，具有无超调、高精度、参数确定简单等特点。

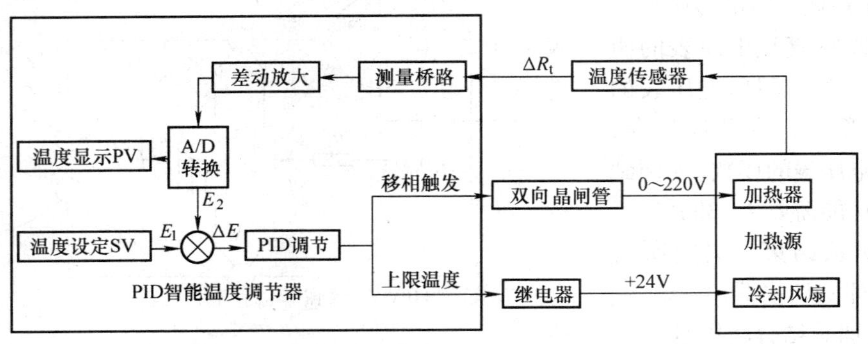

图 11-15　PID 智能温度控制原理框图

4. 实训步骤

1）温度源简介：温度源是一个小铁箱子，内部装有加热器和冷却风扇；加热器上有两个测温孔，加热器的电源引线与外壳插座（外壳背面装有熔丝座和加热电源插座）相连；冷却风扇电源为 +24VDC，它的电源引线与外壳正面实验插孔相连。温度源外壳正面装有电源开关、指示灯和冷却风扇电源 +24VDC 插孔；顶面有两个温度传感器的引入孔，它们与内部加热器的测温孔相对，其中一个为控制加热器加热的传感器 Pt100 的插孔，另一个是温度实训传感器的插孔；背面有熔丝座和加热器电源插座。使用时将电源开关打开（O 为关，－为开）。从安全性、经济性即具有高的性价比考虑且不影响学生掌握原理的前提下温度源设计温度≤200℃。

2）在控制台上的“智能调节仪”单元中“控制对象”选择“温度”，并按图 11-16 接线。

3）将 2～24V 输出调节调到最大位置，打开调节仪电源。

4）按住SET键 3s 以下，进入智能调节仪 A 菜单，仪表靠上的窗口显示“SU”，靠下窗口显示待设置的设定值。当 LOCK 等于 0 或 1 时使能，设置温度的设定值，按“◀”可改变小数点位置，按▲或▼键可修改靠下窗口的设定值。否则提示“LCK”表示已加锁。再按SET 3s 以下，回到初始状态。

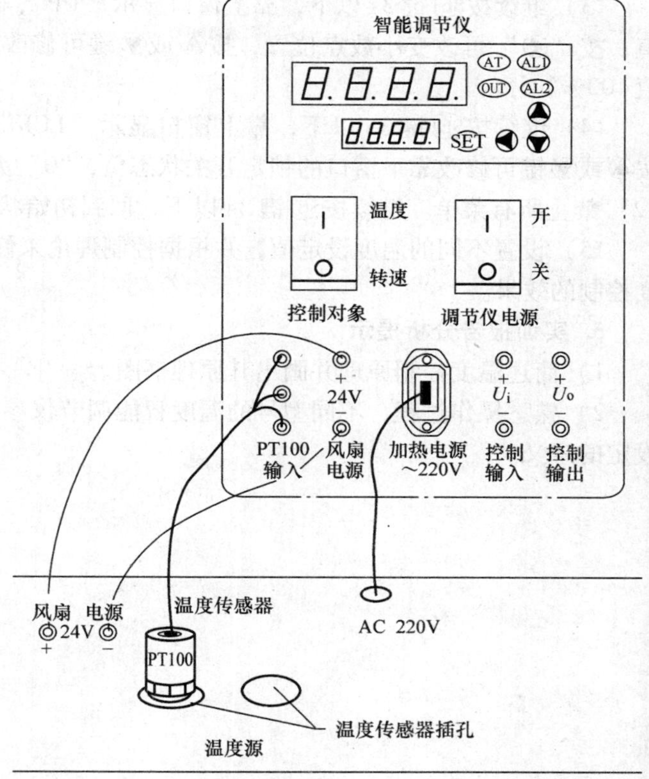

图 11-16　温度源的温度控制实训接线示意图

5）按住SET键 3s 以上，进入智能调节仪 B 菜单，靠上窗口显示“dAH”，靠下窗口显示待设置的上限偏差报警值。按“◀”可改变小数点位置，按▲或▼键可修改靠下窗口的上限报警值。上限报警时仪表右上“AL1”指示灯亮。（参考值 0.5）

6）继续按SET键 3s 以下，靠上窗口显示“ATU”，靠下窗口显示待设置的自整定开关，按▲、▼设置，“0”自整定关，“1”自整定开，开时仪表右上“AT”指示灯亮。

7）继续按SET键 3s 以下，靠上窗口显示“dP”，靠下窗口显示待设置的仪表小数点位数，按“◀”可改变小数点位置，按▲或▼键可修改靠下窗口的比例参数值。（参考值 1）

8）继续按SET键 3s 以下，靠上窗口显示“P”，靠下窗口显示待设置的比例参数值，按“◀”可改变小数点位置，按▲或▼键可修改靠下窗口的比例参数值。

9）继续按SET键 3s 以下，靠上窗口显示“I”，靠下窗口显示待设置的积分参数值，按“◀”可改变小数点位置，按▲或▼键可修改靠下窗口的积分参数值。

10）继续按SET键 3s 以下，靠上窗口显示“d”，靠下窗口显示待设置的微分参数值，按“◀”可改变小数点位置，按▲或▼键可修改靠下窗口的微分参数值。

11）继续按SET键 3s 以下，靠上窗口显示“T”，靠下窗口显示待设置的输出周期参数值，按“◀”可改变小数点位置，按▲或▼键可修改靠下窗口的输出周期参数值。

12）继续按SET键 3s 以下，靠上窗口显示“SC”，靠下窗口显示待设置的测量显示误差修正参数值，按“◀”可改变小数点位置，按▲或▼键可修改靠下窗口的测量显示误差修

正参数值。（参考值0）

13）继续按SET键3s以下，靠上窗口显示“UP”，靠下窗口显示待设置的功率限制参数值，按“◀”可改变小数点位置，按▲或▼键可修改靠下窗口的功率限制参数值。（参考值100%）

14）继续按SET键3s以下，靠上窗口显示“LCK”，靠下窗口显示待设置的锁定开关，按▲或▼键可修改靠下窗口的锁定开关状态值，“0”允许A、B菜单，“1”只允许A菜单，“2”禁止所有菜单。继续按SET键3s以下，回到初始状态。

15）设置不同的温度设定值，并根据控制理论来修改不同的P、I、D、T参数，观察温度控制的效果。

5. 实训报告分析提示

1）简述温度控制原理并画出其原理框图。

2）熟悉操作过程，不同型号的温度智能调节仪参数设定略有不同，试叙述每一步参数设定的意义。

参考文献

[1] 金篆芷，王明时．现代传感技术［M］．北京：电子工业出版社，1995.
[2] 何道清．传感器与传感器技术［M］．北京：科学出版社，2004.
[3] 张岩，胡秀芳．传感器应用技术［M］．福建：福建科学技术出版社，2006.
[4] 施湧潮，梁福平，牛春晖．传感器检测技术［M］．北京：国防工业出版社，2007.
[5] 张洪润，张亚凡，邓洪敏．传感器原理及应用［M］．北京：清华大学出版社，2008.
[6] 李德，胡汉辉．传感器技术及应用［M］．北京：科学出版社，2009.
[7] 金国砥．制冷设备技术［M］．北京：电子工业出版社，2006.
[8] 董春利．传感器与检测技术［M］．北京：机械工业出版社，2009.
[9] 曹光跃．传感器原理及应用［M］．北京：化学工业出版社，2010.
[10] 俞志根．传感器与检测技术［M］．北京：科学出版社，2007.
[11] 王倢婷．传感器及应用［M］．北京：中国劳动社会保障出版社，2007.
[12] 俞云强．传感器与检测技术［M］．北京：高等教育出版社，2008.
[13] 俞志根．传感器与检测技术实训教程［M］．北京：科学出版社，2007.
[14] 王煜东．传感器应用技术［M］．西安：西安电子科技大学出版社，2006.
[15] 梁森，王侃夫，黄杭美．自动检测与转换技术［M］．北京：机械工业出版社，2005.
[16] 苏家健．自动检测与转换技术［M］．北京：电子工业出版社，2006.
[17] 何希才．传感器及其应用电路［M］．北京：电子工业出版社，2001.
[18] 李谋．位置检测与数显技术［M］．北京：机械工业出版社，2001.
[19] 张如一．应变电测与传感器［M］．北京：清华大学出版社，1999.
[20] 徐科军．容栅传感器的研究与应用［M］．北京：清华大学出版社，1995.